高等学校系列教材

给 水 工 程

上册

（第五版）

严煦世　高乃云　主编
范瑾初　主审

中国建筑工业出版社

图书在版编目（CIP）数据

给水工程．上册/严煦世，高乃云主编．—5版．—
北京：中国建筑工业出版社，2019.12（2023.4重印）
高等学校系列教材
ISBN 978-7-112-24631-1

Ⅰ.①给…　Ⅱ.①严…②高…　Ⅲ.①给水工程-高
等学校-教材　Ⅳ.①TU991

中国版本图书馆 CIP 数据核字（2020）第 010999 号

全书分为上、下两册，上册为给水系统总论、输水和配水系统和取水工程三
篇；下册为给水处理、水的冷却和循环冷却水水质处理两篇。上册共分13章，主
要内容包括给水系统，设计用水量，给水系统的工作情况，输水管渠和管网布置，
管段流量，管径和水头损失计算，管网水力计算，管网优化计算，分区给水系统，
水管、管网附件和附属构筑物，管网的技术管理，取水工程概论，地下水取水构
筑物，地表水取水构筑物。

本书基本理论和基本概念阐述严谨，重视理论和实际相结合，内容深入浅出，
系统性和逻辑性强，吸收国内外给水工程新理论、新技术、新材料和新设备。书
中附有大量例题、思考题和习题，帮助读者深入理解和掌握书中内容。

本书为高等学校给排水科学与工程、环境工程及相关专业教材，也可供从事
本专业的设计、施工、管理的工程技术人员参考。

为便于教学，作者特制作了与教材配套的电子课件，如有需求，可发邮件
（标注书名、作者名）至 jckj@cabp.com.cn 索取，或到 http://edu.cabplink.
com//index 下载，电话（010）58337285。

责任编辑：俞辉群　王美玲
责任校对：刘梦然

高等学校系列教材
给 水 工 程
上册
（第五版）
严煦世　高乃云　主编
范瑾初　主审

＊

中国建筑工业出版社出版、发行（北京海淀三里河路9号）
各地新华书店、建筑书店经销
霸州市顺浩图文科技发展有限公司制版
北京市密东印刷有限公司印刷

＊

开本：787×1092毫米　1/16　印张：15　字数：357千字
2020年7月第五版　2023年4月第五十次印刷
定价：**43.00**元（赠教师课件）
ISBN 978-7-112-24631-1
（34838）

出版说明

　　党和国家高度重视教材建设。2016 年，中办国办印发了《关于加强和改进新形势下大中小学教材建设的意见》，提出要健全国家教材制度。2019 年 12 月，教育部牵头制定了《普通高等学校教材管理办法》和《职业院校教材管理办法》，旨在全面加强党的领导，切实提高教材建设的科学化水平，打造精品教材。住房和城乡建设部历来重视土建类学科专业教材建设，从"九五"开始组织部级规划教材立项工作，经过近 30 年的不断建设，规划教材提升了住房和城乡建设行业教材质量和认可度，出版了一系列精品教材，有效促进了行业部门引导专业教育，推动了行业高质量发展。

　　为进一步加强高等教育、职业教育住房和城乡建设领域学科专业教材建设工作，提高住房和城乡建设行业人才培养质量，2020 年 12 月，住房和城乡建设部办公厅印发《关于申报高等教育职业教育住房和城乡建设领域学科专业"十四五"规划教材的通知》（建办人函〔2020〕656 号），开展了住房和城乡建设部"十四五"规划教材选题的申报工作。经过专家评审和部人事司审核，512 项选题列入住房和城乡建设领域学科专业"十四五"规划教材（简称规划教材）。2021 年 9 月，住房和城乡建设部印发了《高等教育职业教育住房和城乡建设领域学科专业"十四五"规划教材选题的通知》（建人函〔2021〕36 号）。为做好"十四五"规划教材的编写、审核、出版等工作，《通知》要求：（1）规划教材的编著者应依据《住房和城乡建设领域学科专业"十四五"规划教材申请书》（简称《申请书》）中的立项目标、申报依据、工作安排及进度，按时编写出高质量的教材；（2）规划教材编著者所在单位应履行《申请书》中的学校保证计划实施的主要条件，支持编著者按计划完成书稿编写工作；（3）高等学校土建类专业课程教材与教学资源专家委员会、全国住房和城乡建设职业教育教学指导委员会、住房和城乡建设部中等职业教育专业指导委员会应做好规划教材的指导、协调和审稿等工作，保证编写质量；（4）规划教材出版单位应积极配合，做好编辑、出版、发行等工作；（5）规划教材封面和书脊应标注"住房和城乡建设部'十四五'规划教材"字样和统一标识；（6）规划教材应在"十四五"期间完成出版，逾期不能完成的，不再作为《住房和城乡建设领域学科专业"十四五"规划教材》。

　　住房和城乡建设领域学科专业"十四五"规划教材的特点：一是重点以修订教育部、住房和城乡建设部"十二五""十三五"规划教材为主；二是严格按照专业标准规范要求编写，体现新发展理念；三是系列教材具有明显特点，满足不同层次和类型的学校专业教学要求；四是配备了数字资源，适应现代化教学的要求。规划教材的出版凝聚了作者、主审及编辑的心血，得到了有关院校、出版单位的大力支持，教材建设管理过程有严格保障。希望广大院校及各专业师生在选用、使用过程中，对规划教材的编写、出版质量进行反馈，以促进规划教材建设质量不断提高。

住房和城乡建设部"十四五"规划教材办公室

2021 年 11 月

第 五 版 前 言

《给水工程》(第五版)又与读者见面了。《给水工程》自从出版以来受到广大读者的欢迎与好评,在我国高等院校获得较广泛的应用。本书第一版于1980年出版;第二版于1986年出版;第三版于1995年出版;第四版于1999年出版。《给水工程》曾经被列为国家级"九五"重点教材和高等学校推荐教材;《给水工程》(第三版)于1997年获国家级教学成果二等奖。前辈学者杨钦教授、许保玖教授和李圭白院士以及参与编写的赵锡纯、孙立成、朱启光、王训俭、鲁汉珍、刘荣光、王乃忠、安鼎年等诸位教授对本教材的建设、更迭、提高和完善做出了有目共睹的历史贡献。

《给水工程》(第四版)出版以来,"十五"国家高技术研究发展计划(863计划)率先对给水处理领域投入研究经费;后续"十一五"国家863计划、国家科技支撑计划和国家重大水专项,"十二五"和"十三五"国家重大水专项,国家先后相继投入科研经费,对给水工程领域的水处理理论和净水技术展开了全面深入的研究和示范,取得了值得推广应用的成果。根据给水工程技术的理论和学科发展现状以及教学的要求,《给水工程》(第五版)在第四版的基础上进行了较大的修改和补充。此外,给水处理增加了预处理和深度处理以及膜处理等内容。

全书分为上、下两册。上册为给水系统总论、输水和配水系统及取水工程三篇;下册为给水处理、水的冷却和循环冷却水水质处理两篇。

《给水工程》(第五版)由同济大学严煦世、高乃云主编,范瑾初主审。参加编写人员及分工如下:

同济大学　严煦世(第1章~第10章);

同济大学　吴一蘩(第11~第13章);

同济大学　高乃云(第14~第22章);

同济大学　董秉直(第23章~第27章)。

由于编者水平有限,教材不足之处,请读者批评指正。

第 四 版 前 言

《给水工程》自 1980 年第一版发行迄今已整整 20 年。在这 20 年中，本书历经三次修订再版，现在第四版又与读者见面了。《给水工程》被列为国家级"九五"重点教材和高等学校推荐教材，不仅是本书作者的努力结果，也包括第一版和第二版的主编之一、前辈学者杨钦教授和参与编写的李圭白、赵锡纯、孙立成、朱启光、王训俭、鲁汉珍诸位教授、先生所作的历史贡献。教材质量的提高和完善是逐步的，也是没有止境的。当本书与读者见面以后，细阅全书，一定还会感到又有许多不足和遗憾。

本书是在 1995 年出版的《给水工程》第三版基础上修订的，包括部分章节的调整和部分内容的增加、删减和更新，但全书仍保持第三版整体构架和风格。本书在保证基本理论的系统性和完整性的同时，充分注意吸收国内外给水工程新理论、新技术、新设备和新经验，力求反映 21 世纪给水工程学科发展趋势和人才培养要求。从 21 世纪我国人才培养要求、教育改革方向和专业调整趋势看，专业课教学时数将会减少，给水工程和排水工程学科的内在联系将逐渐增强，学生业务能力的培养将放在重要地位，因此，在教学过程中，授课教师可根据新的教学计划和要求对本教材内容进行酌情取舍。书中所列的思考题和习题，一方面有助于学生理解课文内容，更重要的也是引导学生深入思考问题，提高学生分析问题和解决问题的能力。

在本书编写过程中，得到了给水排水工程学科专业指导委员会、兄弟院校老师和有关专家的指导和帮助，在此表示衷心感谢。

本书由同济大学严煦世、范瑾初主编，清华大学许保玖主审。参加编写人员及分工编写的内容如下：

同济大学　　　　严煦世　第 1 章～10 章，第 19 章；
同济大学　　　　范瑾初　第 11 章，12 章，第 14 章～18 章，第 20 章，24 章；
重庆建筑大学　　刘荣光　第 13 章；
兰州铁道学院　　王乃忠　第 21 章，22 章；
天津大学　　　　安鼎年　第 23 章。

第 三 版 前 言

本书是高等学校给水排水工程专业本科学生学习给水工程的教材。本教材是根据全国高等学校给水排水工程学科专业指导委员会提出的关于教材编写要求和"《给水工程》课程教学基本要求"编写的，是专业指导委员会的推荐教材。本教材在编写过程中，以1987年出版的《给水工程》（第二版）为基本内容，参照各校长期使用该教材时积累的教学经验，充分吸收了近年来给水工程建设中的先进经验和科学研究成果。鉴于近10年来给水工程无论在理论上或实践上都有很大的发展，高等学校给水排水工程专业对给水工程学科的教学也提出了新的要求，故本书与原《给水工程》（第二版）相比，在内容上有较大变动，编写单位和编写人员也已重新组成。但原《给水工程》（第一、二版）主编、前辈学者杨钦教授以及参与编写的赵锡纯、孙立成、朱启光、王训俭、鲁汉珍诸位先生对原给水工程教材所作的历史贡献是永存的。

本教材在保证基本概念和基本理论要求的同时，充分注意吸收国内外给水工程新理论、新技术、新设备和新经验，反映了现代给水工程学科的发展趋势。为便于学生理解课文内容，书中例题以有助于学生理解给水工程基本概念和基本理论为原则，内容简短，不列大型或综合性作业类例题，同时，每章均列有思考题和习题。使用本教材时，可根据各校条件和要求对教材内容酌情增减。在水处理方面，有些内容与排水工程重复，讲授时应统筹决定内容取舍。气浮处理法在排水工程中介绍，本书从略。

本书亦可作为环境工程专业教学用书。

在本书编写过程中，得到了给水排水专业指导委员会和有关教授的具体指导和帮助，有关设计、施工、管理单位和兄弟院校专家、教师们提出了很多宝贵意见，提供了不少资料（包括思考题和习题），在此表示衷心感谢。

本书由同济大学严煦世、范瑾初主编，清华大学许保玖主审。参加编写人员及其分工编写内容如下：

同济大学	严煦世	第1～10章，第19章；
同济大学	范瑾初	第11、12章，第14～18章，第20章，24章；
重庆建筑工程学院	刘荣光	第13章；
兰州铁道学院	王乃忠	第21、22章；
天津大学	安鼎年	第23章。

限于编者水平，书中缺点错误难免，请读者不吝指教。

编　者

第 二 版 前 言

给水工程这门学科经人们长期努力，无论在理论或实践方面都积累了不少经验和成果。但是，当前我国的给水工程和世界先进水平相比，还有一定差距，它将督促和鼓励我们奋起直追，进一步开展科学研究，在给水事业上为祖国作出贡献。

本书是高等院校给水排水工程和环境工程专业学习给水工程的教材。本教材是在1980年9月第一版的基础上，参照各校教学经验，吸收近年来给水工程建设中的先进经验和科学研究成果，加强基本概念，更新了部分内容，并由原参编单位修订而成。

修订时力求贯彻少而精的原则，删繁就简。并采用法定计量单位制。使用本教材时，可根据各校条件和要求，对教材内容酌情增删。地下水和地表水取水工程可按各地区需要有所侧重。有关活性炭吸附、臭氧消毒、气浮法等内容，在《排水工程》中介绍，本书仅作简要叙述。由于近年来电子计算机的运用日益普遍，管网的水力计算和最优化设计、水厂运行管理方面都可运用电算技术，本教材已适当编入这方面内容，各校可根据具体情况进行教学。

在本书编写过程中，有关设计施工单位和兄弟院校提出了很多宝贵意见，在此表示感谢。

本书由同济大学杨钦、严煦世主编，清华大学许保玖主审。各章编写人员如下：

第一章至第十章，同济大学严煦世；第十一、十二章，哈尔滨建筑工程学院朱启光；第十三章，重庆建筑工程学院刘荣光、鲁汉珍；第十四、十五、十七、二十章，同济大学范瑾初；第十六、十八、十九章，同济大学孙立成；第二十一、二十二章，兰州铁道学院王乃忠；第二十三章，天津大学安鼎年；第二十四章，天津大学王训俭。

因编者水平所限，书中缺点错误在所难免，请读者批评指正。

编 者
1986 年 5 月

第 一 版 前 言

给水工程这门学科经前辈科技人员长期努力，无论在理论或实践方面都积累了不少成果。但在理论研究和新技术的发展上还需进行大量工作。当前我国的给水工程和世界先进技术相比还有一定距离，它将督促和鼓励我们从事给水工程的人员奋起直追，进一步开展科学研究，在给水事业上为祖国作出贡献。

本书是给水排水工程专业本科学生学习给水工程的试用教材。本教材是根据1978年3月在上海同济大学由有关高等院校代表共同拟订的《给水工程》教材大纲编写的。

本教材在加强理论基础的同时，介绍了我国给水工程建设中的先进技术经验和科学成就，也吸取了一些国外先进技术。

本教材编写时力求贯彻少而精的原则。使用本教材时，根据各校不同条件和要求，对某些内容可酌情增删。取水工程中的地下水部分和地表水部分，可按各地区的教学和实际需要有所侧重。有关活性炭吸附、臭氧消毒、溶气浮渣法、反渗透技术等内容，在《排水工程》中介绍，本书仅作简要叙述。由于近年来国内外电子计算机运用日益普遍，管网的水力计算及最优化设计、水处理运行管理方面都运用电算技术，本教材已适当编入这方面的内容，各校可根据具体情况增删。

在本书编写过程中以及在历次审稿会中，承各单位及兄弟院校提出了很多宝贵意见，在此表示感谢。

本书由同济大学杨钦、严煦世主编。各章分工如下：

第一章至第十章，同济大学严煦世；第十一、十二章，哈尔滨建筑工程学院朱启光；第十三章，重庆建筑工程学院赵锡纯、鲁汉珍；第十四、十五、十七、二十一章，同济大学范瑾初；第十六、十八、十九章，同济大学孙立成；第二十章，哈尔滨建筑工程学院李圭白；第二十二、二十三章，兰州铁道学院王乃忠；第二十四章，天津大学安丁年；第二十五章，天津大学王训俭。

本书由哈尔滨建筑工程学院主审。参加审稿的有李圭白、刘馨远、朱启光、赵洪宾。

因编者水平所限，书中缺点错误在所难免，请读者批评指正。

编　者
1979. 8. 17.

目 录

第1篇 给水系统总论

第2篇 输水和配水系统

第3篇 取水工程

第1篇 给水系统总论

第1章 给水系统

1.1 给水系统分类

给水系统是保证城镇、工业企业等用水的一系列构筑物和输配水管网组成的系统。根据系统的性质，可分类如下：

(1) 按水源种类，分为地表水（江河、湖泊、蓄水库、海洋等）和地下水（浅层地下水、深层地下水、泉水等）给水系统；

(2) 按供水方式，分为自流系统（重力供水）、水泵供水系统（压力供水）和混合供水系统；

(3) 按使用目的，分为生活给水系统、工业生产给水系统和消防给水系统。

水在人们生活和生产活动中占有重要地位，缺水将会影响国民经济发展的速度。因此，给水工程成为城市和工业企业的一个重要基础设施，必须保证以足够的水量、合格的水质和充裕的水压供应生活用水、生产用水和其他用水，不但能满足近期的需要，还应兼顾到今后发展的需要。

1.2 给水系统的组成和布置

给水系统的任务是从水源取水，按照用户对水质的要求进行处理，然后以一定的水压将水输送到用水区向用户配水。

为了完成上述任务，给水系统常由下列工程设施组成：

(1) 取水构筑物，用以从选定的地表水和地下水源取水。

(2) 水处理构筑物，是将取水构筑物的源水进行处理，以符合用户对水质的要求。水处理设施一般集中布置在水厂内。

(3) 泵站，用以将所需水量提升到要求的高度，可分抽取原水的一级泵站、输送清水的二级泵站和设于管网中的增压泵站等。

(4) 输水管渠和管网，输水管渠是将原水送到水厂或将处理后水送到管网，然后经管网分配到各个给水区的用户。

(5) 调节构筑物，包括各种类型的贮水构筑物，例如高地水池、水塔、清水池等，用以贮存和调节水量。高地水池和水塔兼有保证水压的作用。根据城市地形特点，水塔可设在管网起端、中间或末端，分别构成网前水塔、网中水塔和对置水塔的给水系统。

给水系统中，泵站、输水管渠、管网和调节构筑物等总称为输配水系统，从给水系统整体来说，它是投资最大的子系统。

1.2.1　城市给水系统

图 1-1 表示以地表水为水源的给水系统。相应的工程设施为：取水构筑物 1 从江河取水，经一级泵站 2 送往水处理构筑物 3，处理后的清水贮存在清水池 4 中。二级泵站 5 从清水池取水，经管网 6 供应用户。有时，为了调节水量和保持管网的水压，可根据需要在管网中建造水库泵站、高地水池或水塔 7。一般情况下，从取水构筑物到二级泵站都属于水厂的范围。当水源远离城市时，须由输水管渠将水源水引到水厂。

给水管网遍布整个给水区内，设计时可根据管道的功能，划分为干管和分配管。前者主要用以输水，管径较大，后者用于配水到用户，管径较小。给水管网设计和计算往往只限于干管。但是干管和分配管的管径并无明确的界限，须视管网规模而定。大城市管网中的分配管，在小城镇管网中可能是干管，大城市可略去不计的分配管，在小城市可能不允许略去。

以地下水为水源的给水系统，因地下水水质一般较好，可省去部分水处理构筑物而只需消毒，使给水系统大为简化，如图 1-2 所示。是否需设置水塔可根据实际需要。

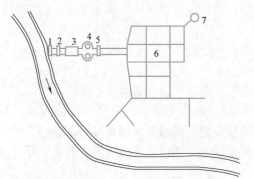

图 1-1　以地表水为水源的给水系统示意

1—取水构筑物；2—一级泵站；3—水处理构筑物；
4—清水池；5—二级泵站；6—管网；7—调节构筑物

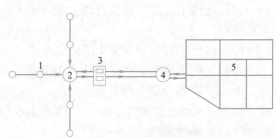

图 1-2　地下水源的给水系统示意

1—管井群；2—集水池；3—泵站；
4—水塔；5—管网

图 1-1 和图 1-2 所示的系统称为统一给水系统，即用同一给水系统供应生活、生产和消防等各种用水，目前绝大多数城市采用这一系统。在城市给水中，工业用水量往往占一定的比例，可是工业用水的水质和水压要求却有其特殊性。

在工业用水的水质和水压要求与生活用水不同的情况下，可根据具体条件，除考虑统一给水系统外，还可考虑分质、分压等给水系统。

对城市中个别用水量大，水质要求较低的工业用水，可考虑按水质要求分质给水。分质给水可以是同一水源，经过不同的水处理过程和管网，将不同水质的水供给各类用户；也可以是不同水源，例如地表水经简单沉淀后，供工业生产用水，如图 1-3 中虚线所示，地下水

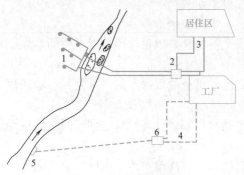

图 1-3　分质给水系统

1—管井；2—泵站；3—生活用水管网；
4—生产用水管网；5—取水构筑物；
6—工业用水处理构筑物

经消毒后供生活用水等。

分压给水系统是因水压要求不同而将管网分成不同系统,如图1-4所示的管网,由同一泵站3内的不同水泵分别供水到水压要求高的高压管网4和水压要求低的低压管网5,以节约能量消耗。

分区给水系统适用于城市地形高差大或管网分布范围广的大中城市,在管网中适当位置设置中途增压泵站是分区给水的一种形式。增压泵站将管网分区,分区之间的管网相互串联连接。各区用水分别由二级泵站和增压泵站供给。分区后二级泵站供水范围比原来缩小可以降低泵站的扬程,起到了节约能量的效果。

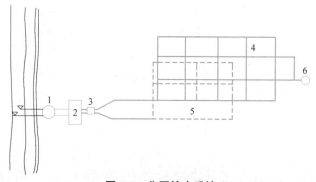

图1-4 分压给水系统
1—取水构筑物;2—水处理构筑物;3—泵站;
4—高压管网;5—低压管网;6—水塔

采用统一给水系统或是分质、分压系统,要根据地形条件,水源情况,城市和工业企业的规划,水量、水质和水压要求,并考虑原有给水工程设施条件,从全局出发,通过技术经济比较后决定。

随着城镇建设的快速发展,很多地区的城镇规划不断扩大,城镇之间的距离逐步缩小。由于水源或其他条件的限制,往往在一个较大的区域内,几个城镇联合采用一个水源,各有独立的管网,形成一个跨地域的给水系统,称为区域给水,已在江苏、浙江等地应用。原来分散的小型给水系统从此发挥了集中管理的优势。区域给水的范围较大,相互关联的城镇较多,供水情况各有不同,因此增加了给水系统设计和运行的复杂性。

1.2.2 工业给水系统

城市给水系统的组成和布置原则同样适用于工业企业,在一般情况下,工业用水常由城市管网统一供给。但是工业给水是一个比较复杂的问题,非但工业企业门类多、系统庞大,而且对水压、水质和水温有不同要求。有些工业企业,用水量虽大,但对水质要求不高,使用城市自来水颇不经济,或者限于城市给水系统的规模无法供应大量工业用水,或工厂远离城市管网等,这时不得不自建给水系统;有些工业用水,如电子工业、制药工业、锅炉给水等,用水量虽少,但水质要求远高于生活饮用水,还需要进一步处理,将城市给水的水质提高到满足工业给水的要求。

工业用水应尽量重复利用,从有效利用水资源和节省抽水动力费用着眼,根据工业企业内水的重复利用情况,可分成循环和复用给水系统,采用这类系统是城市节水的主要内容之一。

循环给水系统是指使用过的水经适当处理后再行回用。在循环使用过程中会损耗一些水量,包括循环过程中蒸发、渗漏等损失的水量,须从水源取水加以补充。图1-5所示的循环给水系统,虚线表示使用过的热水,实线表示冷却水。水在车间4使用后,水温有所升高,进入冷却塔1冷却后,再由泵站3送回车间使用。为了节约工业用水,一般较多采用这种系统。

复用给水系统是按照各车间对水质的要求,将水顺序重复利用。水源水先到某些车间,使用后根据水质或直接送到其他车间,或经冷却、沉淀等适当处理后,再到其他车间使用，最后排除。如图 1-6 所示的是水经冷却后使用的复用给水系统，实线表示给水管，虚线表示排水管。水源水在车间 A 使用后水温升高，然后靠本身的水压自流到冷却塔 2 中冷却，再由泵站 3 送到其他车间 B 使用，最后经排水系统 4 排入水体。采用这种系统，水资源得以充分利用，特别是在车间排出的水可不经过处理或略加处理就可供其他车间使用时，更为适用。

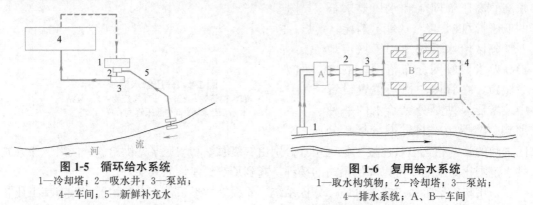

图 1-5　循环给水系统
1—冷却塔；2—吸水井；3—泵站；
4—车间；5—新鲜补充水

图 1-6　复用给水系统
1—取水构筑物；2—冷却塔；3—泵站；
4—排水系统；A、B—车间

为了节约工业用水，在工厂与工厂之间，也可考虑复用给水系统。

工业给水系统中水的重复利用，不仅是解决城市水资源缺乏的一种措施，还可以提高环境效益，减少使城市水体污染的废水量。因此，工业用水的重复利用率是节约城市用水的重要指标。所谓重复利用率是指重复用水量在总用水量中所占的百分数。我国工业用水重复利用率较低，和一些工业发达的国家相比，在工业节水方面还有很大的潜力，所以改进工艺和设备、采用循环或复用给水系统，提高工业用水重复利用率，特别是对钢铁、冶金、化工等用水量大的企业具有重要的意义。

1.3　给水系统布置的影响因素

按照城市规划，水源条件，地形，用户对水量、水质和水压要求等方面的具体情况，给水系统可有多种布置形式。影响给水系统布置的因素分述如下：

（1）城市规划的影响

给水系统的布置，应密切配合城镇和工业区的建设规划，做到通盘考虑分期建设，既能及时供应生产、生活和消防用水，又能适应今后发展的需要。

水源选择，给水系统布置和水源卫生防护地带的确定，都应以城市和工业区的建筑规划为基础。城市规划与给水系统设计的关系极为密切。例如，根据城市的计划人口数、居住区房屋层数和建筑标准，城市现状资料和气候等自然条件，可算出整个给水工程的设计用水量；从工业布局可知生产用水量分布及其要求；根据当地农业灌溉、航运和水利等规划资料，水文和水文地质资料，可以确定水源和取水构筑物的位置；根据城市功能分区，道路位置，用户对水量、水压和水质的要求，可以选定水厂、调节构筑物、泵站和管网的位置；根据城市地形和供水压力可确定管网是否需要分区给水；根据用户对水质要求确定是否需要分质供水等。

（2）水源的影响

任何城市，都会因水源种类、水源距给水区的远近、水源水质的不同，影响给水系统的布置。

给水水源分地下水和地表水两种。地下水源有浅层地下水、深层地下水和泉水等，我国北方地区采用较多。地表水源包括江水、河水、湖泊水、水库水、海水等，在南方比较普遍。

当地如有丰富的地下水，可在城市上游或就在给水区内开凿管井或大口井，井水的水质较好，一般经消毒后就可由泵站加压送入管网，供用户使用。

如水源处于适当的高程，能借重力输水，则可省去一级泵站或二级泵站或同时省去一、二级泵站。城市附近山上有泉水时，建造泉室供水的给水系统最为简单经济。取用蓄水库水时，也有可能利用高程以重力输水到给水区，输水能量费用可以节省。

以地表水为水源时，一般从流经城市或工业区的河流上游取水。因地表水多半是浑浊的，并且难免受到污染，如作为生活饮用水必须加以处理。受到污染的水源，水处理过程比较复杂，才可满足使用要求，因而提高给水成本。

城市附近的水源丰富时，往往随着用水量的增长而逐步发展成为多水源给水系统，从不同部位向管网供水，如图 1-7 所示。它可以从几条河流取水，或从一条河流的不同位置取水，或同时取地表水和地下水，或取不同地层的地下水等。我国许多大中城市，如北京、上海、天津等，都是多水源的给水系统。这种系统的优点是便于分期发展，供水比较可靠，管网的水压比较均匀。

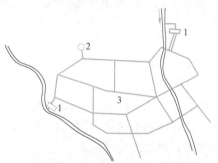

图 1-7　多水源给水系统
1—水厂；2—水塔；3—管网

显然，随着水源的增多，设备和管理工作相应增加，但与单一水源相比，通常仍较为经济合理。

随着国民经济的发展，城镇用水量越来越大，但是由于某些地区的河道，在枯水季节水量锐减甚至断流，有些城镇的地下水水位不同程度的下降，多数江河受到污染，某些沿海城市受到海水倒灌的影响等，以致某些地区因就近缺乏水质较好、水量充沛的水源，必须采用大规模、跨流域、长距离调水方式来解决给水问题。长距离输水工程尚未有明确的定义，一般指输水距离较长、管渠断面较大、水压较高的工程。例如天津"引滦入津"工程，是我国最早建设的长距离输水工程，设计水量为 $50m^3/s$，输水距离约 236km，输水工程内容复杂，包括隧洞、河道整治、水库、明渠和暗渠、泵站、输水管和水厂等，规模巨大，效益显著。

"南水北调"工程，是一项缓解我国华北和西北地区水资源短缺的国家战略性工程，技术更为复杂，涉及问题更多。通过跨流域的水资源合理分配，改变我国南涝北旱局面，促进南北方经济、社会与人口、资源、环境的协调发展。调水工程分东线、中线和西线，分别从长江下游、中游和上游调水。2014 年中线一期工程正式开闸放水。全长 1432km，供应沿线 100 多个城市的生活和工业用水。

北京第九水厂供水工程、大连"引碧入连"工程、青岛"引黄济青"工程、邯郸"引岳济邯"工程、西安黑河引水工程、上海黄浦江上游引水工程、秦皇岛引水工程等都是10km 以上的长距离取水工程，这些工程技术相当复杂，投资也很大。

（3）地形的影响

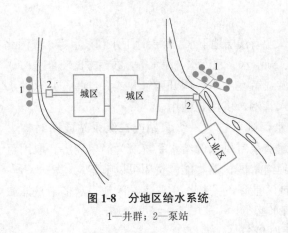

图 1-8 分地区给水系统
1—井群；2—泵站

地形条件对给水系统的布置有很大影响。中小城镇如地形比较平坦，而工业用水量小、对水压又无特殊要求时，可用统一给水系统。大中城市被河流分隔时，两岸工业和居民用水一般先分别供给，自成给水系统，随着城市的发展，再考虑将两岸管网相互连通，成为多水源的给水系统。取用地下水时，可能考虑就近凿井取水的原则，而采用分地区供水的系统。例如图 1-8 的给水系统布置，在东、西郊开采地下水，经消毒后由泵站分别就近供水给居民和工业，这种布置投资节省，并且便于分期建设。

地形起伏较大的城市，可采用分区给水或局部加压的给水系统。因给水区地形高差很大或管网延伸很远而分区的给水系统如图 1-9 所示。整个给水系统按水压分成高低两区，它比统一给水系统可以降低管网的供水水压和减少动力费用。分区给水布置方式可分成并联分区，即高低两区由同一泵站分别单独供水；另一种方式是串联分区，即高区泵站从低区取水，然后向高区供水。

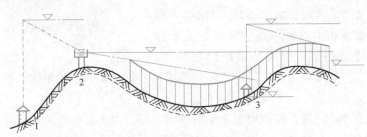

图 1-9 分区给水系统
1—低区供水泵站；2—水塔；3—高区供水泵站

1.4 城镇给水系统规划

1.4.1 城镇给水系统规划的原则

城镇给水系统规划是城镇总体规划的重要组成部分，是以城镇总体规划为依据，结合城市现状和发展、人口、工业区布局、电力供应、交通运输等情况进行规划。规划的原则是：

（1）贯彻执行国家和地方的法律、法规。

（2）给水系统规划应和城镇总体规划一致，一般按远期（10～20 年）规划，按近期（5～10 年）设计和建设，统一规划，分期实施。重视近期规划，同时考虑城市远期发展的需要，避免重复建设。对于改建和扩建工程，应充分利用原有设施，进行统一规划。

（3）合理利用水资源，保护环境，尽量利用就近水源。

（4）保证城市所需的水量、水压和水质。在消防和突发事故时仍能供给一定的水量。水质应符合现行的《生活饮用水卫生标准》，水压应满足居住区建筑物的用水，城镇内的高层建筑应自行加压，解决供水压力问题。

（5）采用行之有效的新技术、新材料和新工艺，力求技术先进、经济合理，取得经济效益和社会效益。

1.4.2　城镇给水系统规划的内容

根据城镇总体规划中确定的设计年限、人口，用水量、居住区的建筑物层数和设施，工业区的布局，以及对水量、水压和水质的要求，提出规划方案。城镇给水系统规划的主要内容如下：

（1）根据区域和城市的水资源分布，合理确定水源和取水方式，确保水资源和需水量之间的供需平衡，并提出水资源保护范围和措施。

（2）预测城镇在设计年限内最高日的生活用水、工业用水和公共设施用水等的总用水量。

（3）选定给水系统的类型，如统一给水、分质给水、分压给水等。

（4）确定给水构筑物如取水口、水厂、泵站、水塔的位置和规模，确定水处理工艺如常规处理、深度处理和污泥处理等。

（5）确定输水管渠和管网的布局和干管直径。

（6）对各种给水系统规划方案进行技术经济比较，论证其优缺点，尽量降低工程造价和运行管理费用，做到经济和节能。

1.4.3　城镇给水系统规划的阶段

城镇给水系统规划的目标是建立布局合理、安全经济的城镇给水系统，保证给水工程建设和城镇发展相协调，促进城镇的可持续发展。

城镇给水系统规划依据城镇总体规划进行，分为总体规划、分区规划和详细规划三个阶段，上一阶段指导下一阶段的规划，下一阶段要落实上一阶段的规划，但可视情况作适当的调整。

详细规划是根据前两阶段的规划结果，结合城镇实际情况，进行评定、落实和补充，作为城镇给水系统设计的依据。

1.4.4　城镇给水系统规划的过程

从给水工程项目批准到规划完成，一般须经过以下的工作过程：

（1）根据给水规划主管部门的委托文件和规划任务的合同，明确城镇给水工程规划的任务、范围和内容。收集城镇给水系统规划文件以及与给水系统规划有关的方针政策。

（2）收集给水系统规划所需的基础资料，同时进行现场调查研究。规划所需的基础资料包括：气象、水文、水文地质、工程地质和地形等资料；现有水源、用水量、用水人数和用水普及率、现有管网系统布置、对水量、水压和水质的要求，供水成本和水价，以及供水可靠性等资料；收集城镇的排水、道路、供电、消防、通信、燃气等的有关规划，便于相互协调，处理好各种地下管线的关系，其中与城镇排水系统规划相协调极为重要。

（3）充分调查与分析，确定城市用水量定额，计算城市总用水量，由此确定城市给水设施的工程规模。水量预测可参照规划规范中的多种估算方法，结合现状相互比较。

（4）进行给水系统工程规划，包括：水源和取水工程、水资源保护的要求、选择净水厂厂址、确定水处理工艺、布置和计算输水管渠和管网等，进行多方案的技术经济比较，选定高效节能的方案。

（5）根据规划的年限，提出远期和近期的工程实施计划，使给水工程的建设有序，提高投资效益。

（6）编制城市给水系统规划文件，说明城镇给水在城镇建设中的作用，明确规划目的，明确工程费用。规划文件以说明书和规划图纸表达。

1.4.5　用水量预测

城镇给水系统从总体规划、分区规划和详细规划到工程设计各阶段，确定城镇总用水量是极为重要的内容。用水量预测是根据一定的理论或用水量定额，预测规划期内城镇的最高日用水总量，其中包括居民生活用水、工业用水、公共设施用水和其他用水，作为给水系统设计规模的依据。预测时须遵循国家规范，结合当地用水情况，并考虑今后发展的需要。预测的用水量是否符合城市实际和发展趋势，对水资源的充分利用、给水系统的建设规模和总体布局以及工程投资都有很大影响，用水量预测的准确程度也会影响给水系统调度决策的可靠性。

城镇用水量预测时，应充分利用过去的用水量数据，同时考虑各种影响用水的因素，如居民收入水平、水的重复利用率、管网漏失率等，预计城镇人口的增长流动，分析城镇用水量的变化规律。城镇用水量因受到季节、节假日、生产发展、运行管理水平、水价以及地震、干旱、洪涝等自然灾害的影响，总是不断变化的，要准确估计用水量须多做调查和分析。

《城市给水工程规划规范》GB 50282—2016 中有多种用水量预测指标，例如按单位人口、单位用地面积或按单位产值、单位产品的用水量定额，需要时可分别计算各类指标并进行比较。

（1）参照以往用水量资料，按规划期末城镇总人口、平均综合用水量指标和用水普及率计算的城市单位人口综合用水量指标法。

（2）城市单位建设用地综合用水量指标法；按照城镇规划建设用地的面积，确定城市总用水量。

长期以来，因城市用水量逐年递增，根据以往城市总用水量的平均每年增长率以预测城市总用水量的方法也有采用，应该注意的是，由于水资源短缺和节水意识的提高，用水量也有下降的可能。

思　考　题

1. 给水系统是否必须包括取水构筑物、水处理构筑物、泵站、输水管和管网、调节构筑物等，哪种情况下可省去其中一部分设施？
2. 给水系统中投资最大的是哪一部分，试进行分析。
3. 什么是统一给水、分区给水、分质给水和分压给水，哪种系统目前用得最多？
4. 水源对给水系统布置有哪些影响？
5. 地形对给水系统布置有何影响？
6. 工业给水有哪些系统，各适用于何种情况？
7. 城镇给水系统规划要考虑哪些原则？
8. 用水量预测可采取哪些方法？

第2章 设计用水量

给水系统设计时，首先须确定该系统在设计年限内达到的最高日用水量，因为系统中的取水、水处理、泵站和管网等设施的规模都须参照设计用水量确定，因此会直接影响整个系统的建设投资和运行费用。

城市给水系统的设计年限，应按照城市总体规划，近远期结合，以近期为主。一般近期宜采用5～10年，远期年限宜采用10～20年。

城镇给水系统设计用水量由下列各项组成：

（1）综合生活用水，包括居民生活用水和公共建筑及设施用水。前者指城市中居民的饮用、烹调、洗涤、冲厕等日常生活用水；公共建筑及设施用水包括娱乐场所、宾馆、浴室、商场、学校和机关等用水。不包括城市浇洒道路、绿化等用水；

（2）工业企业生产和职工生活用水；

（3）浇洒道路和绿地用水；

（4）管网漏失水量；

（5）未预见水量；

（6）消防用水。

2.1 用水量定额

用水量定额是确定给水系统设计用水量的主要依据，它可影响给水系统相应设施的规模、工程投资、工程扩建的期限、今后水量的保证等方面，所以必须慎重考虑，结合现状和规划资料并参照类似地区或工业的用水情况确定用水量定额。

用水量定额是指设计年限内达到的用水水平，须从城市规划、工业企业生产情况、居民生活条件和气象条件等方面，结合现状用水调查和节约用水资料分析，进行远近期水量预测。城市生活用水和工业用水的增长速度，在一定程度上是有规律的，但如对生活用水采取节约用水措施，对工业用水采取计划用水、提高工业用水重复利用率等措施，可以影响用水量的增长速度，在确定用水量定额时应考虑这种变化。

2.1.1 居民生活用水

城市居民生活用水量由城市人口、每人每日平均生活用水量和城市给水普及率等因素确定。这些因素随城市规模的大小而变化。通常，住房条件较好、给水排水设备较完善、居民生活水平相对较高的城镇，生活用水量定额也较高。

我国幅员辽阔，各城镇的水资源和气候条件不同，生活习惯各异，所以人均用水量有较大的差别。即使用水人口相近的城镇，因地理位置和水源等条件不同，生活用水量也可以相差很多。一般说来，我国东南地区、经济开发特区和旅游城市，因水源较为丰富，气候较好，经济比较发达，用水量普遍高于水源短缺、气候寒冷的地区。

城镇人口变动、水价、采用节水设施以及生活水平的提高等都是影响生活用水量的因素，如缺乏实际用水量资料，则居民生活用水定额和综合用水定额可参照《室外给水设计标准》GB 50013—2018 的规定，见附录表 1，或依据城市给水系统详细规划中确定的水量。

2.1.2 工业企业生产和职工生活用水

工业生产用水一般是指工业企业在生产过程中，用作原料冷却、空调、制造、加工、净化和洗涤方面的用水。

工业企业门类很多，生产工艺多种多样，用水量的增长与国民经济发展计划，工业企业规划、工艺的改革和设备的更新等密切相关，因此通过工业用水量调查以获得可靠的资料是非常重要的。

设计年限内生产用水量的预测，可以根据工业用水的以往资料，按历年工业用水增长率以推算未来的水量；或根据单位工业产值的用水量、工业用水量增长率与工业产值的关系，或单位产值用水量与用水重复利用率的关系等加以预测。

工业用水指标一般以万元产值用水量表示。不同类型的工业，万元产值用水量不同。如果城市中用水单耗指标较大的工业多，则万元产值的用水量也高；即使同类工业部门，由于管理水平提高、工艺条件改善和产品结构的变化，尤其是工业产值的增长，单耗指标会逐年降低。提高工业用水重复利用率，重视节约用水等可以降低工业用水单耗。工业用水的单耗指标由于水的重复利用率提高而有逐年下降趋势。许多城市的工业园区发展快速，由于产品的产值高而用水量的单耗低，因此万元产值的用水量指标在很多城市有较大幅度的下降。

有些工业企业用水往往不是以产值为指标，而以工业产品的产量为指标，这时，工业企业的生产用水量标准，应根据生产工艺过程的要求确定，或是按单位产品计算用水量，如每生产一吨钢要多少水，或按每台设备每天用水量计算，可参照有关工业用水量定额。生产用水量资料通常由企业的工艺部门提供，在缺乏资料时，可参考同类型企业用水指标。在估计工业企业生产用水量时，应按当地水源条件、工业发展情况、工业生产水平，预估将来可能达到的重复利用率。

工业企业内职工生活用水量和淋浴用水量可参照《工业企业设计卫生标准》GBZ 1—2010。生活用水量根据车间性质决定，一般车间采用每人每班 25L，高温车间采用每人每班 35L。工业企业内职工的淋浴用水量，可参照附录表 2 的规定，淋浴时间安排在下班后一小时内。

2.1.3 其他用水

浇洒道路和绿地用水量应根据路面种类、绿化面积、气候和土壤等条件确定。浇洒道路用水量一般可按 $2.0 \sim 3.0 L/(m^2 \cdot d)$ 计算。浇洒绿地用水量可按 $1.0 \sim 3.0 L/(m^2 \cdot d)$ 计算。

管网漏失水量可按设计用水量前 3 项之和的 $10\% \sim 12\%$ 计算，当单位管长的供水量小或供水压力高时可适当增加。

未预见水量是设计时未能预料的因各种因素如规划改变或人口流动等所需的水量，可按设计用水量中前 4 项之和的 $8\% \sim 12\%$ 计算。

2.1.4 消防用水

消防用水只在火灾时使用，历时短暂，但消防时用水量在城市用水量中占有一定的比例，尤其是中小城镇，所占比例甚大。消防用水量、水压和火灾延续时间等，应按照现行的《建筑设计防火规范》GB 50016—2014（2018 年版）等执行。

城市或居住区的室外消防用水量，应按同时发生的火灾次数和一次灭火的用水量确定，见附录表 3。

工厂、仓库和民用建筑的室外消防用水量，可按同时发生火灾的次数和一次灭火的用水量确定，见附录表 4 和表 5。

2.2 用水量计算

城镇用水量计算时，应包括设计年限内该给水系统在最高日和最高时所供应的全部用水，包括居住区综合生活用水（居民生活用水和公共建筑用水），工业企业生产用水和职工生活用水，浇洒道路和绿地用水，未预见水量和管网漏失水量以及消防用水。

城市各种用水量应分别计算，然后汇总，得出总用水量：

（1）城市或居住区的最高日综合生活用水量

$$Q_1 = \sum \frac{q_1 N_1 f_1}{1000} \quad (\text{m}^3/\text{d}) \tag{2-1}$$

式中　q_1——城市各给水区的最高日综合生活用水量定额，L/(d·人)；

　　　N_1——设计年限内各给水区的计划人口数，人；

　　　f_1——用水普及率，%。

整个城市的最高日综合生活用水量定额应参照一般居住水平定出，如城市各给水区的房屋卫生设备类型不同，综合用水量定额应分别选定，按实际情况分区计算最高日用水量，以得各区用水量的总和。一般，由于人口流动，城镇计划人口数并不等于实际用水人数，所以应考虑用水普及率，以得出实际用水人数。

（2）工业生产和职工生活用水量

城市管网同时供给工业企业用水时，工业生产用水量为：

$$Q_2 = \sum q_2 \cdot B_2 (1-n) \quad (\text{m}^3/\text{d}) \tag{2-2}$$

式中　q_2——城市各工业企业最高日用水量定额，m³/万元或 m³/单位产量；

　　　B_2——各工业企业的产值，万元/d 或产量/d；

　　　n——各工业企业用水的重复利用率。

工业企业的职工生活和淋浴用水量：

$$Q_3 = \sum q_{3a} N_{3a} + q_{3b} N_{3b} \tag{2-3}$$

式中　q_{3a}——各工业企业职工生活用水量定额，L/(人·班)；

　　　N_{3a}——生活用水人数，人；

　　　q_{3b}——各工业企业职工淋浴用水量定额，L/(人·班)；

　　　N_{3b}——淋浴用水人数，人。

（3）浇洒道路和绿地用水量：

$$Q_4 = \frac{q_{4a}N_{4a}f + q_{4b}N_{4b}}{1000} \quad (m^3/d) \tag{2-4}$$

式中　q_{4a}——浇洒道路的用水量定额，L/(m²·次)；

　　　N_{4a}——浇洒道路的面积，m²；

　　　f——每日浇洒道路次数；

　　　q_{4b}——浇洒绿地的用水量定额，L/(m²·d)；

　　　N_{4b}——浇洒绿地的面积，m²。

（4）管网漏失水量

$$Q_5 = (0.10 \sim 0.12)(Q_1 + Q_2 + Q_3 + Q_4) \quad (m^3/d) \tag{2-5}$$

（5）未预见水量

$$Q_6 = (0.08 \sim 0.12)(Q_1 + Q_2 + Q_3 + Q_4 + Q_5) \quad (m^3/d) \tag{2-6}$$

因此设计年限内城镇最高日用水量等于：

$$Q_d = Q_1 + Q_2 + Q_3 + Q_4 + Q_5 + Q_6 \quad (m^3/d) \tag{2-7}$$

最高日设计用水量中并不包括消防用水量。消防时所需的室内外消防水量只是贮存在调节构筑物如水池和水箱内，供火灾时使用，或条件允许，火灾时直接从城市管网抽水灭火。

从城市最高日用水量可以得出最高时的设计用水量：

$$Q_h = \frac{1000 \times K_h Q_d}{24 \times 3600} = \frac{K_h Q_d}{86.4} \quad (L/s) \tag{2-8}$$

式中　K_h——用水量的时变化系数，1.2～1.6；

　　　Q_d——最高日设计用水量，m³/d。

当时变化系数 K_h 为1，即一日内每小时用量相同时，可得最高日平均时的设计用水量。

2.3　用水量变化

无论是生活或生产用水、用水量不断在变化。生活用水量随着生活习惯和气候而变化，如假期比平日高，夏季比冬季用水多；从我国大中城市的用水情况可以看出，在一天内又以早晨起床后和晚饭前后用水最多。用水量也随着用户生活水平、水价、节水技术等而有变化。

工业生产用水量中包括冷却用水、空调用水、工艺过程用水以及清洗、绿化等其他用水，在一年中用水量是有变化的。冷却用水主要是用来冷却设备，带走多余热量，所以用水量受到水温和气温的影响，夏季多于冬季。例如火力发电厂、钢铁厂和化工厂在高温季节的用水量约为月平均的1.3倍；空调用水用以调节室温和湿度，一般在5月～9月时使用，在高温季节用水量大；除冷却和空调外的其他工业用水量，一年中比较均衡，很少随气温和水温变化，如化工厂和造纸厂，用水量变化较少；还有一种季节性很强的食品工业用水，如纯净水、饮料、果汁等，在高温时因生产量大，用水量骤增。随着汽车工业的发达，洗车用水也是大量的增加。

用水量定额只是一个平均值，在设计时还须考虑每日、每时的用水量变化。在设计规定的年限内，用水最多一日的用水量，叫做最高日用水量，一般用以确定给水系统中各类设施的规模。在一年中，最高日用水量与平均日用水量的比值，叫做日变化系数 K_d，根据给水区的地理位置、气候、生活习惯和室内的给水排水设施，其值约为 $1.1 \sim 1.5$。在最高日内，每小时的用水量也是变化的，变化幅度和居民数、房屋设备类型、职工上班时间和班次等有关。最高日城市综合用水的最高一小时用水量与平均时用水量的比值，叫做时变化系数 K_h，该值在 $1.2 \sim 1.6$ 之间。大中城市的用水比较均匀，K_h 值较小，可取低限，小城镇可取高限。

在设计给水系统时，除了求出设计年限内最高日用水量和最高日的最高一小时用水量外，还应知道 24 小时的用水量变化，据以确定各种给水构筑物的规模。

图 2-1 为某城镇的最高日用水量变化曲线，图中每小时用水量按最高日用水量的百分数计，图形面积等于 $\sum_{t=1}^{24} Q_i\% = 100\%$，$Q_i\%$ 是以最高日用水量百分数计的每小时用水量。用水高峰集中在上午 8 时～10 时和下午 16 时～19 时。因为城市大，用水量也大，各类用户用水时间相互错开，使各小时的用水量比较均匀，时变化系数 K_h 为 1.44，最高时（上午 8 时～9 时）用水量为

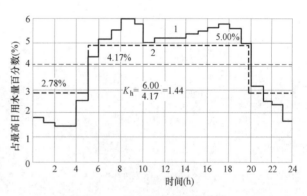

图 2-1　城市用水量变化曲线
1—用水量变化曲线；2—二级泵站设计供水线

最高日用水量的 6%。实际上，任何城镇用水量的 24 小时变化情况天天不同，图 2-1 只是说明大城市的每小时用水量相差较小，中小城镇的 24 小时用水量变化较大，人口较少用水标准较低的小城镇，24 小时用水量的变化幅度更大。

对于新设计的给水工程，用水量变化规律只能按该工程所在地区的气候、人口、居住条件、工业生产工艺、生产设备能力、产值等情况，参考附近城市的实际资料确定。对于扩建工程，可进行实地调查，获得用水量及其变化规律的资料。

思考题与习题

1. 设计城镇给水系统时应考虑哪些用水量？
2. 居住区生活用水量定额是按哪些条件制定的？
3. 影响生活用水量的主要因素有哪些？
4. 怎样估计工业生产用水量？
5. 工业企业为什么要提高水的重复利用率？
6. 说明日变化系数 K_d 和时变化系数 K_h 的意义。
7. 某城最高日用水量为 40 万 m^3/d，每小时用水量变化如下表。求：(1) 最高日最高时和平均时的

流量，（2）绘制用水量变化曲线，（3）拟定二级泵站工作线，确定二级泵站的流量。

时间	0～1	1～2	2～3	3～4	4～5	5～6	6～7	7～8	8～9	9～10	10～11	11～12
用水量(%)	2.53	2.45	2.50	2.53	2.57	3.09	5.31	4.92	5.17	5.10	5.21	5.21
时间	12～13	13～14	14～15	15～16	16～17	17～18	18～19	19～20	20～21	21～22	22～23	23～24
用水量(%)	5.09	4.81	4.99	4.70	4.62	4.97	5.18	4.89	4.39	4.17	3.12	2.48

8. 位于一区的某城市，用水人口 165 万，用水普及率 96%，试求该城市的最高日居民生活用水量和综合生活用水量（定额详见附表 1）。

第 3 章　给水系统的工作情况

3.1　给水系统的流量关系

在第 1 章中已经提到给水系统各组成部分如取水、水处理和输配水构筑物等的作用和相互之间的关系，本节从整体上分析其流量关系，并讨论各项构筑物、设施和管网的设计流量问题。

给水系统中所有构筑物都是以设计年限内最高日用水量 Q_d 为基础进行设计。

3.1.1　取水构筑物、一级泵站

城镇的最高日设计用水量确定后，取水构筑物和水厂的设计规模将随一级泵站的工作情况而定，如果一天中一级泵站的工作时间越长，则每小时的流量将越小。城镇水厂的一级泵站一般按 24 小时均匀工作来考虑。小型水厂的一级泵站才考虑非全天运转。

取水构筑物、一级泵站和水厂等按最高日的平均时流量设计，即：

$$Q_1 = \frac{\alpha Q_d}{T} \quad (\text{m}^3/\text{h}) \tag{3-1}$$

式中，α 是考虑水厂自用水量的系数，自用水量主要是供沉淀池排泥、滤池冲洗等用水，其值取决于水处理工艺、构筑物类型及原水水质等因素，一般在 1.05～1.10 之间；T 为一级泵站每天工作小时数。

以地下水为水源时，一般仅需在进入管网前消毒，这时一级泵站可直接将地下水输入管网，但为提高水泵的效率和延长水井的使用年限，一般先将地下水输送到地面水池，再经二级泵站将水池水输入管网。因此，取用地下水时的一级泵站设计流量为：

$$Q_1 = \frac{Q_d}{T} \quad (\text{m}^3/\text{h}) \tag{3-2}$$

和式（3-1）不同的是，这时水厂自用水量系数 α 为 1。

3.1.2　二级泵站、管网

二级泵站、从泵站到管网的输水管、管网和水塔等的设计流量，应按照用水量变化曲线和二级泵站工作曲线确定。

二级泵站的设计流量与管网中是否设置水塔或高地水池有关。当管网内不设水塔时，因流量无法调节，所以任何小时的二级泵站供水量均应等于城镇用水量。这时二级泵站应满足最高日最高时的水量要求，否则就会出现供水不足现象。因为用水量每日每小时都在变化，所以二级泵站内应有多台水泵大小搭配并联运行，以供给每小时变化的水量，同时保持水泵在高效率范围内运转。

管网内不设水塔或高地水池时，为了保证所需的水量和水压，水厂的输水管和管网应按二级泵站最大供水量也就是最高日最高时设计用水量计算。以图 2-1 所示的用水量变化

曲线为例，泵站最高时供水量应等于 6.00% 的最高日用水量。

管网内设有水塔或高地水池时，可以调节泵站供水和用水之间的水量差值，这时二级泵站每小时的供水量可以不等于用水量。

二级泵站的设计供水线应根据用水量变化曲线拟定。拟定时应注意下述几点：(1) 泵站各级供水线尽量接近用水线，以减小水塔的调节容积，但分级数一般不应多于三级，以便于水泵机组的运转管理；(2) 分级供水时，应注意每级能否选到合适的水泵，以及水泵机组的合理搭配，并尽可能满足目前和今后一段时间内用水量增长的需要。

从图 2-1 所示的二级泵站设计供水线看出，水泵工作情况分成两级：从 5 时到 20 时，一组水泵运转，流量为最高日用水量的 5.00%；其余时间的水泵流量为最高日用水量的 2.78%。可以看出，每小时泵站供水量并不等于用水量，但一天的泵站总供水量等于最高日用水量，即：

$$2.78\% \times 9 + 5.00\% \times 15 = 100\%$$

从图 2-1 的用水量曲线和设计的水泵分级供水线，可以看出水塔或高地水池的流量调节作用：当泵站供水量大于用水量时，多余的水可进入水塔或高地水池内贮存；相反，当供水量小于用水量时，则从水塔流出以补充水泵供水量的不足。由此可见，如设计的供水线和用水线越接近，则泵站工作的分级数或水泵机组数可能增加，但是水塔或高地水池的调节容积可以减小。

尽管各城镇的具体条件有差别，水塔或高地水池在管网内的位置可能不同，例如可设置在管网的起端、中间或末端，但水塔或高地水池的调节流量作用并不因此而有变化。

输水管和管网的计算流量，视有无水塔（或高地水池）和它们在管网中的位置而定。无水塔的管网，按最高日的最高时用水量确定管径。管网起端设水塔时（网前水塔），泵站到水塔的输水管直径按泵站分级工作线的最大一级供水量计算，管网仍按最高时用水量计算。管网末端设水塔时（对置水塔或网后水塔），因最高时用水量必须从二级泵站和水塔同时向管网供水，因此，应根据最高时从泵站和水塔输入管网的流量进行计算。

3.1.3 调节构筑物

给水系统中的一级泵站通常均匀供水，而二级泵站一般为分级供水，所以每小时一、二级泵站的供水量并不相等。为了调节一、二级泵站供水量的差额，必须在一、二级泵站之间建造调节水量的构筑物。图 3-1 中，实线 2 表示二级泵站工作线，虚线 1 表示一级泵站工作线。一级泵站供水量大于二级泵站供水量这段时间内，在图 3-1 中为 20 时到次日 5 时，多余水量在清水池中贮存；而在 5～20 时，因一级泵站供水量小于二级泵站，这段时间内需取用清水池中存水，以满足用水量的需要。但在一天内，贮存的水量刚好等于取用的水量，即清水池所需节容积或等于图 3-1 中二级泵站供水量大于一级泵站时累计的 A 部分面积，或等于 B 部分面积。

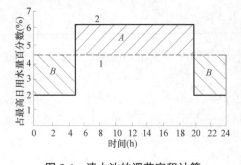

图 3-1 清水池的调节容积计算
1——一级泵站供水线；2——二级泵站供水线

换言之，清水池调节容积等于一天内累计贮存的水量或累计取用的水量。

给水系统中调节流量的构筑物之间，有着密切的联系。如二级泵站供水线越接近用水线，则水塔容积减小，清水池容积会适当增大。

3.2 给水系统的水压关系

给水系统除了保证城市用水量外，还应保证一定的水压，使能供给足够的生活用水和生产用水。城镇给水管网需保持的最小服务水头，根据给水区内多数供水房屋的层数，从地面算起1层为10m，2层为12m，2层以上每层增加4m。例如，当地房屋多数为6层楼时，则整个给水系统的最小服务水头应为28m。至于城市内个别高层建筑物或建筑群，或建筑在城市高地上的建筑物等所需的水压，不应作为城镇给水管网水压控制的条件。为满足这类建筑物的用水，可单独设置局部加压装置以提高水压，这样比较经济。

泵站、水塔或高地水池是给水系统中保证水压的构筑物，因此，需了解水泵扬程和水塔（或高地水池）高度的确定方法，以满足设计的水压要求。

3.2.1 水泵扬程确定

泵站内应有的水泵扬程 H_p 等于静扬程和水头损失之和：

$$H_p = H_0 + \sum h \tag{3-3}$$

静扬程 H_0 需根据抽水条件确定。一级泵站静扬程是指泵站吸水井最低水位与水厂的前端处理构筑物（一般为混合絮凝池）最高水位的高程差。

一级泵站的水头损失 $\sum h$ 包括水泵吸水管、压水管和泵站内连接管线等的总水头损失。

所以一级泵站的扬程可表示为（图3-2）：

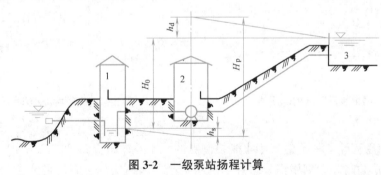

图3-2　一级泵站扬程计算

1—吸水井；2——级泵站；3—絮凝池

$$H_p = H_0 + h_s + h_d \quad (m) \tag{3-4}$$

式中　H_0——静扬程，m；

　　　h_s，h_d——由最高日平均时供水量加水厂自用水量确定的吸水管、压水管和泵站到絮凝池管线中的水头损失，m。

二级泵站是从清水池取水直接送向用户或先送入水塔，而后流向用户，水泵扬程计算按管网中有无水塔或水塔位置而有不同。

无水塔的管网（图3-3）由泵站直接输水到用户时，静扬程等于清水池最低水位与管网控制点所需水压标高的高程差。所谓控制点是指管网中控制水压的点，这一点往往位于管网中离二级泵站最远或地形最高点的用户接管处，只要该点的压力在最高用水量时可以达到最小服务水头的要求，整个管网就不会存在低水压区。

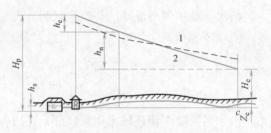

图 3-3　无水塔管网的水压线
1—最小用水时；2—最高用水时

无水塔管网的水头损失包括吸水管、压水管、输水管和管网等水头损失之和。因此无水塔时二级泵站扬程为：

$$H_p = Z_c + H_c + h_s + h_c + h_n \quad (3-5)$$

式中　Z_c——管网控制点 C 的地面标高和清水池最低水位的高程差，m；

H_c——控制点所需的最小服务水头，m；

h_s——吸水管和压水管的水头损失，m；

h_c，h_n——输水管和管网中水头损失，m。

h_s，h_c 和 h_n 都应按水泵最高时供水量计算。

在工业企业和中小城镇水厂，设有水塔时，二级泵站只须供水到水塔，而由水塔高度来保证管网控制点的最小服务水头（图 3-4），这时静扬程等于清水池最低水位和水塔最高水位的高程差，水头损失为吸水管、压水管、泵站到水塔的管网水头损失之和。水泵扬程的计算仍可参照式（3-5）。

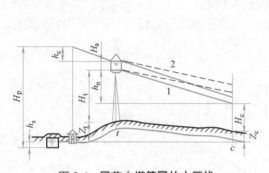

图 3-4　网前水塔管网的水压线
1—最高用水时；2—最小用水时

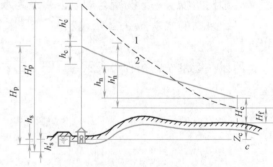

图 3-5　泵站供水时的水压线
1—消防时；2—最高用水时

二级泵站扬程除了满足最高用水时控制点的水压外，还应满足消防流量时的水压要求（图 3-5）。在消防时，管网中额外增加了消防流量，因而增加了管网的水头损失。水泵扬程的计算仍可按照式（3-5），但控制点应选在最不利的着火点，并满足消防时管网的水压 H_f 不低于 10m。如果消防时算出的水泵扬程高于最高日最高时算出的扬程，则根据两种扬程的差别大小，有时需在泵站内设置专用消防泵，或者放大管网中个别管段直径以减少水头损失而不设专用消防泵。

3.2.2　水塔高度确定

大城市一般不设水塔，因城市用水量大、水塔容积小了起不了多大调节作用，如容积很大造价又太高，况且水塔高度一经确定，今后给水管网扩建时水压将会受到限制。中小城镇和工业企业则可考虑设置水塔，由于水塔的水量调节作用，既可缩短水泵工作时间，又可保证恒定的水压。水塔在管网中的位置，可靠近水厂、位于管网中间或靠近管网末端等，不管哪类水塔，水柜底部高于地面的高度均可按下式计算（图3-4），还应考虑1～2m的安全水头：

$$H_t = H_c - h_n - (Z_t - Z_c) \tag{3-6}$$

式中　H_c——控制点 C 要求的最小服务水头，m；

　　　h_n——按最高日最高时用水量计算的从水塔到控制点的管网水头损失，m；

　　　Z_t——设置水塔处的地面标高，m；

　　　Z_c——控制点的地面标高，m。

从上式看出，建造水塔处的地面标高 Z_t 越高，则水塔高度 H_t 越低，这就是水塔建在高地的原因。离二级泵站越远地形越高的城镇，水塔可能建在管网末端而形成对置水塔的管网系统。这种系统的给水情况比较特殊，在最高用水量时，管网用水由泵站和水塔同时供给，两者各有自己的给水区，在给水区分界线上，水压最低。求对置水塔管网系统中的水塔高度时，式（3-6）中的 h_n 是指水塔到分界线处控制点的水头损失，H_c 和 Z_c 分别指水压最低点的最小服务水头和地形标高。这时，水头损失和水压最低点的确定必须通过管网计算。

3.3　水塔和清水池容积计算

水塔和清水池的作用在于调节泵站供水量和用水量之间的流量差值。清水池的调节容积，由一、二级泵站供水量曲线确定；水塔容积由二级泵站供水线和用水量曲线确定。如果二级泵站每小时供水量等于用水量，即流量无需调节时，管网中可不设水塔，成为无水塔的管网系统。大中城镇的用水量比较均匀，通常用水泵调节流量，多数可不设水塔。当一级泵站和二级泵站每小时供水量相接近时，清水池的调节容积可以减小，但是为了调节二级泵站供水量和用水量之间的差额，水塔的容积将会增大。

水塔和清水池调节容积的计算，通常采用两种方法：一种是根据24小时供水量和用水量变化曲线推算，一种是凭经验估算。前者需要知道城镇24小时的用水量变化规律，并在此基础上拟定泵站的供水线。以图2-1为例，用水量变化幅度从最高日用水量的1.63%（2时～4时）到6.00%（8时～9时）。二级泵站供水线按用水量变化情况，采用2.78%（20时～5时）和5.00%（5时～20时）两级供水，见表3-1中第（3）项，它比均匀地一级供水可减小水塔调节容积，节省造价。

水塔和清水池的调节容积计算见表3-1。表中第（2）项参照附近类似城市的用水量变化得出，第3项为设计的二级泵站每小时供水量，第（4）项为一级泵站24小时均匀供水。第（5）项为第（2）项减第（4）项之差。第（6）项为第（3）项减第（4）项之差。第（7）项为第（2）项减第（3）项之差。第（5）、（6）、（7）项中的累计正值或负值其值相同，说明一天内水塔和清水池贮存的水量和流出的水量相等，因此由累计的正值（或负值）可确定水塔或清水池所需的调节容积，其值以最高日用水量的百分数计。例如第（5）项累计值为17.98%，就是不设水塔时，清水池应有的调节容积百分数。设最高日用水量为 $Q_d (\mathrm{m^3/d})$，则清水池的调节容积为 $\dfrac{17.98}{100} Q_d (\mathrm{m^3})$。

从表3-1第（5）、（6）项看出，无水塔和有水塔时，水塔和清水池两者的总调节容积不同，无水塔时的清水池调节容积为 17.98%，有水塔时，清水池调节容积虽可减小，但水塔调节容积增加，总容积为 12.50%＋6.55%＝19.05%，略有增加。

缺乏用水量变化规律的资料时，城镇水厂的清水池调节容积，可凭运转经验，按最高日用水量的 10%～20%估算。供水量大的城镇，因 24 小时的用水量变化较小，可取较低百分数，以免清水池过大。至于生产用水的清水池调节容积，应按工业生产的调度、事故和消防等要求确定。

清水池中除了贮存调节用水以外，还存放消防用水和水厂生产用水，因此，清水池有效容积等于：

$$W = W_1 + W_2 + W_3 + W_4 \quad (m^3) \tag{3-7}$$

式中 W_1——调节容积，m^3；

W_2——消防贮水量，m^3，按 2 小时火灾延续时间计算；

W_3——水厂冲洗滤池和沉淀池排泥等生产用水，m^3，约为最高日用水量的 5%～10%；

W_4——安全贮量，m^3。

清水池容积确定后，设计时应分成相等容积的两个，如仅有一个，则应分格或采取适当措施，以便清洗或检修时不间断供水。

清水池和水塔调节容积计算 表 3-1

时间	用水量（%）	二级泵站供水量（%）	一级泵站供水量（%）	清水池调节容积（%）		水塔调节容积（%）
				无水塔时	有水塔时	
（1）	（2）	（3）	（4）	（5）	（6）	（7）
0～1	1.70	2.78	4.17	−2.47	−1.39	−1.08
1～2	1.67	2.78	4.17	−2.50	−1.39	−1.11
2～3	1.63	2.78	4.16	−2.53	−1.38	−1.15
3～4	1.63	2.78	4.17	−2.54	−1.39	−1.15
4～5	2.56	2.77	4.17	−1.61	−1.40	−0.21
5～6	4.35	5.00	4.16	0.19	0.84	−0.65
6～7	5.14	5.00	4.17	0.97	0.83	0.14
7～8	5.64	5.00	4.17	1.47	0.83	0.64
8～9	6.00	5.00	4.16	1.84	0.84	1.00
9～10	5.84	5.00	4.17	1.67	0.83	0.84
10～11	5.07	5.00	4.17	0.90	0.83	0.07
11～12	5.15	5.00	4.16	0.99	0.84	0.15
12～13	5.15	5.00	4.17	0.98	0.83	0.15
13～14	5.15	5.00	4.17	0.98	0.83	0.15
14～15	5.27	5.00	4.16	1.11	0.84	0.27
15～16	5.52	5.00	4.17	1.35	0.83	0.52
16～17	5.75	5.00	4.17	1.58	0.83	0.75
17～18	5.83	5.00	4.16	1.67	0.84	0.83
18～19	5.62	5.00	4.17	1.45	0.83	0.62
19～20	5.00	5.00	4.17	0.83	0.83	0.00
20～21	3.19	2.77	4.16	−0.97	−1.39	0.42
21～22	2.69	2.78	4.17	−1.48	−1.39	−0.09
22～23	2.58	2.78	4.17	−1.59	−1.39	−0.20
23～24	1.87	2.78	4.16	−2.29	−1.38	−0.91
累计	100.00	100.00	100.00	17.98	12.50	6.55

表 3-1 中，算出的水塔调节容积为最高日用水量的 6.55％，在最高日用水量很大的大中城镇，据此百分数算出的水塔容积也很大，造价较高，这是我国许多城市不用水塔原因之一。缺乏资料时，水塔调节容积也可凭运转经验确定，当泵站分级工作时，可按最高日用水量的 2.5％～3％至 5％～6％计算，城镇用水量大时取低值。

水塔中还需贮存消防用水，因此水塔的水柜容积等于：

$$W = W_1 + W_2 \quad (m^3) \tag{3-8}$$

式中　W_1——调节容积，m^3；

　　　W_2——消防贮水量，m^3，按 10min 室内消防用水量计算。

思考题与习题

1. 如何确定有水塔和无水塔时的清水池调节容积？

2. 取用地表水水源时，取水构筑物、水处理构筑物、泵站和管网等按什么流量设计？

3. 已知最高日用水量变化曲线时，怎样定出二级泵站工作线？

4. 清水池和水塔起什么作用？哪些情况下应设置水塔？

5. 有水塔和无水塔的管网，二级泵站的计算流量有何差别？

6. 无水塔和网前水塔时，二级泵站的扬程如何计算？

7. 消防时（图 3-5）二级泵站扬程如何计算？

8. 对置水塔管网在最高用水时，二级泵站和水塔各自的给水区分界线上的水压是怎样的？

9. 某城 24 小时用水量（m^3/h）见表 3-2，求一级泵站 24 小时均匀抽水时所需的清水池调节容积。总用水量为 112276m^3/d。

某城 24 小时用水量　　　　　　　　　　　　　　　　　　表 3-2

时间	0～1	1～2	2～3	3～4	4～5	5～6	6～7	7～8	8～9	9～10	10～11	11～12
水量(m^3)	1900	1800	1787	1700	1800	1910	3200	5100	5650	6000	6210	6300
时间	12～13	13～14	14～15	15～16	16～17	17～18	18～19	19～20	20～21	21～22	22～23	23～24
水量(m^3)	6500	6460	6430	6500	6700	7119	9000	8690	5220	2200	2100	2000

10. 某城市最高日用水量为 50 万 m^3/d，无水塔，用水量变化曲线和泵站分级工作线参照图 2-1，求最高日一级（全天均匀工作）和二级泵站的设计流量（m^3/s）。

第2篇 输水和配水系统

第4章 输水管渠和管网布置

输水和配水系统是保证输水到给水区内并且配水到所有用户的全部设施,包括输水管渠、配水管网、泵站、水塔和水池等。

对输水和配水系统的总要求是,供给用户所需的水量,保证配水管网足够的水压,保持优良的水质,保证不间断供水。

输水管渠指从水源到城镇水厂或者从水厂到管网的管线或渠道。

4.1 输水管渠定线

输水管渠是从水源到城镇水厂或水厂到管网的管渠,当水源、水厂和给水区的位置靠近时,输水管渠的定线问题并不突出。但是由于需水量的快速增长以及水源污染的日趋严重,为了从水量充沛、水质良好、便于防护的水源取水,有时需有几十公里甚至上百公里的长距离输水管渠,定线就比较复杂。

输水管渠的一般特点是距离长,因此与河流、高地、交通路线等的交叉较多。

多数情况下,输水管渠定线时,缺乏现成的地形平面图可以参照。如有地形图时,应先在图上初步选定几种可能的定线方案,然后到现场沿线踏勘了解,从投资、施工、管理等方面,对各种方案进行技术经济比较后再作决定。缺乏地形图时,则需在踏勘选线的基础上,进行地形测量,绘出地形图,然后在图上确定管线位置。

输水管渠定线时,必须与城市建设规划相结合,尽量缩短线路长度,减少拆迁,少占良田,便于管渠施工和运行维护,保证供水安全;选线时,应选择最佳的地形和地质条件,尽量沿现有道路和规划敷设,以便施工和检修;减少与铁路、公路和河流的交叉;管线避免穿越滑坡、岩层、沼泽、高地下水位和河水淹没与冲刷地区,以降低造价和便于管理。这些是输水管渠定线的基本原则。

当输水管渠定线时,经常会遇到山嘴、山谷、山岳等障碍物以及穿越河流和干沟等。这时应考虑:在山嘴地段是绕过山嘴还是开凿山嘴;在山谷地段是延长路线绕过还是用倒虹管;遇独山时是从远处绕过还是开凿隧洞通过;穿越河流或干沟时是用过河管还是倒虹管等。即使在平原地带,为了避开工程地质不良地段或其他障碍物,也须绕道而行或采取有效措施穿过。

输水管渠定线时,前述原则难以全部做到,但因输水管渠投资很大,特别是长距离输水时,必须根据具体情况灵活运用。

路线选定后,接下来要考虑采用单管渠输水还是双管渠输水,管线上应布置哪些附属构筑物，以及输水管的排气和检修放空等问题。

为保证安全供水，可以用一条输水管渠而在用水区附近建造水池进行流量调节，或者采用两条输水管渠。输水管渠条数主要根据输水量、事故时需保证的用水量、输水管渠长度、当地有无其他水源和用水量增长情况而定。供水不许间断时，输水管渠一般不宜少于两条。当输水量小、输水管长，或当地有其他水源可以利用时，可考虑单管渠输水另加调节水池的方案。

输水管渠的输水方式可分成两类：第一类是水源低于给水区，例如取用江河水时，需要采用泵站加压的输水方式。根据地形高差、管线长度和水管承压能力等情况，有时需在输水途中再设置加压泵站；第二类是水源位置高于给水区，例如取用蓄水库水时，有可能采用重力管渠输水。

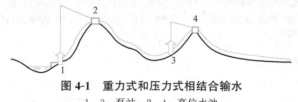

图 4-1　重力式和压力式相结合输水

1、3—泵站；2、4—高位水池

长距离输水时，一般情况是加压和重力输水两者的结合形式。有时虽然水源低于给水区。但个别地段也可借重力自流输水；水源高于给水区时，个别地段也有可能采用加压输水，如图 4-1 所示。在 1、3 处设泵站加压，上坡部分如 1～2 和 3～4 段用压力管，下坡部分根据地形采用无压或有压管渠，以节省投资。

图 4-2 为输水管的平面和纵断面图。

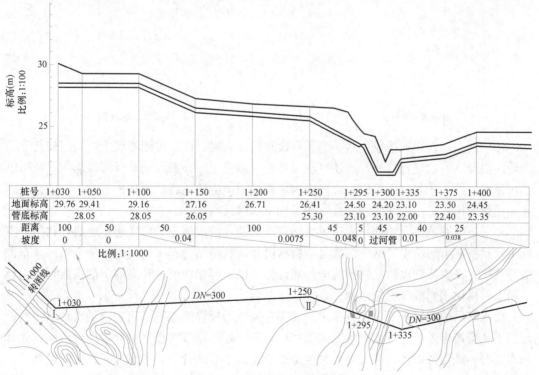

图 4-2　输水管平面和纵断面图

4.2 管网布置形式

给水管网的布置应满足以下要求：

(1) 按照城镇总体规划结合当时实际情况布置管网，布置时应考虑给水系统分期建设的可能，并留有充分的发展余地；

(2) 管网布置必须保证供水安全可靠，当局部管网发生事故时，断水范围应减到最小；

(3) 管线遍布在整个给水区内，保证用户有足够的水量和水压；

(4) 力求以最短距离敷设管线，以降低管网造价和供水能量费用。

尽管给水管网有各种各样的要求和布置，但不外乎两种基本形式：树状网（图 4-3）和环状网（图 4-4）。树状网一般适用于小城镇和小型工矿企业，这类管网从水厂或水塔到用户的管线布置成树枝状。树状网的供水可靠性较差，因为管网中任一段管线损坏时，在该管段下游的所有管线就会断水。另外，在树状网的末端，因用水量已经很小，管中的水流缓慢，甚至停滞不流动，因此水质容易变坏，有出现浑水和红水的可能。

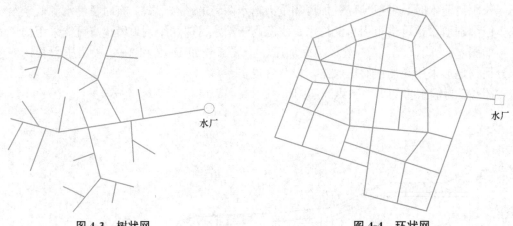

图 4-3　树状网　　　　　　　　　　　　图 4-4　环状网

环状网中，管线连接成环状，当任一段管线损坏时，可以关闭管线上的阀门使其和其余管线隔开，然后进行检修，水还可从另外管线供应用户，断水的地区可以缩小，从而供水可靠性增加。环状网还可以大大减轻因水锤作用产生的危害，而在树枝网中，则往往因此而使管线损坏。但是环状网的造价明显比树状网为高。

一般，在城镇建设初期可采用树状网，以后随着给水事业的发展逐步连成环状网。实际上，现有城市的给水管网，多数是将树状网和环状网结合起来。在城市中心地区，布置成环状网，在郊区则以树状网形式向四周延伸。供水可靠性要求较高的工矿企业须采用环状网，并用树状网或双管输水到个别较远的车间。

给水管网的布置既要求安全供水，又要贯彻节约投资的原则。而安全供水和节约投资之间不免会产生矛盾，为安全供水以采用环状网较好，要节约投资最好采用树状网。在管网布置时，既要考虑供水的安全，又尽量以最短的路线埋管，并考虑分期建设的可能，即先按近期规划施工，随着用水量的增长逐步增设管线。

4.3 管网定线

4.3.1 城镇给水管网定线

城镇给水管网定线是指在地形平面图上确定管线的走向和位置。城镇给水管网由干管、连接管、分配管、进户管组成。定线时一般只限于管网的干管以及干管之间的连接管，不包括从干管到用户的分配管和接到用户的进户管。图 4-5 中，实线表示干管，管径较大，用以输水到各地区。虚线表示分配管，它的作用是从干管取水供给用户和消火栓，管径较小，常由城市消防流量决定所需最小的管径，一般不小于 100mm。

由于给水管线一般敷设在地下，就近供水给两侧用户，所以管网的形状常随城市的总平面布置图而定。

城镇管网定线取决于城镇规划，供水区的地形，水源和调节构筑物的位置，街区和用户特别是大用户的分布、河流、铁路、桥梁等的位置等，考虑的要点如下：

定线时，干管延伸方向应和二级泵站输水到水池、水塔、大用户的水流方向一致，如图 4-5 中的箭头所示。循水流方向，布置一条或数条干管，干管位置应从用水量较大的街区通过。干管的间距，可根据街区情况，采用 500~800m。从经济上来说，给水管网的布置采用一条干管接出许多支管，形成树状网，费用最省，但从供水可靠性着想，以布置几条接近平行的干管并形成环状网为宜。

干管和干管之间的连接管使管网形成了环状网。连接管的作用在于干管损坏时，可以通过连接管重新分配流量，从而缩小断水范围，较可靠地保证供水。连接管的间距可根据街区的大小为 800~1000m。

干管一般按城市规划道路定线，但尽量避免在高级路面或重要道路下通过，以减小今后检修时的困难。管线在道路下的平面位置和标高，应符合城市或厂区地下管线综合设计的要求，给水管线和建筑物、铁路及其他管道的水平净距，均应参照有关规定。

考虑了上述要求，城市管网将是树状网和若干环组成的环状网相结合的形式，管线大致均匀地分布于整个给水区。

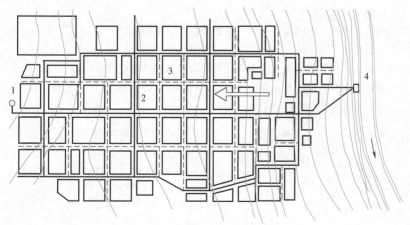

图 4-5　干管和分配管

1—水塔；2—干管；3—分配管；4—水厂

管网中还须安排其他一些管线和附属设备，例如：

在供水区范围内需敷设分配管，将干管的水送到用户和消火栓。分配管直径至少为100mm，大城市宜采用150～200mm，主要原因在于通过消防流量时，分配管中的水头损失不致过大，从而防止火灾地区的水压过低。

城镇内的工厂、学校、医院等用水均从分配管接出，再通过房屋进户管接到用户。一般建筑物用一条进水管，用水要求较高或须满足消防要求的建筑物和建筑物群，有时在不同部位接入两条或数条进水管，以增加供水的可靠性。

4.3.2 工业企业管网定线

工业企业内的管网布置有它的特点。根据企业内的生产用水和生活用水对水质和水压的要求，两者可以合用一个管网，或者可按水质或水压的不同要求分建两个管网。即使是生产用水，由于各车间对水质和水压要求不完全一样，因此在同一工业企业内，往往根据水质和水压要求，分别布置管网，形成分质、分压的管网系统。消防用水管网通常不单独设置，而是由生活或生产给水管网供给消防用水。

根据工业企业的特点，可采取各种管网布置形式。例如生活用水管网可为树状网，分别供应生产车间、仓库、辅助设施等处的生活用水。生活和消防用水合并的管网，应为环状网。

生产用水管网可按照生产工艺对给水可靠性的要求，采用树状网、环状网或两者相结合的形式。不能断水的企业，生产用水管网必须是环状网，到个别距离较远的车间可用双管代替环状网。大多数情况下，生产用水管网是环状网、双管和树状网的结合形式。

大型工业企业的各车间用水量一般较大，所以生产用水管网不像城市管网那样易于划分干管和分配管，定线和计算时全部管线都要加以考虑。

工业企业内的管网定线比城市管网简单，因为厂区内车间位置明确，车间用水量大且比较集中，易于做到以最短的管线到达用水量大的车间的要求。但是，由于某些工业企业有许多地下建筑物和管线，地面上又有各种运输设施，以致定线比较困难。

思 考 题

1. 管网布置应满足什么要求？
2. 管网布置有哪两种基本形式，各适用于何种情况及其优缺点？
3. 一般城镇的管网是哪种形式？为什么采用这种形式？
4. 管网定线应确定哪些管线的位置？其余的管线位置和管径怎样确定？
5. 工业企业内的给水管网定线与城镇给水管网定线相比有哪些特点？
6. 输水管渠定线时应考虑到哪些方面？

第5章 管段流量、管径和水头损失计算

5.1 管网计算步骤

给水工程总投资中，输水管渠和管网所占费用（包括管道、阀门、附属设施等）是很大的，一般约占 70%～80%，因此必须进行多种方案比较，以得到经济合理的满足近期和远期用水的最佳方案。

新建和扩建的城镇管网按最高日最高时用水量计算，据此求出各管段的直径和水头损失、水泵扬程和水塔高度（当设置水塔时）。并在此管径基础上，核算消防时、事故时、对置水塔系统在最高转输时各管段的流量和水头损失，以明确按最高用水时确定的管径和水泵扬程能否满足其他用水时的水量和水压要求。

管网的计算步骤是：（1）根据城镇设计用水量和管网布置求出沿线流量和节点流量；（2）求管段计算流量；（3）确定各管段的管径和水头损失；（4）进行管网水力计算或优化计算；（5）确定水塔高度和水泵扬程。除了第4步在第6章和第7章介绍外，本章对上述计算步骤中的管段流量、管径和水头损失计算分别加以阐述。

无论是新建管网、扩建或改建的管网，计算步骤是相同的。但在管网扩建和改建的计算中，需对原有管网的水量水压现状进行深入的调查和测定，例如现有的节点流量、管道使用后的实际管径和管道阻力系数、因局部水压不足而需新铺水管或放大管径的管段位置等，才能使计算结果接近于实际。

5.2 管网图形及简化

在管网计算中，城市管网的现状核算以及现有管网的扩建计算最为常见。由于给水管线遍布在地下，非但管线很多管材不同并且管径差别很大，如果将全部管线一律加以计算，实际上没有必要，甚至可能性很小。因此，除了新设计的管网，因定线和计算仅限于干管而不是全部管线的情况外，对改建和扩建的管网往往将实际的管网适当加以简化，保留主要的干管，略去一些次要的、水力条件影响较小的管线，也可以将并联的管段合并成一条流量和水头损失相同的当量管段以减少环数，也可以简化直径不同的串联管段以减少环内的管段数和节点数。简化后的管网基本上应能反映实际用水情况，但计算工作量可以减轻。通常管网越简化，计算工作量越小，但是过分简化的管网，计算结果难免和实际用水情况差别增大，所以管网图形简化是在保证计算结果接近实际情况的前提下，对管线进行的简化。

图 5-1（a）为某城市管网的全部管线布置，共计 42 个环，管段旁注明管径（以 mm

计）。图 5-1（b）表示管网计算时对管段分解、合并和省略的考虑。图 5-1（c）为简化后的管网，环数减少一半，计 21 环。

从图 5-1（b）可见，只由一条管线连接的两管网，都可以把连接管线断开，分解成为两个独立的管网。由两条管线连接的分支管网，如它位于管网的末端且连接管线的流向和流量可以确定，例如单水源的管网，也可进行分解，管网经分解后即可分别计算。管径较小、相互平行且靠近的管线可考虑合并。管线省略时，首先是略去水力条件影响较小的管线，也就是省略管网中管径相对较小的管线，管线省略后的计算结果应是偏于安全的。

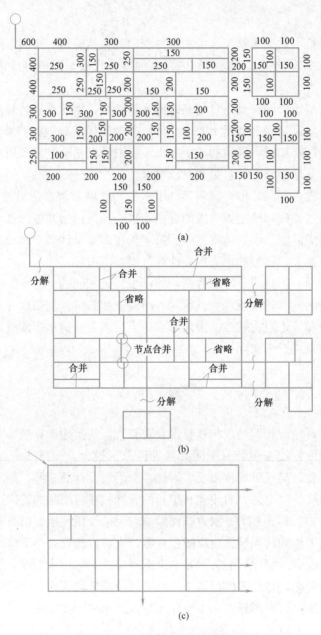

图 5-1 管网图形简化

5.3 沿线流量和节点流量

前面讲过，管网计算时并不包括全部管线，而是只计算经过简化后的干管网。计算前先给出管网计算图，以表示简化后管网的节点、管段和环之间的相互衔接关系。如图 5-2 所示的干管网，标有 1、2、3、…、8 的称为节点，它们包括：（1）水源节点，如泵站、水塔或高位水池等；（2）不同管径或不同材质的管线交接点；（3）两管段交点或集中向大用户供水的点。两节点之间的管线称为管段，顺序标以 [1]、[2]、[3]……，例如管段 [3]，表示节点 3 和 4 之间的一条管段。管段顺序连接形成管线，如图中的管线 1—2—3—4—7—8 是指从泵站到水塔的一条管线。起点和终点重合的管线，如 2—3—6—5—2 称为管网的环，图中的环Ⅰ，因为其中不含其他环，所以称为基环。几个基环合成的环称为

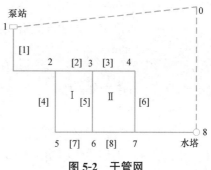

图 5-2 干管网

大环，如环Ⅰ、Ⅱ合成的大环 2—3—4—7—6—5—2 就不再称为基环。多水源的管网，为了计算方便，有时将两个或多个水压已定的水源节点（泵站、水塔等）用虚线和虚节点 0 连接起来，也形成环，如图中的 1—0—8—7—4—3—2—1 形成的环，因实际上并不存在，所以叫做虚环。

管网的沿线流量是指供给该管段两侧用户所需的水量。节点流量是从沿线流量折算得出的并且假设是在该管段两端节点集中流出的流量。在管网水力计算过程中，首先须求出沿线流量和节点流量。

5.3.1 沿线流量

城镇给水管线，因干管和分配管上接出许多用户，沿管线配水，水管沿线既有工厂、机关、旅馆等大量用水的单位，也有数量很多但用水量较少的居民用水，情况比较复杂。干管配水情况如图 5-3 所示，沿线有数量较多的用户用水 q_1，q_2，……，也有分配管的流量 Q_1，Q_2，……，如果按照实际用水情况来计算管网，因用户用水量经常变化也可能性很小。因此，计算时往往加以简化，即假定用水量均匀分布在全部干管上，但不计集中于节点的大用户用水量，由此算出干管线单位长度的流量，叫做比流量：

图 5-3 干管配水情况

$$q_s = \frac{Q - \sum q}{\sum l} \tag{5-1}$$

式中　q_s——比流量，L/(s·m)；

　　　Q——管网设计用水量，L/s；

$\sum q$——大用户集中用水量总和，L/s；

$\sum l$——干管总长度，m，不包括穿越广场、公园等无建筑物地区的管线长度；只有一侧配水的管线，长度按一半计算。

从式（5-1）看出，干管的总长度一定时，比流量随用水量增减而变化，用水量大时比流量也大，而最高用水时和最大转输时的比流量并不相同，所以在管网计算时须按不同用水量情况分别计算比流量。城镇人口密度或房屋卫生设备条件不同的用水区，也应该根据各区的用水量和干管线长度，分别计算其比流量。

从比流量可以求出各管段的沿线流量：

$$q_e = q_s l \qquad (5-2)$$

式中 q_e——沿线流量，L/s；

l——管线长度，m。

整个管网的沿线流量总和 $\sum q_e$ 等于 $q_s \sum l$。从式（5-1）可知，$\sum q_s l$ 值等于管网供给的总用水量减去大用户集中用水总量。

但是，按照用水量全部均匀分布在干管上的假定以求出比流量的方法，存在一定的缺陷。因为没有考虑到各管段沿线供水人数和用水量的差别，所以与各管段的实际配水量并不一致。为此提出另一种按该管段的供水面积决定比流量的计算方法，即将式（5-1）中的管段总长度 $\sum l$ 用供水区总面积 $\sum A$ 代替，得出的是以单位面积计算的比流量 q_A。这样，任一管段的沿线流量，等于其供水面积和比流量 q_A 的乘积。供水面积可用等分角线的方法来划分街区。在街区长边上的管段，其两侧供水面积均为梯形。在街区短边上的管段，其两侧供水面积均为三角形（图 5-4）。这种方法虽然比较准确，不过计算较为复杂，对于干管分布比较均匀、干管间距大致相近的管网，并无必要采用按供水面积计算比流量的方法。

5.3.2 节点流量

管网中任一管段的流量，由两部分组成：一部分是沿该管段长度配水的沿线流量 q_e，另一部分是通过该管段输水到以后管段的转输流量 q_t。转输流量沿整个管段不变，而沿线流量由于管段沿线配水，所以管段中的流量顺水流方向逐渐减小，到管段末端只剩下转输流量。如图 5-5 所示，管段 1-2 起端 1 的流量等于转输流量 q_t，加沿线流量 q_e，到末端 2 只有转输流量 q_t，因此从管段起点到终点的流量是变化的。

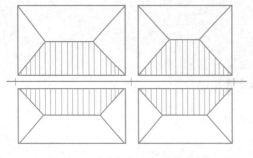

图 5-4 按供水面积法求比流量

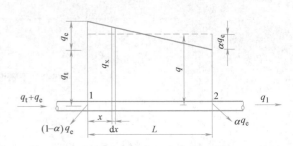

图 5-5 沿线流量折算成节点流量

按照用水量在全部干管上均匀分配的假定求出沿线流量，只是一种近似的方法。如上所述，每一管段的流量是沿管线变化的，对于流量变化的管段，难以确定管径和水头损失，所以有必要将沿线流量折算成从节点流出的流量，即节点流量。这样，沿管线不再有流量流出，即管段中的流量不再沿管线变化，就可根据折算的节点流量确定管径。

从沿线流量转化为节点流量的目的是求出一个沿一管段不变的折算流量 q，使折算流量 q 产生的水头损失等于实际上沿管线变化的流量 q_x 产生的水头损失。

从图 5-5 得出，通过管段 1-2 任一断面上的流量为：

$$q_x = q_t + q_e \frac{L-x}{L} = q_e \left(\gamma + \frac{L-x}{L} \right) \tag{5-3}$$

式中　$\gamma = \dfrac{q_t}{q_e}$。

根据水力学，管段 $\mathrm{d}x$ 中的水头损失为：

$$\mathrm{d}h = a q_e^n \left(\gamma + \frac{L-x}{L} \right)^n \mathrm{d}x \tag{5-4}$$

式中　a——管段的比阻。

流量变化的管段 L 中的水头损失可表示为：

$$h = \int_0^L \mathrm{d}h = \int_0^L a q_e^n \left(\gamma + \frac{L-x}{L} \right)^n \mathrm{d}x \tag{5-5}$$

积分，得：

$$h = \frac{1}{n+1} a q_e^n \left[(\gamma+1)^{n+1} - \gamma^{n+1} \right] L \tag{5-6}$$

图 5-5 中的水平虚线表示沿线不变的折算流量 q 等于：

$$q = q_t + \alpha q_e \tag{5-7}$$

式中，α 叫做折算系数，是把沿线变化的流量折算成在管段两端节点流出的流量，即节点流量的系数。

折算流量所产生的水头损失为：

$$h = a L q^n = a L q_e^n (\gamma + \alpha)^n \tag{5-8}$$

按照沿线变化的流量和折算流量产生的水头损失相等的条件，即令式（5-6）等于式（5-8），就可得出折算系数：

$$\alpha = \sqrt[n]{\frac{(\gamma+1)^{n+1} - \gamma^{n+1}}{n+1}} - \gamma \tag{5-9}$$

取水头损失公式的指数为 $n=2$，代入并简化，得：

$$\alpha = \sqrt{\gamma^2 + \gamma + \frac{1}{3}} - \gamma \tag{5-10}$$

从上式可见，折算系数 α 只和 $\gamma = q_t/q_e$ 值有关。在管网末端的管段，因转输流量 q_t 为零，则 $\gamma=0$，得：

$$\alpha = \sqrt{\frac{1}{3}} = 0.577$$

如 $\gamma=100$，即转输流量远大于沿线流量的管段，折算系数为：

$$\alpha = 0.50$$

由此可见，因管段在管网中的位置不同，转输流量和沿线流量的比值 γ 不同，因此折算系数 α 值也不等。一般，在靠近管网起端的管段，因转输流量比沿线流量大得多，α 值接近于 0.5，相反，靠近管网末端的管段，α 值大于 0.5。为便于管网计算，通常统一采用 $\alpha=0.5$，即将沿线流量折半作为管段两端的节点流量，在解决工程问题时，已足够精确。

因此管网任一节点的节点流量为：

$$q_i=\alpha\sum q_e=0.5\sum q_e \tag{5-11}$$

即任一节点 i 的节点流量 q_i 等于与该节点相连各管段的沿线流量总和的一半。

城市管网中，工业企业等大用户所需流量，可直接作为接入大用户节点的节点流量。大型工业企业内的生产用水管网，各车间用水量可直接作为节点流量。

这样，管网图上只有集中在节点的流量，包括由沿线流量折算的节点流量和大用户集中于节点的流量。大用户的集中流量，可以在管网图相应的节点上单独注明，也可和节点流量加起来，在相应节点上注出总流量。一般在管网计算图的节点旁引出箭头，注明该节点的流量，以便于进一步计算。

【例 5-1】 图 5-6 所示管网，给水区的范围如虚线所示，比流量为 q_s，求各节点的流量。

【解】 以节点 3、5、8、9 为例，节点流量如下：

$$q_3=0.5q_s(l_{2-3}+l_{3-6})$$

$$q_5=0.5q_s(l_{4-5}+l_{2-5}+l_{5-6}+l_{5-8})$$

$$q_8=0.5q_s(l_{7-8}+l_{5-8}+\frac{1}{2}l_{8-9})$$

$$q_9=0.5q_s(l_{6-9}+\frac{1}{2}l_{8-9})$$

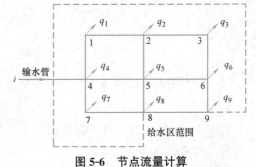

图 5-6 节点流量计算

因管段 8-9 单侧供水，求节点流量时，比流量按一半计算，也可以将该管段长度按一半计算。

5.4 管段计算流量

管段计算时，任一管段的计算流量实际上包括该管段两侧的沿线流量和通过该管段输送到以后管段的转输流量。为了初步确定每一管段的计算流量，必须按设计年限内最高日最高时用水量进行流量分配，得出各管段流量后，才能据此流量确定管径和进行水力计算，所以流量分配在管网计算中是一个重要环节。

求出管网的节点流量后，就可以进行管网的流量分配，分配到各管段的流量已经包括了沿线流量和转输流量。

单水源的树状网中，从水源（二级泵站，高地水池等）供水到各节点只有一个流向，如果任一管段发生事故时，该管段以后的地区就会断水，因此任一管段的计算流量等于该管段以后（顺水流方向）所有节点流量的总和，例如图 5-7 中管段 3-4 的计算流量为：

$$q_{3-4}=q_4+q_5+q_8+q_9+q_{10}$$

管段 4-8 的流量为：

$$q_{4-8}=q_8+q_9+q_{10}$$

树状网的流量分配比较简单，各管段的流量易于确定，并且每一管段只有唯一的流量值。

环状网的流量分配比较复杂，因各管段的流量与以后各节点流量没有直接的联系，并且在一个节点上连接几条管段，因此任一节点的流量包括该节点流量和流向以及流离该节点的几条管段流量。所以环状网流量分配时，由于到任一节点的水流情况较为复杂，不可能像树状网一样，对

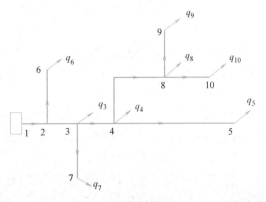

图 5-7　树状网流量分配

每一管段得到唯一的流量值。环状网分配流量时，必须保持每一节点的水流连续性，也就是流向任一节点的各管段流量必须等于流离该节点的各管段流量，以满足节点流量平衡的条件，用式表示为：

$$q_i+\sum q_{ij}=0 \tag{5-12}$$

式中　q_i——节点 i 的节点流量，L/s；

q_{ij}——从节点 i 到节点 j 的管段流量，L/s。

以下假定离开节点的管段流量为正，流向节点的管段流量为负。

以图 5-8 的节点 5 为例，离开节点的流量为 q_5、q_{5-6}、q_{5-8}，流向节点的流量为 q_{2-5}、q_{4-5}，因此根据式（5-12）得：

$$q_5+q_{5-6}+q_{5-8}-q_{2-5}-q_{4-5}=0$$

同理，节点 1 为：

$$-Q+q_1+q_{1-2}+q_{1-4}=0$$

或

$$Q-q_1=q_{1-2}+q_{1-4}$$

可以看出，对节点 1 来说，即使进入管网的总流量 Q 和节点流量 q_1 已知，各管段的流量，如 q_{1-2} 和 q_{1-4} 等还可以有不同的分配，也就是有不同的管段流量。以图 5-8 中的节点 1 为例，如果在分配流量时，对其中的一条，例如

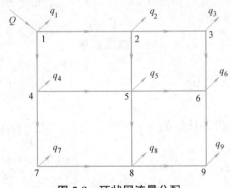

图 5-8　环状网流量分配

管段 1-2 分配很大的流量 q_{1-2}，而另一管段 1-4 分配很小的流量 q_{1-4}，为保持水流的连续性，$q_{1-2}+q_{1-4}$ 仍等于 $Q-q_1$，这时敷管费用虽然比较经济，但和安全供水产生矛盾。因为当流量很大的管段 1-2 损坏需要检修时，全部流量必须在管段 1-4 中通过，使该管段的水头损失过大，从而影响到整个管网的供水量或水压，显然这样分配流量并不合适。

环状网可以有许多流量分配方案，但是都应保证供给用户以所需的水量，并且满足节点流量平衡的条件。因为流量分配的不同，所以每一方案所得的管径也有差异，管网总造价也不相等，但一般不会有明显的差别。

根据研究结果，认为在现有的管线造价指标下，环状网只能得到近似而不是优化的经济流量分配，详见第 7 章。如在流量分配时，使环状网中某些管段的流量为零，即将环状网改成树状网，才能得到最经济的流量分配，但是树状网并不能保证可靠供水。

从上述可知，环状网流量分配时，应同时照顾经济性和可靠性。经济性是指流量分配后得到的管径，应使设计年限内的管网建造费用和管理费用为最少。可靠性是指能向用户不间断地供水，并且保证应有的水量、水压和水质。经济性和可靠性之间往往难以兼顾，一般只能在满足可靠性的要求下，力求管网造价最为经济。

环状网流量分配的步骤是：

（1）按照管网的主要供水方向，初步拟定各管段的水流方向，并选定整个管网的控制点。控制点是管网正常工作时和事故时必须保证最小服务水头的点，一般选在给水区内离二级泵站最远或地形较高之处。

（2）为了可靠供水，从二级泵站到控制点之间，选定几条主要的干管线，这些平行干管中尽可能均匀地分配流量，并且符合水流连续性即满足节点流量平衡的条件。这样，当其中一条干管损坏，流量由其他干管转输时，不会使干管中的流量增加过多。

（3）和干管线垂直的连接管，其作用主要是沟通干管之间的流量，有时起一些输水作用，有时只是就近供水到用户，平时流量一般不大，只有在干管损坏时才转输较大的流量，因此连接管中可分配较少的流量。

由于实际管网的管线错综复杂，大用户位置不同，上述原则必须结合具体条件，分析水流情况加以运用。

多水源的管网，应由每一水源的供水量定出其大致供水范围，初步确定各水源的供水分界线，然后从各水源开始，循供水主流方向按每一节点符合 $q_i + \sum q_{ij} = 0$ 的条件，以及经济和安全供水的考虑，进行流量分配。位于分界线上各节点的流量，往往由几个水源同时供给，各水源供水范围内的全部节点流量加上分界线上由该水源供给的节点流量之和，应等于该水源的供水量。

环状网流量分配后即可得出各管段的计算流量，由此流量即可确定管径。

5.5 管 径 计 算

确定管网中每一管段的管径是输水和配水系统设计计算的主要内容，管段的直径应按分配后的流量确定。因为流量和管径有下列关系：

$$q = Av = \frac{\pi D^2}{4} v \tag{5-13}$$

式中　A——水管断面积，m^2；

　　　D——管段直径，m；

　　　q——管段流量，m^3/s；

　　　v——流速，m/s。

所以，各管段的管径可按下式计算：

$$D = \sqrt{\frac{4q}{\pi v}} \tag{5-14}$$

从上式可知，管径不但和管段流量有关，而且和流速的大小有关，如管段的流量已知但是流速未定，管径还是无法确定，因此在流量分配后确定管径时必须先选定流速。

为了防止管网因水锤现象出现事故，最大设计流速不应超过 $2.5\sim3m/s$；在输送浑浊的原水时，为了避免水中悬浮物质在水管内沉积，最低流速通常不得小于 0.6m/s，可见技术上允许的流速幅度是较大的。因此，须在上述流速范围内，根据当地的经济条件，考虑管网的造价和经营管理费用，来选定合适的流速。

从式（5-14）可以看出，流量已定时，管径和流速的平方根成反比。流量相同时，如果流速取得小些，管径相应增大，此时管网造价增加，可是管段中的水头损失却相应减小，因此水泵所需扬程可以降低，日常的输水电费可以节约。相反，如果流速用得大些，管径虽然减小，管网造价有所下降，但因水头损失增大，日常的电费势必增加。因此，一般采用优化方法求得流速或管径的最优解，在数学上表现为求一定年限 t（称为投资偿还期）内管网造价和管理费用（主要是电费）之和为最小的流速，称为经济流速，以此来确定管径。

经济流速和水管价格、施工费用、电价等有关。由于用水量变化，许多经济指标也随时变化，要计算管网造价和年管理费用，须做深入的调查和分析。

设 C 为一次投资的管网造价，M 为每年管理费用，则在投资偿还期 t 年内的总费用 W_t 如式（5-15）所示。管理费用中包括电费 M_1 和折旧费（包括大修理费）M_2，后者和管网造价有关，可按管网造价的百分数计，表示为 $\frac{p}{100}C$，由此得出：

$$W_t = C + Mt \tag{5-15}$$

或

$$W_t = C + \left(M_1 + \frac{p}{100}C\right)t \tag{5-16}$$

式中　p——管网的折旧和大修费用，以管网造价的百分数计。

如以一年为基础求出年折算费用，即有条件地将造价折算为一年的费用，则得年折算费用公式为：

$$W = \frac{C}{t} + M = \left(\frac{1}{t} + \frac{p}{100}\right)C + M_1 \tag{5-17}$$

管网造价和管理费用都和管径有关。当流量已知时，则造价和管理费用与流速 v 有关，因此年折算费用既是流速 v 的函数也是管径 D 的函数。流量一定时，如管径 D 增大（v 相应减小），则式（5-17）中右边第 1 项的管网造价和折旧费增大，而第 2 项电费减小。年折算费用 W 和管径 D 以及年折算费用 W 和流速 v 的关系，分别如图 5-9 和图 5-10 所示。

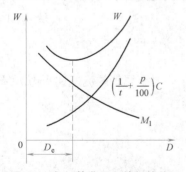

图 5-9　年折算费用和管径的关系

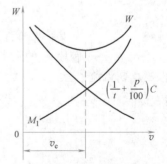

图 5-10　年折算费用和流速的关系

年折算费用 W 值随管径和流速的大小而变化，是一条下凹的曲线，相应于曲线最小纵坐标值的管径和流速，就是最经济的。从图 5-9 和图 5-10 可以看出，年折算费用最小的经济管径为 D_e，经济流速为 v_e。各城市的经济流速值应按当地条件，如水管材料和价格、施工费用、电价等来确定，不宜直接套用其他城市的数据。另一方面，管网中各管段的经济流速也不一样，需随管网图形、该管段在管网中的位置、该管段流量和管网总流量的比例等决定。因为经济流速计算复杂，有时简便地应用"界限流量表（表7-2）"确定经济管径。第7章中将详细介绍输水管和管网的经济流速计算以及确定经济管径的方法。

给水管有标准管径，如200mm，250mm……，分档不多，按经济管径方法算出的不一定就是标准管径，这时可选用相近的标准管径。

由于实际管网的复杂性，加之用水情况在不断变化，例如流量在不断增长，管网逐步扩展，许多经济指标如水管价格，电价等也随时变化，要从理论上计算管网造价和年管理费用相当复杂且有一定的难度。在条件不具备时，设计中也可采用平均经济流速（表5-1）来确定管径，得出的是近似的经济管径。

平均经济流速 表 5-1

管径(mm)	平均经济流速(m/s)
D=100～400	0.6～0.9
$D \geqslant 400$	0.9～1.4

一般大管径可取较大的平均经济流速，小管径可取较小的平均经济流速。

以上是指水泵供水时的经济管径确定方法，在求经济管径时考虑了抽水所需的电费。而在重力供水时，由于水源水位高于给水区所需水压，两者的标高差可使水在管内重力流动。此时，各管段的经济管径或经济流速，可按输水管渠和管网通过设计流量时的总水头损失等于或略小于可以利用的水位标高差来确定。

5.6　水头损失计算

在给水管网计算中，主要考虑沿管线长度的水头损失，即沿程水头损失。至于配件和附件如弯管、渐缩管和阀门等的局部水头损失，因和沿管线长度的水头损失相比很小，通常忽略不计。

5.6.1　流量和水头损失的关系

给水管网任一管段两端节点的水压和该管段水头损失之间有下列关系：

$$H_i - H_j = h_{ij} \tag{5-18}$$

式中　H_i、H_j——从某一基准面算起的管段起端 i 和终端 j 的水压，m；

　　　　h_{ij}——管段 ij 的水头损失，m。

根据均匀流流速公式，混凝土管（渠）和水泥砂浆内衬金属管的流速和水力坡降可按下式计算：

$$v = C\sqrt{Ri} \tag{5-19}$$

或

$$i = \frac{v^2}{C^2 R} = \frac{2g}{C^2 R} \cdot \frac{v^2}{2g} = \frac{8g}{C^2 D} \cdot \frac{v^2}{2g} = \frac{\lambda}{D} \cdot \frac{v^2}{2g} \tag{5-20}$$

式中　v——管段的平均流速，m/s；

　　　C——谢才系数；

　　　R——管道的水力半径$\left(圆管为 R=\dfrac{D}{4}\right)$，m；

i——单位管段长度的水头损失，或水力坡降；

D——水管内径，m；

λ——阻力系数$\left(\lambda=\dfrac{8g}{C^2}\right)$；

g——重力加速度，m/s²。

式（5-20）也可用流量 q 表示，从式（5-20）得水力坡降为：

$$i=\frac{\lambda}{D}\cdot\frac{q^2}{\left(\frac{\pi}{4}D^2\right)^2 2g}=\frac{8\lambda q^2}{\pi^2 gD^5}=\frac{8g}{C^2}\cdot\frac{8q^2}{\pi^2 gD^5}=\frac{64}{\pi^2 C^2 D^5}q^2=aq^2 \tag{5-21}$$

式中　$a=\dfrac{64}{\pi^2 C^2 D^5}$，叫做比阻；

q——流量。

沿程水头损失公式的指数形式为：

$$h=\kappa l\frac{q^n}{D^m}=alq^n=sq^n \tag{5-22}$$

式中　κ,n,m——常数和指数，其值根据所用水头损失公式确定；

　　　　l——管段长度，m；

　　$s=al$——管段摩阻，s²/m⁵。

令式（5-22）中的 $n=2$，并据 $h=il$ 的关系即得式（5-21）。

5.6.2　常用水头损失公式

目前管网计算时常用的一些水头损失公式如下：

（1）巴甫洛夫斯基（Н. Н. Павловский）公式

适用于混凝土管、钢筋混凝土管和渠道、水泥砂浆内衬的金属管道等的水头损失计算。

式（5-19）中的谢才系数 C 值为：

$$C=\frac{1}{n}R^y \quad (\text{m}^{1/2}/\text{s}) \tag{5-23}$$

式中　y——指数，等于：

$$y=2.5\sqrt{n}-0.13-0.75(\sqrt{n}-0.10)\sqrt{R} \tag{5-24}$$

　　n——管壁粗糙系数，混凝土管和预应力钢筋混凝土管一般采用 0.013～0.014；

　　R——管道的水力半径，m。

当管壁粗糙系数 $n<0.02$ 时，y 值可采用 $\dfrac{1}{6}$，因此得出以下公式：

$$n=0.013\ \text{时,水力坡降}\ i=0.001743\frac{q^2}{D^{5.33}} \tag{5-25}$$

$$n=0.014\ \text{时,}\ i=0.002021\frac{q^2}{D^{5.33}} \tag{5-26}$$

式中　q——流量，m³/s；

　　D——管径，m。

比阻 a 值见表 5-2。

管径(mm)	$n=0.013$ $a=\dfrac{0.001743}{D^{5.33}}$	$n=0.014$ $a=\dfrac{0.002021}{D^{5.33}}$	管径(mm)	$n=0.013$ $a=\dfrac{0.001743}{D^{5.33}}$	$n=0.014$ $a=\dfrac{0.002021}{D^{5.33}}$
100	373	432	500	0.0701	0.0813
150	42.9	49.8	600	0.02653	0.03076
200	9.26	10.7	700	0.01167	0.01353
250	2.82	3.27	800	0.00573	0.00664
300	1.07	1.24	900	0.00306	0.00354
400	0.23	0.267	1000	0.00174	0.00202

（2）海曾-威廉（A. Hazen，G. S. Williams）公式

该式是一个经验公式，适用于管网水力计算：

$$h=\frac{10.67q^{1.852}l}{C^{1.852}D^{4.87}} \tag{5-27}$$

式中　h——水头损失，m；

　　　l——管段长度，m；

　　　D——管径，m；

　　　q——流量，m³/s；

　　　C——系数，其值见表 5-3。

海曾-威廉式的系数 C 值   表 5-3

水管种类	C 值	水管种类	C 值
塑料管	140～150	混凝土管，焊接钢管	120～140
新铸铁管，衬涂沥青或水泥的铸铁管	130～140	旧铸铁管和旧钢管（无衬涂）	90～120

应用式（5-27）计算时，常数和指数分别为：$k=\dfrac{10.67}{C^{1.852}}$，$n=1.852$，$m=4.87$。

（3）柯尔勃洛克·怀特（Colebrook-White）公式

$$\frac{1}{\sqrt{\lambda}}=-2\lg\left(\frac{k/D}{3.7}+\frac{2.51}{Re\sqrt{\lambda}}\right) \tag{5-28}$$

式中　λ——阻力系数；

　　　k——管壁绝对粗糙度，其值可参考表 5-4。

从上式看出，阻力系数 λ 和管壁粗糙度 k、管径 D、雷诺数 Re 有关，因公式两侧都有 λ，须用迭代法求解。对于复杂的管网要求出每一管段的 λ 值并不实际，同时用计算机计算时，大多数以 e 为底而不是以 10 为底，因此以 e 为底时式（5-28）可表示为：

$$\frac{1}{\sqrt{\lambda}}=-0.8686\ln\left(\frac{k}{3.7D}+\frac{2.51}{Re\sqrt{\lambda}}\right) \tag{5-29}$$

绝对粗糙度 k 值   表 5-4

水管种类	k 值(mm)	水管种类	k 值(mm)
涂沥青铸铁管	0.05～0.125	镀锌钢管	0.125
涂水泥铸铁管	0.50	离心法钢筋混凝土管	0.04～0.25
涂沥青钢管	0.05	塑料管	0.01～0.03

式（5-28）的适用范围广，并且较接近于实际，但运算较复杂。

各种水头损失公式都是建立在实验基础上，但由于水头损失计算公式本身的某些缺陷和系数值（如 n、C、k 值）在选用上的偏差，各式的计算结果有时相差较大。公式选用不当，可使水头损失和水泵扬程偏离实际，从而不能保证供水的经济性和可靠性。究竟应采用哪种公式，系数如何选择，应参照实际的科学测定和有关规定。

思考题与习题

1. 什么叫比流量，怎样计算？比流量是否随着用水量的变化而变化？

2. 从沿线流量求节点流量的折算系数 α 如何导出？α 值一般在什么范围？

3. 为什么管网计算时须先求出节点流量？如何从用水量求节点流量？

4. 为什么要分配流量？流量分配时应考虑哪些要求？

5. 环状网和树状网的流量分配有什么不同？管网的流量分配不同时所求得的管径，在工程费用上是否差别很大？

6. 什么叫年折算费用？分析它和管径与流速的关系。

7. 什么叫经济流速？平均经济流速一般是多少？

8. 某城镇供水管网系统最高日用水量为 $100000\mathrm{m^3/d}$，时变化系数 $K_h = 1.5$，配水管网如图 5-11 所示，图中数字为节点编号和管段长度，单位为"m"，管线 3-2-6-7-10 仅一侧配水，节点 5 有一个大用户集中流量 15L/s，计算：

（1）该管网的最高日最高时设计流量；

（2）比流量；

（3）3、4、5、6 节点的节点流量；

（4）管段 2-3 的设计流量。

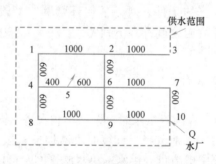

图 5-11　习题附图（8）

第6章 管网水力计算

城市新建给水管网与改建、扩建管网的计算，既有相似之处，又有较大差别。因为新建城镇给水管网以前并无管网，而改建、扩建的管网是在现有管网基础上开始的，为节约投资，充分挖潜，既要充分发挥原有管网设施的作用，又要根据扩大的供水规模，进行原有管网的改建和新管网的扩建，以达到整个管网相互协调的目的。

对于改建和扩建的管网，因现有管线遍布在街道下，非但管线太多，而且不同管径交接，计算时比新设计的管网较为困难。其原因是生活和生产用水量不断增长，水管结垢或腐蚀等，使计算结果易于偏离实际，这时必须对现实情况进行调查研究，调查用水量、节点流量、不同材料管道的阻力系数和实际管径、管网水压分布等。如计算的管线越多，则调查和计算的工作量越大。虽然现在应用计算机来计算复杂的管网已不成问题，但是如能减轻调查工作量至少可以减少计算机的贮存和计算时间。

6.1 管网计算基础方程

管网计算目的在于求出各水源节点（如泵站、水塔等）的供水量、各管段中的流量和管径以及全部节点的水压。

首先分析环状网水力计算的条件。对于任何环状网，管段数 P、节点数 J（包括泵站、水塔等水源节点）和环数 L 之间存在下列关系：

$$P = J + L - 1 \tag{6-1}$$

例如图 6-1 的环状网，共有 13 条管段、10 个节点和 4 个基环，符合式（6-1）的关系。

又如图 6-2 所示的管网，在高峰供水时，泵站 1 和水塔 9 同时向管网供水，可视为多水源环状网。泵站 1 和水塔 9 都是节点，计算时可增加虚管段 0-1 和 0-9，构成虚环，这样就将多水源的管网改为只由虚节点 0 供水的单水源管网。可以看出，所增加的虚环数等于增加的虚管段数减一。这样该环状网共有 14 条管段（包括 2 条虚管段），10 个节点（包括虚节点 0）和 5 个环（其中一个为虚环），仍满足式（6-1）的关系。

对于树状网，因环数 $L=0$，所以

$$P = J - 1 \tag{6-2}$$

即树状网的管段数等于节点数减一。由此可以看出，要将环状网转化为树状网，需要去掉 L 管段，即每环去除一条管段，管段去除后节点数保持不变。因为每环所去除的管段可以不同，所以同一环状网因去除的管段不同，可以转变成为不同形式的树状网。

管网计算前，节点流量、管段长度、管径和阻力系数等为已知，需要求解的是管网各管段的流量或水压，所以 P 个管段就有 P 个未知数。由式（6-1）可知，环状网计算时必须列出 $J+L-1$ 个方程，才能求出 P 个管段的流量。

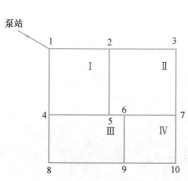

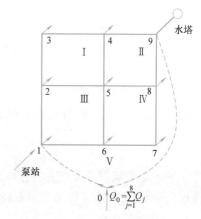

图 6-1　环状网的管段数、节点
数和环数的关系

图 6-2　多水源管网

6.2　管网计算原理

管网计算的原理是基于质量守恒和能量守恒，据此得出连续性方程和能量方程。

所谓连续性方程，就是对管网中任一节点来说，流向该节点的流量必须等于从该节点流出的流量，即质量守恒。在式（5-12）中已表达了这一关系，管段流量 q_{ij} 值的符号可以任意假定，这里采用离开节点的管段流量为正，流向节点的管段流量为负的规定。连续性方程是和流量成一次方关系的线性方程。如管网有 J 个节点，只可以写出类似于式（5-12）的独立方程 $J-1$ 个，因为其中任一方程可从其余方程导出：

$$\left.\begin{array}{l}(q_i+\sum q_{ij})_1=0\\(q_i+\sum q_{ij})_2=0\\\cdots\cdots\\(q_i+\sum q_{ij})_{J-1}=0\end{array}\right\}\tag{6-3}$$

式中　q_i——节点 i 的流量，L/s；

$1,2,\cdots,J$——表示管网各节点编号；

　　q_{ij}——从节点 i 到节点 j 的管段流量，L/s。

所谓能量方程，表示的是管网每一环中各管段的水头损失总和等于零的关系，即能量守恒。这里采用，每环中水流顺时针方向的管段，水头损失为正，逆时针方向的为负。由此得出 L 个环的独立方程：

$$\left.\begin{array}{l}\sum(h_{ij})_{\mathrm{I}}=0\\\sum(h_{ij})_{\mathrm{II}}=0\\\cdots\cdots\\\sum(h_{ij})_{L}=0\end{array}\right\}\tag{6-4}$$

式中　$\mathrm{I},\mathrm{II},\cdots,L$——表示管网各环的编号；

　　h_{ij}——从节点 i 到节点 j 的管段水头损失，m。

水头损失用指数公式 $h=sq^n$ 表示时，则式（6-4）可写成：

$$\left.\begin{array}{l} \sum(s_{ij}q_{ij}^n)_{\mathrm{I}}=0 \\ \sum(s_{ij}q_{ij}^n)_{\mathrm{II}}=0 \\ \cdots\cdots \\ \sum(s_{ij}q_{ij})_L=0 \end{array}\right\} \tag{6-5}$$

管段压降方程表示的是管段流量和水头损失的关系，可从式（5-18）和式（5-22）导出：

$$q_{ij}=(h_{ij}/s_{ij})^{1/n}=\left(\frac{H_i-H_j}{s_{ij}}\right)^{1/n} \tag{6-6}$$

式中，ij 表示从节点 i 到节点 j 的管段。

将式（6-6）代入连续性方程（5-12）中得流量和水头损失的关系如下：

$$q_i=\sum_1^N\left[\pm\left(\frac{H_i-H_j}{s_{ij}}\right)^{1/n}\right] \tag{6-7}$$

式中　H_i, H_j——节点 i 和 j 对某一基准点的水压；

　　　　s_{ij}——管段摩阻；

　　　　N——连接该节点的管段数。

总括号内的正负号可根据进出该节点的各管段流量方向而定，这里假定流离节点的管段流量为正，流向节点时为负。

6.3　管网计算方法分类

给水管网计算实质上是联立求解连续性方程、能量方程和管段压降方程。

在管网水力计算时，根据求解的未知数是管段流量还是节点水压，可以分为解环方程、解节点方程和解管段方程三类，在具体求解过程中可采用不同的算法，常用的有牛顿-拉夫森（Newton·Raphson）迭代法和哈代-克罗斯（Hardy Cross）法。两者的计算方法基本相同，前者是在管网中所有环同时调整流量、水压或流量和水压，收敛速度更快，而哈代-克罗斯法是在每个环中调整流量。在求环校正流量 Δq_i（环方程组）或节点水压校正值 ΔH_i（节点方程组）时，所用计算公式不同。目前大部分管网计算软件采用牛顿-拉夫森迭代法。

（1）解环方程

管网经流量分配后，各节点已满足连续性方程，可是由该流量求出的管段水头损失，并不同时满足 L 个环的能量方程，为此必须多次将各管段的流量反复调整，直到满足能量方程，从而得出各管段的流量和水头损失。

环状网中，环数少于节点数和管段数，相应的以环方程数为最少，因而成为手工计算时的主要方法。

（2）解节点方程

解节点方程是在假定每一节点水压的条件下，应用连续性方程以及管段压降方程，通过计算调整，求出每一节点的水压。节点的水压已知后，即可以从任一管段两端节点的水压差得出该管段的水头损失，进一步从流量和水头损失之间的关系算出管段流量。

解节点方程是计算机求解管网计算问题时，应用最广的一种算法。

（3）解管段方程

该法是应用连续性方程和能量方程，求得各管段流量和水头损失，再根据已知节点水压求出其余各节点水压。大中城市的给水管网，管段数多达数百条甚至数千条，需借助计算机才能快速求解。

6.4　树状网计算

城镇给水和工业企业给水在建设初期往往采用树状网，以后随着城镇和用水量的发展，再根据需要逐步连接成为环状网。树状网的计算比较简单，主要原因是树状网中每一管段的流量容易确定，只要在每一节点应用节点流量平衡条件 $q_i + \sum q_{ij} = 0$，无论从二级泵站起顺水流方向推算或从控制点起向二级泵站方向推算，只能得出唯一的管段流量，或者可以说树状网只有唯一的流量分配。任一管段的流量决定后，即可按经济流速求出管径，并求得水头损失。此后，选定一条干线，例如从二级泵站到控制点的任一干管线，将此干线上各管段的水头损失相加，求出干线的总水头损失，即可计算二级泵站所需扬程或水塔所需的高度。这里，控制点的选择很重要，以保证该点水压达到最小服务水头时，整个管网不会出现水压不足地区。如果控制点选择不当而出现某些地区水压不足时，应重行选定控制点进行计算，以保证所需的水压。

干线计算后，得出干线上各节点包括接出支线处节点的水压标高（等于节点的地面标高加该节点水压）。因此在计算树状网的支线时，起点的水压标高已知，而支线终点的水压标高等于终点的地面标高与最小服务水头之和。从支线起点和终点的水压标高差除以支线长度，即得支线的水力坡降，再从支线每一管段的流量，并参照此水力坡降选定相近的标准管径。

【例6-1】　某城镇供水区用水人口31250人，最高日用水量定额为150L/（人·d），要求最小服务水头为200kPa（20m）。节点4接某工厂，工业用水量为400m³/d，两班制。时变化系数1.6。城市地形平坦，地面标高为5.00m，由衬涂铸铁管组成的管网布置如图6-3所示。

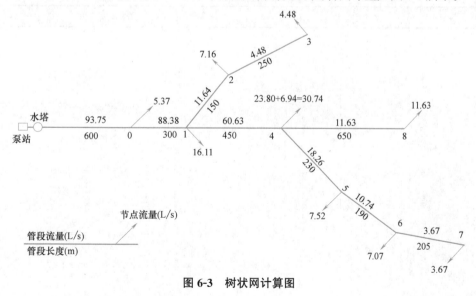

图6-3　树状网计算图

【解】　（1）总用水量
该城镇最高日最高时生活用水量：

$$0.15 \times 31250 \times 1.6 = 7500 \text{m}^3/\text{d} = 312.5 \text{m}^3/\text{h} = 86.81 \text{L/s}$$

工业用水量集中于节点 4 流出:

$$\frac{250}{16} \times 1.6 = 25 \text{m}^3/\text{h} = 6.94 \text{L/s}$$

总水量为:

$$\sum Q = 86.81 + 6.94 = 93.75 \text{L/s}$$

(2) 管线总长度 $\sum L = 3025$m,其中水塔到节点 0 的管段为输水管,两侧无用户。

(3) 比流量

$$q_s = \frac{93.75 - 6.94}{3025 - 600} = 0.0358 \text{L/(m·s)}$$

(4) 沿线流量(比流量乘以管长),见表 6-1。

沿线流量计算 　　　　　　　　　　　　　　表 6-1

管　段	管段长度(m)	沿线流量(L/s)
0-1	300	10.74
1-2	150	5.37
2-3	250	8.95
1-4	450	16.11
4-8	650	23.27
4-5	230	8.23
5-6	190	6.80
6-7	205	7.34
合　计	2425	86.81

(5) 节点流量,见表 6-2。

节点流量计算 　　　　　　　　　　　　　　表 6-2

节　点	节点流量(L/s)
0	$\frac{1}{2} \times 10.74 = 5.37$
1	$\frac{1}{2}(10.74 + 5.37 + 16.11) = 16.11$
2	$\frac{1}{2}(5.37 + 8.95) = 7.16$
3	$\frac{1}{2} \times 8.95 = 4.48$
4	$\frac{1}{2}(16.11 + 23.27 + 8.23) = 23.80$
5	$\frac{1}{2}(8.23 + 6.80) = 7.52$
6	$\frac{1}{2}(6.80 + 7.34) = 7.07$
7	$\frac{1}{2} \times 7.34 = 3.67$
8	$\frac{1}{2} \times 23.27 = 11.63$
合　计	86.81

（6）因城市用水区地形平坦，控制点选在离泵站最远的节点 8。干管各管段的水力计算见表 6-3。管径按平均经济流速（表 5-1）确定。管段水头损失按海曾-威廉公式（式 5-27）计算，系数 C 值取 130。

干管水力计算

表 6-3

干　　管	流量(L/s)	流速(m/s)	管径(mm)	管段长度(m)	水头损失(m)
水塔-0	93.75	0.75	400	600	0.84
0-1	88.38	0.70	400	300	0.38
1-4	60.63	0.86	300	450	1.14
4-8	11.63	0.66	150	650	2.27
					$\sum h$=4.63

（7）干管上各支管接出处节点的水压标高为：

节点 4：$20.00+5.00+2.27=27.27$m

节点 1：$27.27+1.14=28.41$m

节点 0：$28.41+0.38=28.79$m

水塔：$28.79+0.84=29.63$m

各支线的允许水力坡降等于支线允许的水头损失除以支线总长度，得出：

$$i_{1-3}=\frac{28.41-(20+5)}{150+250}=\frac{3.41}{400}=0.0085$$

$$i_{4-7}=\frac{27.27-(20+5)}{230+190+205}=\frac{2.27}{625}=0.0036$$

支线水力计算

表 6-4

管　　段	流量(L/s)	管径(mm)	管段长度(m)	水力坡降 i	水头损失 h(m)
1-2	11.64	150	150	0.0035	0.52
2-3	4.48	100	250	0.0043	1.07
4-5	18.26	200	230	0.0020	0.46
5-6	10.74	150	190	0.0030	0.57
6-7	3.67	100	205	0.0030	0.61

参照允许的水力坡降和流量选定支线各管段的管径时，应注意市售标准管径的规格，还应注意支线各管段水头损失之和不得大于允许的水头损失，例如支线 4~5~6~7 的总水头损失为 1.64m（见表 6-4），而允许的水头损失按支线起点和终点的水压标高差计算为 2.27m，符合要求，否则须调整管径重新计算，直到满足水压要求为止。由于标准管径的规格不多，可供选择的管径有限，所以调整的次数不多。

（8）求水塔高度和水泵扬程

按式（3-6）得水塔水柜底高于地面的高度：

$$H_\text{塔}=20.00+5.00+2.27+1.14+0.38+0.84-5.00=24.63\text{m}$$

水塔建于水厂内，靠近泵站，因此水泵扬程为：

$$H_\text{泵}=5.00+24.63+3.00-4.70+4.00=31.93\text{m}$$

上式中 3.00m 为水塔柜的水深，4.70m 为泵站吸水井最低水位标高，4.00m 为泵站内部和泵站到水塔的管线总水头损失。

6.5 环状网计算

环状网的水力计算方法可分三类：

(1) 解环方程组，在初步分配流量后，多次调整各管段流量以满足能量方程，得出各管段的流量。

(2) 解节点方程组，应用连续性方程和压降方程，得出各节点的水压。

(3) 解管段方程组，应用连续性方程和能量方程，得出各管段的流量。

6.5.1 环方程组解法

环状网在初步分配流量时，已经符合连续性方程 $q_i + \sum q_{ij} = 0$ 的要求。但在选定管径和求得各管段水头损失以后，每环往往不能满足能量方程 $\sum h_{ij} = 0$ 或 $\sum s_{ij} q_{ij}^n = 0$ 的要求。因此解环方程的环状网计算过程，就是在按初步分配流量确定的管径基础上，重新分配各管段的流量，反复计算，直到同时满足连续性方程和能量方程时为止，这一计算过程称为管网平差。换言之，平差就是求解 $J-1$ 个线性连续性方程组，和 L 个非线性能量方程组，以得出 P 个管段的流量。一般情况下，不能用直接法求解非线性能量方程组，而须用逐步近似法求解。

解环方程有多种算法，常用的解法是牛顿•拉夫森迭代法和哈代-克罗斯法。L 个非线性能量方程可表示为：

$$\left.\begin{array}{l} F_1(q_1, q_2, q_3, \cdots, q_p) = 0 \\ F_2(q_g, q_{g+1}, \cdots, q_p) = 0 \\ \vdots \\ F_L(q_m, q_{m+1}, \cdots, q_p) = 0 \end{array}\right\} \tag{6-8}$$

方程数等于环数，即每环一个方程，它包括该环的各管段流量，如式 (6-8) 方程组包含了管网中的全部管段流量。函数 F 有相同形式的 $\sum s_i |q_i|^{n-1} q_i$ 项，两环公共管段的流量同时出现在两邻环的方程中。

求解的过程是，首先分配流量得出各管段的初步流量 $q_i^{(0)}$ 值，分配时须满足节点流量平衡的要求，由此流量按经济流速选定管径，求出管段的水头损失。此时每环如不满足能量方程，则对初步分配的管段流量 $q_i^{(0)}$ 加以校正流量 Δq_i，再将 $q_1^{(0)} + \Delta q_i$ 代入式 (6-8) 中计算，目的是使初步分配的管段流量逐步趋近于实际流量。代入得：

$$F_1(q_1^{(0)} + \Delta q_1, q_2^{(0)} + \Delta q_2, \cdots, q_h^{(0)} + \Delta q_L) = 0$$
$$F_2(q_g^{(0)} + \Delta q_g, q_{g+1}^{(0)} + \Delta q_{g+1}, \cdots, q_j^{(0)} + \Delta q_L) = 0$$
$$\vdots$$
$$F_L(q_m^{(0)} + \Delta q_m, q_{m+1}^{(0)} + \Delta q_{m+1}, \cdots, q_p^{(0)} + \Delta q_L) = 0$$

将函数 F 展开，保留线性项得：

$$\left.\begin{array}{l} F_1(q_1^{(0)}, q_2^{(0)}, \cdots, q_p^{(0)}) + \left(\dfrac{\partial F_1}{\partial q_1} \Delta q_1 + \dfrac{\partial F_1}{\partial q_2} \Delta q_2 + \cdots + \dfrac{\partial F_1}{\partial q_p} \Delta q_L\right) = 0 \\ \\ F_2(q_g^{(0)}, q_{g+1}^{(0)}, \cdots, q_p^{(0)}) + \left(\dfrac{\partial F_2}{\partial q_g} \Delta q_g + \dfrac{\partial F_2}{\partial q_{g+1}} \Delta q_{g+1} + \cdots + \dfrac{\partial F_2}{\partial q_p} \Delta q_L\right) = 0 \\ \\ \vdots \\ \\ F_L(q_m^{(0)}, q_{m+1}^{(0)}, \cdots, q_p^{(0)}) + \left(\dfrac{\partial F_1}{\partial q_m} \Delta q_m + \dfrac{\partial F_1}{\partial q_{m+1}} \Delta q_{m+1} + \cdots + \dfrac{\partial F_L}{\partial q_p} \Delta q_L\right) = 0 \end{array}\right\} \tag{6-9}$$

式（6-9）中的第一项和式（6-8）形式相同，只是用流量 $q_i^{(0)}$ 代替 q_i，因为两者都是能量方程，所以均表示各环在初步分配流量时的管段水头损失代数和，或称为闭合差 $\Delta h^{(0)}$：

$$\sum h_i^{(0)} = \sum s_i |q_i^{(0)}|^{n-1} q_i^{(0)} = \Delta h_i^{(0)}$$

闭合差 $\Delta h_i^{(0)}$ 越大，说明初步分配流量和实际流量相差越大。

式（6-9）中，未知量是校正流量 Δq_i（$i=1$, 2, $\cdots$, L），它的系数是 $\dfrac{\partial F_i}{\partial q_i}$，即相应环对 q_i 的偏导数。按初步分配的流量 $q_i^{(0)}$，相应系数为 $ns_i(q_i^{(0)})^{n-1}$。

由上求得的是 L 个线性的 Δq_i 方程组，而不是 L 个非线性的 q_i 方程组。

$$\left.\begin{aligned}
\Delta h_1 + ns_1(q_1^{(0)})^{n-1}\Delta q_1 + ns_2(q_2^{(0)})^{n-1}\Delta q_2 + \cdots + ns_h(q_p^{(0)})^{n-1}\Delta q_L = 0\\
\vdots\\
\Delta h_L + ns_m(q_m^{(0)})^{n-1}\Delta q_m + ns_{m+1}(q_{m+1}^{(0)})^{n-1}\Delta q_{m+1} + \cdots + ns_p(q_p^{(0)})^{n-1}\Delta q_L = 0
\end{aligned}\right\} \tag{6-10}$$

综上所述，管网计算的任务是解 L 个线性的 Δq_i 方程组，每一方程表示一个环的校正流量，求解的是满足能量方程时的校正流量 Δq_i。由于初步分配流量时已经符合连续性方程，所以求解以上线性方程组时，必然同时满足 $J-1$ 个连续性方程。此后即可用迭代法来解。

为了求解式（6-10）的线性方程组，可以采用提出的各环的管段流量用校正流量 Δq_i 调整的迭代方法，现以图 6-4 的四环管网为例，说明解环方程组的方法。

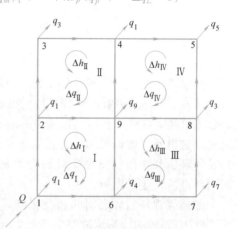

图 6-4 环状网的校正流量计算

设初步分配的管段流量为 q_{ij}，取水头损失公式 $h=sq^n$ 中的 $n=2$，四环管网可写出四个能量方程，以求解四个未知的校正流量 Δq_{I}、Δq_{II}、Δq_{III}、Δq_{IV}：

$$\left.\begin{aligned}
&s_{1-2}(q_{1-2}+\Delta q_{\mathrm{I}})^2 + s_{2-9}(q_{2-9}+\Delta q_{\mathrm{I}}-\Delta q_{\mathrm{II}})^2\\
&\quad - s_{6-9}(q_{6-9}-\Delta q_{\mathrm{I}}+\Delta q_{\mathrm{III}})^2 - s_{1-6}(q_{1-6}-\Delta q_{\mathrm{I}})^2 = 0\\
&s_{2-3}(q_{2-3}+\Delta q_{\mathrm{II}})^2 + s_{3-4}(q_{3-4}+\Delta q_{\mathrm{II}})^2 - s_{4-9}(q_{4-9}\\
&\quad -\Delta q_{\mathrm{II}}+\Delta q_{\mathrm{IV}})^2 - s_{2-9}(q_{2-9}+\Delta q_{\mathrm{I}}-\Delta q_{\mathrm{II}})^2 = 0\\
&s_{6-9}(q_{6-9}-\Delta q_{\mathrm{I}}+\Delta q_{\mathrm{III}})^2 + s_{9-8}(q_{9-8}+\Delta q_{\mathrm{III}}-\Delta q_{\mathrm{IV}})^2\\
&\quad - s_{8-7}(q_{8-7}-\Delta q_{\mathrm{III}})^2 - s_{6-7}(q_{6-7}-\Delta q_{\mathrm{III}})^2 = 0\\
&s_{4-9}(q_{4-9}-\Delta q_{\mathrm{II}}+\Delta q_{\mathrm{IV}})^2 + s_{4-5}(q_{4-5}+\Delta q_{\mathrm{IV}})^2\\
&\quad - s_{5-8}(q_{5-8}-\Delta q_{\mathrm{IV}})^2 - s_{9-8}(q_{9-8}-\Delta q_{\mathrm{IV}}+\Delta q_{\mathrm{III}})^2 = 0
\end{aligned}\right\} \tag{6-11}$$

校正流量 Δq_i 的大小和符号，可在解方程组时得出。

将式（6-11）按二项式定理展开，并略去 Δq_i^2 项，整理后得环 I 的方程如下：

$$\begin{aligned}
&(s_{1-2}q_{1-2}^2 + s_{2-9}q_{2-9}^2 - s_{1-6}q_{1-6}^2 - s_{6-9}q_{6-9}^2) + 2(\textstyle\sum sq)_{\mathrm{I}}\Delta q_{\mathrm{I}}\\
&\quad - 2s_{2-9}q_{2-9}\Delta q_{\mathrm{II}} - 2s_{6-9}q_{6-9}\Delta q_{\mathrm{III}} = 0
\end{aligned} \tag{6-12}$$

上式括号内为初步分配流量条件下，环 I 各管段的水头损失代数和，称为闭合差 Δh_i。因此得出下列线性方程组：

$$\left.\begin{array}{l}\Delta h_{\mathrm{I}}+2\sum(sq)_{\mathrm{I}}\Delta q_{\mathrm{I}}-2s_{2-9}q_{2-9}\Delta q_{\mathrm{II}}-2s_{6-9}q_{6-9}\Delta q_{\mathrm{III}}=0\\\Delta h_{\mathrm{II}}+2\sum(sq)_{\mathrm{II}}\Delta q_{\mathrm{II}}-2s_{2-9}q_{2-9}\Delta q_{\mathrm{I}}-2s_{4-9}q_{4-9}\Delta q_{\mathrm{IV}}=0\\\Delta h_{\mathrm{III}}+2\sum(sq)_{\mathrm{III}}\Delta q_{\mathrm{III}}-2s_{6-9}q_{6-9}\Delta q_{\mathrm{I}}-2s_{9-8}q_{9-8}\Delta q_{\mathrm{IV}}=0\\\Delta h_{\mathrm{IV}}+2\sum(sq)_{\mathrm{IV}}\Delta q_{\mathrm{IV}}-2s_{4-9}q_{4-9}\Delta q_{\mathrm{II}}-2s_{9-8}q_{9-8}\Delta q_{\mathrm{III}}=0\end{array}\right\}$$ (6-13)

式中 Δh_i——闭合差，等于该环内各管段水头损失的代数和；

      $\sum(sq)_i$——该环内各管段的 $|sq|$ 值总和。

解得每环的校正流量公式如下：

$$\left.\begin{array}{l}\Delta q_{\mathrm{I}}=\dfrac{1}{2\sum(sq)_{\mathrm{I}}}(2s_{2-9}q_{2-9}\Delta q_{\mathrm{II}}+2s_{6-9}q_{6-9}\Delta q_{\mathrm{III}}-\Delta h_{\mathrm{I}})\\[2ex]\Delta q_{\mathrm{II}}=\dfrac{1}{2\sum(sq)_{\mathrm{II}}}(2s_{2-9}q_{2-9}\Delta q_{\mathrm{I}}+2s_{4-9}q_{4-9}\Delta q_{\mathrm{IV}}-\Delta h_{\mathrm{II}})\\[2ex]\Delta q_{\mathrm{III}}=\dfrac{1}{2\sum(sq)_{\mathrm{III}}}(2s_{6-9}q_{6-9}\Delta q_{\mathrm{I}}+2s_{9-8}q_{9-8}\Delta q_{\mathrm{IV}}-\Delta h_{\mathrm{III}})\\[2ex]\Delta q_{\mathrm{IV}}=\dfrac{1}{2\sum(sq)_{\mathrm{IV}}}(2s_{4-9}q_{4-9}\Delta q_{\mathrm{II}}+2s_{9-8}q_{9-8}\Delta q_{\mathrm{III}}-\Delta h_{\mathrm{IV}})\end{array}\right\}$$ (6-14)

解线性 Δq_i 方程组有多种方法，本质上都要求以最小的计算工作量达到所需的精度。

从式（6-14）可看出，任一环的校正流量 Δq_i 由两部分组成：一部分是受到邻环影响的校正流量，如式（6-14）括号中的前两项所示，另一部分是消除本环闭合差 Δh_i 的校正流量。这里不考虑通过邻环传过来的其他各环的校正流量的影响，例如图 6-4 的环Ⅲ，只计及邻环Ⅰ和Ⅳ通过公共管路 6-9、9-8 传过来的校正流量 Δq_{I} 和 Δq_{IV}，而不计环Ⅱ校正时对环Ⅲ所产生的影响。

如果忽视环与环之间的相互影响，即每环调整流量时，不考虑邻环的影响，而将式（6-14）中邻环的校正流量略去不计，可使运算简化。当水头损失公式 $h=sq^n$ 中的 $n=2$ 时，可导出基环的校正流量公式如下：

$$\left.\begin{array}{l}\Delta q_{\mathrm{I}}=-\dfrac{\Delta h_{\mathrm{I}}}{2\sum(sq)_{\mathrm{I}}}\\[2ex]\Delta q_{\mathrm{II}}=-\dfrac{\Delta h_{\mathrm{II}}}{2\sum(sq)_{\mathrm{II}}}\\[2ex]\Delta q_{\mathrm{III}}=-\dfrac{\Delta h_{\mathrm{III}}}{2\sum(sq)_{\mathrm{III}}}\\[2ex]\Delta q_{\mathrm{IV}}=-\dfrac{\Delta h_{\mathrm{IV}}}{2\sum(sq)_{\mathrm{IV}}}\end{array}\right\}$$ (6-15)

写成通式则为：

$$\Delta q_i=-\frac{\Delta h_i}{2\sum|s_{ij}q_{ij}|}$$ (6-16)

当水头损失公式中的 $n\neq2$ 情况下，校正流量公式为：

$$\Delta q_i=-\frac{\Delta h_i}{n\sum|s_{ij}q_{ij}^{n-1}|}$$ (6-17)

上式中，Δh_i 是该环各管段的水头损失代数和，分母总和项内是该环所有管段的 $s_{ij}q_{ij}^{n-1}$ 绝对值之和。

采用海曾-威廉公式时，$n=1.852$，则

$$\Delta q_i = -\frac{\Delta h_i}{1.852\sum\left|s_{ij}q_{ij}^{0.852}\right|}$$

每次校正时，可在管网图上注明闭合差 Δh_i 和校正流量 Δq_i 的方向与大小。校正流量 Δq_i 的方向和闭合差 Δh_i 的方向相反，闭合差 Δh_i 为正时，用顺时针方向的箭头表示，反之用逆时针方向的箭头表示。

以图 6-5 所示的管网为例，设由初步分配流量求出的两环闭合差都是正，即：

$$\Delta h_{\mathrm{I}} = (h_{1-2}+h_{2-5})-(h_{1-4}+h_{4-5})>0$$
$$\Delta h_{\mathrm{II}} = (h_{2-3}+h_{3-6})-(h_{2-5}+h_{5-6})>0$$

在图 6-5 中，闭合差 Δh_{I} 和 Δh_{II} 用顺时针方向的箭头表示，因闭合差 Δh_{I} 的方向是正，所以校正流量 Δq_i 的方向为负，在图上 Δq_i 用逆时针方向的箭头表示。

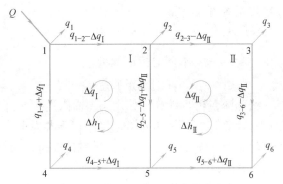

图 6-5 两环管网的流量调整

根据公式（6-16），校正流量为：

$$\Delta q_{\mathrm{I}} = -\frac{\Delta h_{\mathrm{I}}}{2(s_{1-2}q_{1-2}+s_{2-5}q_{2-5}+s_{1-4}q_{1-4}+s_{4-5}q_{4-5})}$$

$$\Delta q_{\mathrm{II}} = -\frac{\Delta h_{\mathrm{II}}}{2(s_{2-3}q_{2-3}+s_{3-6}q_{3-6}+s_{2-5}q_{2-5}+s_{5-6}q_{5-6})}$$

调整管段的流量时，在环 I 内，因管段 1—2 和 2—5 的初步分配流量与 Δq_{I} 方向相反，须减去 Δq_{I}，管段 1—4 和 4—5 则加上 Δq_{I}；在环 II 内，管段 2—3 和 3—6 的流量须减去 Δq_{II}，管段 2—5 和 5—6 则加上 Δq_{II}。因公共管段 2—5 同时受到环 I 和环 II 校正流量的影响，调整后的流量为 $q_{2-5}=q_{2-5}-\Delta q_{\mathrm{I}}+\Delta q_{\mathrm{II}}$。由于初步分配流量时，已经符合节点流量平衡条件，即满足了连续性方程，所以每次调整流量时能自动满足此条件。

流量调整后，各环的闭合差将减小，如仍不符要求的精度，应根据调整后的流量求出新的校正流量，继续平差。在平差过程中，某一环的闭合差可能改变符号，即从顺时针方向改为逆时针方向，或相反，有时闭合差的绝对值反而增大，这是因为推导校正流量公式时，略去了 Δq_i^2 项以及各环相互影响的结果。

综上所述，可得应用哈代-克罗斯法求解环方程组的步骤如下：

（1）根据城镇的供水情况，拟定环状网各管段的水流方向，除了水源和控制点外，按每一节点满足 $q_i+\sum q_{ij}=0$ 的条件，并考虑供水可靠性要求进行流量分配，得初步分配的管段流量 $q_{ij}^{(0)}$。这里 i，j 表示管段两端的节点编号。

（2）由 $q_{ij}^{(0)}$ 和界限流量表（表 7-2）确定各管段的管径和计算水头损失 $h_{ij}^{(0)}=s_{ij}(q_{ij}^{(0)})^n$。

（3）假定各环内水流顺时针方向管段中的水头损失为正，逆时针方向管段中的水头损失为负，计算该环内各管段的水头损失代数和 $\sum h_{ij}^{(0)}$，如 $\sum h_{ij}^{(0)}\neq0$，其差值即为第一次闭合差 $\Delta h_i^{(0)}$。

如 $\Delta h_i^{(0)}>0$，说明顺时针方向各管段中初步分配的流量多了些，逆时针方向管段中分配的流量少了些，反之，如 $\Delta h_i^{(0)}<0$，则顺时针方向管段中初步分配的流量少了些，而逆

时针方向管段中的流量多了些。

（4）计算每环内各管段的 $|s_{ij}q_{ij}^{(0)}|$ 及其总和 $\sum|s_{ij}q_{ij}^{(0)}|$，按式（6-16）求出校正流量。如闭合差为正，则校正流量为负，反之则校正流量为正。

（5）校正流量 Δq_i 的符号以顺时针方向为正，逆时针方向为负，凡是流向和校正流量 Δq_i 方向相同的管段，加上校正流量，否则减去校正流量，据此调整各管段的流量，得第一次校正的管段流量：

$$q_{ij}^{(1)} = q_{ij}^{(0)} + \Delta q_s^{(0)} - \Delta q_n^{(0)} \tag{6-18}$$

式中 $\Delta q_s^{(0)}$——本环的校正流量；

$\Delta q_n^{(0)}$——邻环的校正流量。

按此流量再行计算，如闭合差尚未达到允许的精度，再从第 2 步起按每次调整后的流量反复计算，直到每环的闭合差达到要求为止。手工计算时，每环闭合差要求小于 0.5m，大环闭合差小于 1.0m。应用计算机计算时，闭合差可以达到任何要求的精度，但可考虑采用 0.01～0.05m。

当各环闭合差均小于允许值时，管网各管段的流量和水头损失即可确定，各节点的水压也可从已知水压加以推算。

【例 6-2】 环状网计算。按最高日最高时用水量 219.8L/s 计算如图 6-6 所示的管网。节点流量见表 6-5。采用水泥内衬的铸铁管，水头损失按海曾-威廉公式计算，系数 C 取 130。

节点流量表　　　　　　　　　　　　　　　　　　　　表 6-5

节　点	1	2	3	4	5	6	7	8	9	总计
节点流量(L/s)	16.0	31.6	20.0	23.6	36.8	25.6	16.8	30.2	19.2	219.8

【解】 根据用水情况，拟定各管段的水流方向如图 6-6 所示。按照最短路线供水原则，并考虑可靠性的要求进行流量分配。这里，流向节点的流量取负号，离开节点的流量

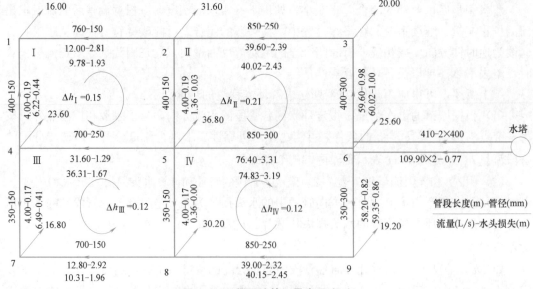

图 6-6 环状网计算（最高用水时）

取正号，分配时每一节点应满足 $q_i + \sum q_{ij} = 0$ 的条件。几条平行的干线，如 3-2-1，6-5-4 和 9-8-7，大致分配相近的流量。与干管垂直的连接管，因平时流量较小，所以分配较少的流量，由此得出每一管段的计算流量。

管径按界限流量确定。该城的经济因素为 $f = 0.8$（见第 7 章），则单独管段的折算流量为：

$$q_0 = \sqrt[3]{f} \cdot q_{ij} = 0.93 q_{ij} \tag{6-19}$$

例如管段 5-6，折算流量为 $0.93 \times 76.4 = 71.1 \text{L/s}$，从界限流量表（表 7-2）得管径为 350mm，考虑市场供应的规格选用 300mm（工程设计中可选用 400mm）。至于干管之间的连接管管径，考虑干管事故时，连接管中可能通过较大的流量以及消防流量的需要，将连接管 2-5，5-8，1-4，4-7 的管径适当放大为 150mm。

每一管段的管径确定后，即可求出水力坡降，该值乘以管段长度即得水头损失，水头损失除以流量即为 $s_{ij}q_{ij}$ 值。

计算时应注意两环之间的公共管段，如 2-5、4-5、5-6 和 5-8 等的流量校正。以管段 5-6 为例，初步分配流量为 76.4L/s，但同时受到环 Ⅱ 和环 Ⅳ 校正流量的影响，环 Ⅱ 的第一次校正流量为 -0.42L/s，校正流量的方向与管段 5-6 的流向相反，环 Ⅳ 的校正流量为 1.15L/s，方向也和管段 5-6 的流向相反，因此第一次调整后的管段流量为：

$$76.4 - 0.42 - 1.15 = 74.83 \text{L/s}$$

计算结果见图 6-6 和表 6-6。

环状网计算（最高用水时）　　　　　　　　表 6-6

环号	管段	管长 (m)	管径 (mm)	初步分配流量			第一次校正	
				流量 q (L/s)	水头损失 h (m)	$sq^{0.852}$	流量 q(L/s)	水头损失 h (m)
Ⅰ	1-2	760	150	-12.00	-2.81	234.17	$-12.00+2.22=-9.78$	-1.93
	1-4	400	150	4.00	0.19	47.50	$4.00+2.22=6.22$	0.44
	2-5	400	150	-4.00	-0.19	47.50	$-4.00+2.22+0.42=-1.36$	-0.03
	4-5	700	250	31.60	1.29	40.82	$31.60+2.22+2.49=36.31$	1.67
					-1.52	369.99		0.15
				$\Delta q_{\mathrm{I}} = \dfrac{1.52 \times 1000}{1.852 \times 369.99} = 2.22$				
Ⅱ	2-3	850	250	-39.60	-2.39	60.35	$-39.6-0.42=-40.02$	-2.43
	2-5	400	150	4.00	0.19	47.50	$4.0-0.42-2.22=1.36$	0.03
	3-6	400	300	-59.60	-0.98	16.44	$-59.60-0.42=-60.02$	-1.00
	5-6	850	300	76.40	3.31	43.32	$76.40-0.42-1.15=74.83$	3.19
					0.13	167.61		-0.21
				$\Delta q_{\mathrm{II}} = \dfrac{-0.13 \times 1000}{1.852 \times 167.61} = -0.42$				
Ⅲ	4-5	700	250	-31.60	-1.29	40.82	$-31.60-2.49-2.22=-36.31$	-1.67
	4-7	350	150	-4.00	-0.17	42.50	$-4.00-2.49=-6.49$	-0.41
	5-8	350	150	4.00	0.17	42.50	$4.00-2.49-1.15=0.36$	0.00
	7-8	700	150	12.80	2.92	228.13	$12.80-2.49=10.31$	1.96
					1.63	353.95		-0.12
				$\Delta q_{\mathrm{III}} = \dfrac{-1.63 \times 1000}{1.852 \times 353.95} = -2.49$				

环号	管段	管长(m)	管径(mm)	初步分配流量			第一次校正	
				流量 q(L/s)	水头损失 h(m)	$\mid sq^{0.852}\mid$	流量 q(L/s)	水头损失 h(m)
IV	5-6	850	300	-76.40	-3.31	43.32	$-76.40+1.15+0.42=-74.83$	-3.19
	6-9	350	300	58.20	0.82	14.09	$58.20+1.15=59.35$	0.86
	5-8	350	150	-4.00	-0.17	42.50	$-4.00+1.15+2.49=-0.36$	0.00
	8-9	850	250	39.00	2.32	59.49	$39.00+1.15=40.15$	2.45
					-0.34	159.40		0.12
				$\Delta q_{\text{IV}}=\dfrac{0.34\times1000}{1.852\times159.40}=1.15$				

注：环中顺时针方向的管段流量为正，逆时针方向的为负；海曾-威廉公式详见式（5-27）；$\mid sq^{0.852}\mid=h/q$。

经过一次校正后，各环闭合差均小于 0.5m，大环 6-3-2-1-4-7-8-9-6 的闭合差为：

$$\sum h = -h_{6-3}-h_{3-2}-h_{2-1}+h_{1-4}-h_{4-7}+h_{7-8}+h_{8-9}+h_{6-9}$$

$$=-1.00-2.43-1.93+0.44-0.41+1.96+2.45+0.86=-0.06\text{m}$$

各环闭合差均小于允许值，可满足要求，计算到此完毕。

从水塔到管网的输水管共计两条，每条的计算流量为 $\dfrac{1}{2}\times219.8=109.9$L/s，每条长度为 410m，选定输水管管径为 400mm，计算的水头损失为 $h=0.77$m。

水塔高度由距水塔较远且地形较高的控制点 1 确定，控制点地面标高 85.60m，水塔处地面标高 88.53m，所需服务水压为 28m，从水塔到控制点的水头损失取 6-3-2-1 和 6-9-8-7-4-1 两条干线的平均值（注意管段流向），因此水塔水柜底的高度为：

$$H_{\text{t}}=85.60+28.00+\frac{1}{2}(5.36+5.30)+0.77-88.53=31.17\text{m}，取 32\text{m}$$

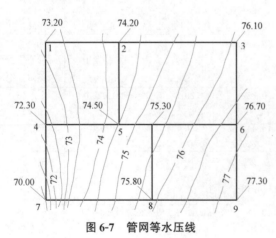

图 6-7　管网等水压线

根据式（3-8）算出水塔的水柜容积，并确定水柜的高度，水塔高度即为水柜底部标高加水柜高度，另加水柜的安全水位。

根据计算得到各节点的水压标高后，即可在管网平面图上用插值法按比例绘出等水压线。从节点水压减去地面标高得出各节点的自由水压，可在管网平面图上绘出等水压线和等自由水压线。图 6-7 为管网等水压线示例。

6.5.2　节点方程组解法

节点方程是用节点水压 H（或两节点之间管段的水头损失）表示管段流量 q 的管网计算方法。在计算之前，先拟定各节点的水压，并满足能量方程 $\sum h_{ij}=0$ 的条件。管网平差的目的是使连接在节点 i 的各管段流量满足连续性方程，即 $J-1$ 个 $q+\sum s_{ij}^{-\frac{1}{2}}h_{ij}^{\frac{1}{2}}=0$ 的条件。

应用水头损失公式 $h_{ij}=s_{ij}q_{ij}^2$ 时，管段流量 q_{ij} 和水头损失 h_{ij} 之间的关系为：

$$q_{ij}=s_{ij}^{-\frac{1}{2}}\,|\,h_{ij}\,|^{-\frac{1}{2}}h_{ij} \tag{6-20}$$

或

$$q_{ij}=s_{ij}^{-\frac{1}{2}}\,|\,H_i-H_j\,|^{-\frac{1}{2}}(H_i-H_j) \tag{6-21}$$

节点方程的解法是将式（6-21）代入 $J-1$ 个连续性方程中：

$$q_i+\sum\left(\frac{H_i-H_j}{s_{ij}}\right)^{\frac{1}{2}}=0 \tag{6-22}$$

并以节点 H_i 为未知量解方程得出各节点的水压。

计算时，环中各管段的水头损失 h_{ij} 已经满足能量方程 $\sum h_{ij}=0$ 的条件，然后求出各管段的流量 q_{ij}，并核算该节点的 $q+\sum s_{ij}^{-\frac{1}{2}}h_{ij}^{\frac{1}{2}}$ 值是否等于零，如不等于零，则求出节点水压校正值 ΔH_i：

$$\Delta H_i=\frac{-2\Delta q_i}{\sum\dfrac{1}{\sqrt{s_{ij}h_{ij}}}}=\frac{-2(q_i+\sum q_{ij})}{\sum\dfrac{1}{\sqrt{s_{ij}h_{ij}}}} \tag{6-23}$$

当水头损失公式为 $h=sq^n$ 时，节点的水压校正值为：

$$\Delta H_i=\frac{-\Delta q_i}{\dfrac{1}{n}\sum(s_{ij}^{-\frac{1}{n}}h_{ij}^{-\frac{1}{n}})_i} \tag{6-24}$$

式中，Δq_i 为任一节点的流量闭合差，负号表示初步拟定的节点水压使正向管段的流量过大。

求出各节点的水压校正值 ΔH_i 后，据此修改节点的水压，由修正后的 H_i 值求得各管段的水头损失，计算相应的流量，反复计算，以逐步接近实际的流量和水头损失，直至满足连续性方程和能量方程为止。

应用哈代-克罗斯迭代法求解节点方程组时，与解环方程组时相类似，步骤如下：

（1）根据泵站和控制点的水压标高，假定各节点的初始水压，所假定的水压越符合实际情况，则计算时收敛越快；

（2）由 $h_{ij}=H_i-H_j$ 和 $q_{ij}=\left(\dfrac{h_{ij}}{s_{ij}}\right)^{\frac{1}{2}}$ 的关系式求得管段流量；

（3）假定流向节点的管段流量和水头损失为负，离开节点的管段流量和水头损失为正，验算每一节点上的各管段流量是否满足连续性方程，即流向和流离该节点的流量代数和是否等于零，如不等于零，则按式（6-23）求出校正水压 ΔH_i 值；

（4）除了水压已定的节点外，按水压校正值 ΔH_i 校正每一节点的水压，根据新的水压，重复上列步骤计算，直到所有节点上的管段流量代数和达到预定的精确度为止。计算机计算时，精确度可取 $0.01\sim0.1\text{L/s}$。

（5）平差完毕，求出管段流量和节点自由水压。

6.5.3 管段方程组解法

管段方程组的解法是将 L 个非线性的能量方程转化为线性方程组，计算时要求管段的水头损失近似等于：

$$h=[s_{ij}q_{ij}^{(0)n-1}]q_{ij}=r_{ij}q_{ij} \tag{6-25}$$

式中　s_{ij}——水管摩阻；

$q_{ij}^{(0)}$——管段的初次假设流量；

r_{ij}——系数。

因连续性方程为线性，将能量方程化为线性后，共计 $L+J-1$ 个线性方程，即可用线性代数法求解。因为初设流量 $q_{ij}^{(0)}$ 一般并不等于待求的管段流量 q_{ij}，所得结果往往不会是精确解，所以必须将初设流量加以调整。设第一次调整后的流量是 q_{ij}(1)，重新计算各管段的摩阻 s_{ij}，检查是否符合能量方程，如此反复计算，直到前后两次计算所得的管段流量之差小于允许误差时为止，即得 q_{ij} 的解。该法不需要初步分配流量，第一次迭代时可设 $s_{ij}=r_{ij}$，这就是说全部初始流量 $q_{ij}^{(0)}$ 可等于1，经过二次迭代后，流量可采用以前二次解的 q_{ij} 平均值。

6.6 多水源管网计算

许多大中城市，由于用水量的增长，往往逐步发展成为多水源（泵站、水塔、高地水池等也看作是水源）的给水系统。多水源管网的计算原理虽然和单水源时相同，但有其特点。因这时每一水源的供水量，随着供水区用水量、水源的水压以及管网中的水头损失而变化，从而存在各水源之间的供水量分配问题。

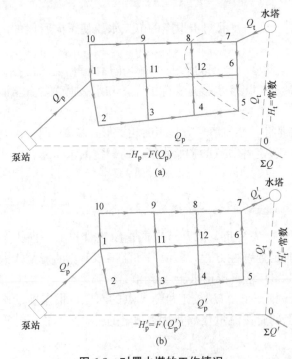

图 6-8 对置水塔的工作情况
(a) 最高用水时；(b) 最大转输时

由于城市地形和保证供水区水压的需要，水塔可能布置在管网末端的高地上，这样就形成对置水塔的给水系统。它和网前水塔工作情况不同，如图 6-8 所示的对置水塔系统，可以有两种工作情况：（1）最高用水时，管网用水由泵站和水塔同时供给，即成为多水源管网，两者有各自的供水区，在供水区的分界线上水压最低。从管网计算结果，可得出两水源的供水分界线经过 8、12、5 等节点，如图6-8（a）中虚线所示。（2）最大转输时，在一天内有若干小时因二级泵站供水量大于用水量，多余的水通过管网转输入水塔贮存，这时工作情况类似于单水源管网，不存在供水分界线。

管网计算时可应用虚环的概念，将多水源管网转化成为单水源管网。所谓虚环是将各水源与虚节点之间用虚线连接成环，如图 6-8 所示。它由虚节点 0（各水源供水量的汇合点）、该点到泵站和水塔的虚管段以及泵站到水塔之间的实管段（例如泵站—1—2—3—4—5—6—7—水塔的管段）组成。于是多水源的管网可看成是只从虚节点 0 供水的单水源管网，表示按某一基准面算起的水泵扬程或水塔高度。

从上可见，两水源时可形成一个虚环，同理，三水源时可构成两个虚环，因此虚环数等于水源数（包括泵站、水塔等）减一。

虚节点 0 的位置可以任意选定，其水压可假设为零。从虚节点 0 流向泵站的流量 Q_p 即为泵站的供水量。在最高用水时，水塔也供水到管网，此时虚节点 0 到水塔的流量 Q_t 即为水塔供水量。

最高用水时虚节点 0 的流量平衡条件为：

$$Q_p + Q_t = \sum Q \tag{6-26}$$

也就是各水源供水量之和等于管网的最高时用水量 $\sum Q$。

水压 H 的符号规定如下：流向虚节点的管段，水压为正，流离虚节点的管段，水压为负，因此由泵站供水的虚管段，水压 H 的符号常为负。

最高用水时虚环的水头损失平衡条件为（图6-9）：

$$-H_p + \sum h_p - \sum h_t - (-H_t) = 0$$

或

$$H_p - \sum h_p + \sum h_t - H_t = 0 \tag{6-27}$$

式中 H_p——最高用水时的泵站水压，m；

     $\sum h_p$——从泵站到分界线上控制点的任一条管线的总水头损失，m；

     $\sum h_t$——从水塔到分界线上控制点的任一条管线的总水头损失，m；

     H_t——水塔的水位标高，m。

最大转输时，泵站的流量为 Q_p，经过管网用水后，以转输流量 Q'_t 从水塔经过虚管段流向虚节点 0。

最大转输时的虚节点流量平衡条件为：

$$Q'_p = Q'_t + \sum Q' \tag{6-28}$$

式中 Q'_p——最大转输时的泵站供水量，L/s；

     Q'_t——最大转输时进入水塔的流量，L/s；

     $\sum Q'$——最大转输时管网用水量，L/s。

这时，虚环的水头损失平衡条件为（图6-9）。

$$-H'_p + \sum h' + H'_t = 0 \tag{6-29}$$

或 $H'_p - \sum h' - H'_t = 0$

式中 H'_p——最大转输时的泵站水压，m；

     $\sum h'$——最大转输时从泵站到水塔任一条管线的水头损失，m；

     H'_t——最大转输时的水塔水位标高，m。

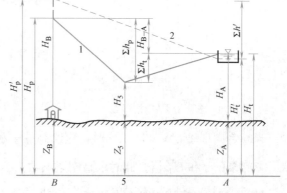

图6-9 对置水塔管网的水头损失平衡条件
1—最高用水时；2—最大转输时

多水源环状网的计算考虑了泵站、管网和水塔的联合工作情况。这时，除了 $J-1$ 个节点的 $q_i + \sum q_{ij} = 0$ 方程以外，还有 L 个环的 $\sum s_{ij} q_{ij}^n = 0$ 方程和 $S-1$ 个虚环方程，S 为水源数。

管网计算时，虚环和实环看作是一个整体，即不分虚环和实环同时计算。闭合差和校正流量的计算方法和单水源管网相同。如虚环的闭合差 Δh 为正，则校正流量 Δq 为负，以逆时针方向表示，因此调整流量后，泵站的流量减小，水塔的流量加大，实管段中的流量和水头损失随之增大，同时虚管段的流量和 $s_p Q_p^2$ 也增大，使水泵扬程 $H_p = H_0 - s_p Q_p^2$ 减小，因而闭合差减小。虚环和实环同时平差时，流量（Q_p 和 Q_t）重新分配，直到闭合差小于允许值为止，即得水塔和泵站的实际流量分配。

管网计算结果应满足下列条件：（1）进出每一节点的流量（包括虚流量）总和等于零，即满足连续性方程 $q_i + \sum q_{ij} = 0$；（2）每环（包括虚环）各管段的水头损失代数和为零，即满足能量方程 $\sum s_{ij} q_{ij}^n = 0$；（3）各水源供水至分界线处的水压应相同，就是说从各水源到分界线上控制点的沿线水头损失之差应等于水源的水压差，如式（6-27）和式（6-29）所示。

6.7 管网计算时的水泵特性方程

在管网计算中，一般用近似的抛物线方程表示定速离心水泵的扬程和流量关系，称为水泵特性方程，如下：

$$H_p = H_b - sQ^n \qquad (6\text{-}30)$$

式中　H_p——水泵扬程，m；

$\quad\quad\ H_b$——水泵流量为零时的扬程，m；

$\quad\quad\ s$——水泵摩阻，$(s/L)^2 \cdot m$；

$\quad\quad\ Q$——水泵流量，m^3/s；

$\quad\quad\ n$——水头损失计算公式中的指数。

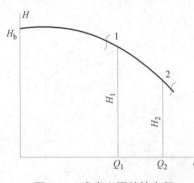

为确定水泵的 H_b 和 s 值，可在离心泵特性曲线上的高效率范围内任选两点，例如图 6-10 中的 1、2 两点，将 Q_1、Q_2、H_1、H_2 和流量为零时的扬程 H_b 值代入式（6-23）中，得

$$H_1 = H_b - sQ_1^2$$
$$H_2 = H_b - sQ_2^2$$

解得：

$$s = \frac{H_1 - H_2}{Q_2^2 - Q_1^2} \qquad (6\text{-}31)$$

图 6-10　求离心泵特性方程

$$H_b = H_1 + sQ_1^2 = H_2 + sQ_2^2 \qquad (6\text{-}32)$$

当 n 台同型离心泵并联工作时，应绘制并联水泵的特性曲线，再按照上述方法求出并联时离心泵的 s 和 H_b 值。此时水泵摩阻系数为 $\dfrac{s}{n}$，H_b 和一台水泵时相同。

【例 6-3】　最高用水时多水源管网计算。

某城市给水管网由东、西两泵站和水塔供水。全城地形平坦，地面标高按 15.00m 计，水塔处的地面标高为 17.5m。设计水量为 50000m^3/d，最高时用水量占最高日用水量的 5.92%，即 822L/s。节点流量如图 6-11 所示。要求的最小服务水头为 24m。

【解】　节点和管段编号见图 6-11，迭代精度为 0.01m，根据有关计算机程序得出的计算结果见表 6-7。

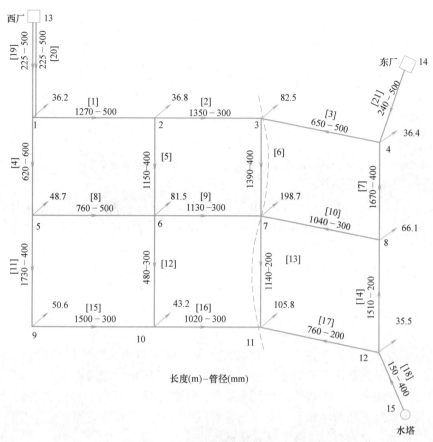

图 6-11　最高用水时多水源管网计算

管网计算前已将用水量折算成从节点流出的节点流量，所以各水源的供水分界线必然通过节点。从图 6-11 可以看出，供水分界线通过节点 3、7、11。在分界线处，管网的压力低，而在 3 个节点中，节点 11 的压力最低，为 24m，因此可以保证控制点所需的最小服务水头。

多水源管网计算结果

表 6-7

节点或管段编号	流量(L/s)	流速(m/s)	水头损失(m)	自由水压(m)
[1]	152.0743	0.77	1.751	33.83135
[2]	52.8492	0.75	3.422	32.08014
[3]	−135.1793	0.69	−0.708	28.65798
[4]	304.7244	1.08	1.299	29.36617
[5]	62.4247	0.50	0.878	32.53239
[6]	105.5282	0.84	3.032	31.20241
[7]	91.4212	0.73	2.734	25.62625
[8]	171.3195	0.87	1.330	26.63252
[9]	73.7377	1.04	5.576	30.10113
[10]	−32.6511	0.46	−1.006	28.51755
[11]	84.7067	0.67	2.431	24.05737
[12]	78.5064	1.11	2.685	27.27201
[13]	13.2171	0.42	1.569	34.64651
[14]	−7.3299	0.23	−0.639	30.35598

节点或管段编号	流量(L/s)	流速(m/s)	水头损失(m)	自由水压(m)
[15]	34.1067	0.48	1.584	27.40000
[16]	69.4130	0.98	4.460	
[17]	−23.1698	0.74	−3.215	
[18]	−66.0008	0.53	−0.128	
[19]	−246.5000	1.26	−0.815	
[20]	−246.5000	1.26	−0.815	
[21]	−262.9998	1.34	−0.990	

注：管段流量 ij 如从小编号节点 i 流向大编号 j 时为正，相反则为负。例如管段 [3] 的水流方向从节点 4 流到节点 3，所以流量前冠以负号。

根据计算结果东厂供水量为 263.0L/s，从分界线上节点要求的最小服务水头 24m 算出的水压为 30.36m，选用 10SA-6J 水泵 3 台，其中 1 台备用。西厂出水管 2 条，总供水量为 493.0L/s，水压为 34.65m，选用 10SA-6J 水泵 4 台，其中 1 台备用。从分界线处节点 11 所需水压和节点 11 到水塔的管线水头损失推算出水塔水柜底高度为 24.8m。

6.8　管网的核算条件

管网各管段的管径和水泵扬程，按设计年限内最高日最高时的用水量和水压要求决定。但是，用水量是逐步增长的也是经常变化的，为了核算所定的管径和水泵能否满足不同供水情况下的要求，就需进行其他用水量条件下的计算，以确保经济合理安全地供水。通过不同供水情况下的管网核算，有时需将管网中按最高日最高时用水量算出的个别管段的直径适当放大，也有可能需另选合适的水泵。

管网的核算条件如下：

(1) 消防时的流量和水压要求

消防时的管网核算，是以最高时用水量计算确定的管径为基础，然后按最高时用水量增加消防流量（见附表 3）进行流量分配，求出消防时的管段流量和水头损失。计算时只是在控制点增加一个集中的消防流量，如按照消防要求同时有两处失火时，则可从经济和安全等方面考虑，将消防流量一处放在控制点，另一处放在离二级泵站较远或靠近大用户和工业企业的节点处。虽然消防时比最高用水时所需服务水头要小得多，但因消防时通过管网的流量增大，各管段的水头损失相应增加，按最高用水时确定的水泵扬程有可能不能满足消防时的需要，这时就须放大个别管段的直径，以减小水头损失。个别情况下因最高用水时和消防时的水泵扬程相差很大，须设专用消防泵供消防时使用。

(2) 最大转输时的流量和水压要求

设对置水塔的管网，在最高用水时，由泵站和水塔同时向管网供水，但在一天内泵站供水量大于用水量的一段时间里，多余的水经过管网送入水塔内贮存，因此这种管网还应按最大转输时流量来核算，以确定水泵扬程能否将水送进水塔。核算时节点流量须按最大转输时的用水量另行计算。因节点流量随用水量的变化成比例地增减，所以最大转输时的各节点流量应按下式计算：

$$最大转输时节点流量 = \frac{最大转输时用水量}{最高时用水量} \times 最高用水时该节点的流量$$

然后按最大转输时的流量进行分配和计算，方法和最高用水时相同。

（3）最不利管段发生故障时的事故用水量和水压要求

管网主要管线损坏时必须及时检修，在检修时间内供水量允许减少。一般按最不利管段损坏而需断水检修的条件，核算事故时的流量和水压是否满足供水要求。至于事故时应有的流量，在城镇按设计用水量的70%，工业企业的事故流量按有关规定。

经过核算不能符合流量和水压要求时，应在技术上采取措施。如当地给水管理部门有较强的检修力量，损坏的管段能迅速修复，且断水产生的损失较小时，事故时的管网核算要求可适当降低。

【例6-4】 最大转输时的管网计算流量，等于最高日内二级泵站供水量与用水量之差为最大值的一小时流量。根据该城市的用水量变化规律，得最大转输时的流量为246.7L/s，转输时的节点流量如图6-12所示。本例题主要核算按最高用水时选定的水泵扬程能否在最大转输时供水到水塔，以及此时进水塔的流量。

【解】 根据虚环概念计算，虚节点为0，3条虚管段分别从虚节点与两泵站及水塔连接，虚管段的流量和水压符号规定参见图6-8。水塔的最高水位标高为54.0m（地面标高27.0m，从地面到水塔水面的高度26.0m）。

按最高用水时选定的离心泵特性曲线方程为：

$$H_p = 39.0 - 0.000117Q^2$$

泵站的水压等于水泵扬程 H_p 加吸水井水面标高（西厂泵站吸水井的水面标高为33.0m，东厂为30.0m），即：

西厂 $Z_2 + H_2 = 33.0 + (39.0 - 0.000117Q^2)$

东厂 $Z_1 + H_1 = 30.0 + (39.0 - 0.000117Q^2)$

图6-12的计算结果显示，经过多次校正后，各环闭合差已满足要求。最大转输时西厂供水量为216.2L/s，东厂供水量为87.1L/s，转输到水塔的水量为56.6L/s，从西厂到水塔的管线水头损失平均为：

$$0.21 + \frac{1}{2}(0.37 + 0.70 + 1.11 + 3.43 + 10.40 + 0.74 + 1.55 -$$
$$0.15 + 1.30 + 11.96) + 0.24 = 16.16m$$

括号中为两条管线（1-5-9-10-11-12 和 1-2-3-4-8-12）水头损失总和的平均值。

西厂泵站输水入水塔所需扬程为：

$$54.0 + 16.16 = 70.16m$$

实际泵站扬程为：

$$33.0 + (39.0 - 0.000117Q^2) = 33.0 + 39.0 - 0.000117 \times 108.1^2$$
$$= 72.0 - 1.37 = 70.63m$$

从东厂泵站输水到水塔所需扬程：

$$54.0 + 0.15 + 1.30 + 11.96 + 0.24 = 67.65m$$

实际泵站扬程：

$$30.0 + 39.0 - 0.000117 \times 87.1^2 = 68.12m$$

经过核算，东厂和西厂按最高用水时选定的水泵，在最大转输时都可以供水到水塔。

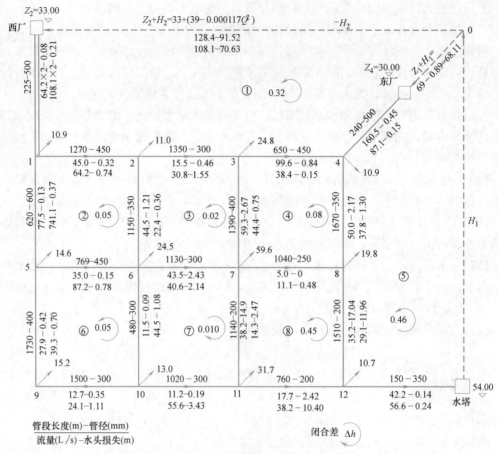

图 6-12 最大转输时多水源管网计算

6.9 输水管渠计算

从水源到城镇水厂的输水管渠设计流量，应按最高日平均时供水量加水厂自用水量确定。当长距离输水时，输水管渠的设计流量应计入管渠漏失水量。

从水厂向管网输水的管道设计流量，当管网内有调节构筑物时，应按最高日最高时用水条件下，由水厂所负担供应的水量确定；当无调节构筑物时，应按最高日最高时供水量确定。

上述输水管渠，如供应消防用水时，还应包括消防补充水量或消防流量。

输水管渠计算的任务是确定管径和水头损失。确定大型输水管渠的尺寸时，应考虑到具体埋设条件、管材、附属构筑物数量和特点、平行敷设的输水管渠条数等，通过方案比较确定。

6.9.1 重力式压力输水管

水源在高地时（例如取用蓄水库水时），若水源水位和水厂内处理构筑物水位的高差足够，可利用水源水位向水厂重力输水，这时无需设置一级泵站。

重力供水时水源输水量 Q 和位置水头 H 为已知，可据此选定管渠材料、大小和平行敷设的管线数。水管材料可根据计算内压和埋管条件决定。平行敷设的管渠条数,应从可靠性要求和建造费用两方面来比较。除了多水源供水或有水池可以调节水量的情况外,如用一条管渠输水,则发生事故时,在修复期内会完全停水,但如增加平行敷设的管渠数,则当其中一条损坏时,虽然可以提高事故时的供水量,但是建造费用将相应增加。

以下研究重力供水时,由几条平行敷设管线组成的重力输水管系统,在事故时所能供应的流量。设水源水位标高为 Z,输水管输水至水处理构筑物的水位标高为 Z_0,两者的水位差 $H=Z-Z_0$ 称位置水头,该水头用以克服输水管的水头损失。

因此经济管径为:

$$D=\left(\frac{kQ^2 l}{H}\right)^{1/m} \tag{6-33}$$

式中　k,m——水头损失计算公式中的系数和指数。

输水管可由不同管径的管段组成,设计时输水管的总水头损失 $\sum h$ 应等于或小于 H。

假定输水量为 Q,平行的输水管线为两条,设平行管线的直径和长度相同,则每条管线的流量为 $\frac{Q}{2}$,该系统的水头损失为:

$$h=s\left(\frac{Q}{2}\right)^2=\frac{s}{4}Q^2 \tag{6-34}$$

式中　s——每条管线的摩阻,$s^2/(L^2 \cdot m)$。

当一条管线损坏时,该系统中其余一条管线的水头损失为:

$$h_a=s\left(\frac{Q_a}{2-1}\right)^2=\frac{s}{(2-1)^2}Q_a^2 \tag{6-35}$$

式中　Q_a——一条管线损坏时须保证的流量或允许的事故流量。

因为重力输水系统的位置水头已定,正常时和事故时的水头损失都等于位置水头,即 $h=h_a=Z-Z_0$,但是正常时和事故时输水系统的摩阻却不相等,即 $s \neq s_a$,由式(6-34)、式(6-35)得事故时流量为:

$$Q_a=0.5Q$$

这样事故流量只有正常时供水量的一半。如只有一条输水管,则 $Q_a=0$,即事故时流量为零,不能保证不间断供水。

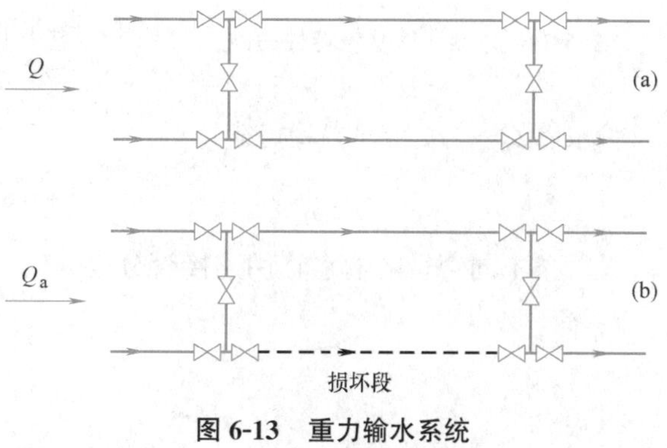

实际上,为提高供水可靠性,常采用造价增加不多的方法,即在平行管线之间用连接管相接。当管线某段损坏时,无需整条管线全部停止工作,而只需用阀门关闭损坏的一段进行检修,采用这种措施可以提高事故时的流量。图 6-13(a)表示有连接管时两

图 6-13　重力输水系统

(a)正常工作时;(b)事故时

条平行管线正常工作时的情况。图 6-13(b)表示一段输水管损坏时的水流情况。设平行管线数为 2,连接管数为 2,则正常工作时输水系统的水头损失为:

$$h = s(2+1)\left(\frac{Q}{2}\right)^2 = \frac{3}{4}sQ^2 \qquad (6\text{-}36)$$

任何一段损坏时水头损失为：

$$h_a = s\left(\frac{Q_a}{2}\right)^2 \times 2 + s\left(\frac{Q_a}{2-1}\right)^2 = \left[\frac{s}{2}+s\right]Q_a^2 = \frac{3}{2}sQ_a^2 \qquad (6\text{-}37)$$

因此得出事故时和正常工作时的流量比例：

$$\frac{Q_a}{Q} = \alpha = \sqrt{\frac{3/4}{3/2}} = \sqrt{\frac{1}{2}} = 0.7 \qquad (6\text{-}38)$$

城镇的事故用水量规定为设计水量的 70%，即 $\alpha = 0.7$，所以为保证输水管损坏时的事故流量，可敷设两条平行管线，并用连接管将平行管线分段才行。

许多长距离输水工程，因投资大，也有采用一条输水管加末端水池的方案，既满足事故用水的要求，又取得了经济效益，在分期建设时，这一方案比较实际。

6.9.2 压力式输水管

水泵供水时，输水管流量 Q 受到水泵扬程的影响。反之，输水量变化也会影响输水管的水压。因此水泵供水时的实际流量，应由水泵特性曲线 $H_p = f(Q)$ 和输水管特性曲线 $H_0 + \sum h = f(Q)$ 联合求出。

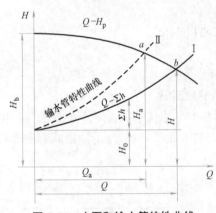

图 6-14 水泵和输水管特性曲线

图 6-14 表示水泵特性曲线 $Q - H_p$ 和输水管特性曲线 $Q - \sum h$ 的联合工作情况，Ⅰ 为输水管正常工作时的 $Q - \sum h$ 特性曲线，Ⅱ 为事故时的特性曲线。当输水管任一段损坏，关闭局部阀门进行检修时，管线阻力增大，使水泵和输水管特性曲线的交点从正常工作时的 b 点移到 a 点，与 a 点相应的横坐标即表示事故时流量 Q_a。水泵供水时，为保证输水管线损坏时应有的事故流量，可将输水管分段，计算方法如下：

在网前水塔的情况下设输水管接入水塔，这时，输水管损坏只影响进入水塔的水量，直到水塔放空无水时，才会影响管网用水量。

输水管 $Q - \sum h$ 特性方程可表示为：

$$H = H_0 + (s_p + s_d)Q^2 \qquad (6\text{-}39)$$

设两条不同直径的输水管用连接管分成 n 段，则任一段损坏时的水泵扬程为：

$$H_a = H_0 + \left(s_p + s_d - \frac{s_d}{n} + \frac{s_1}{n}\right)Q_a^2 \qquad (6\text{-}40)$$

式中　H_0——水泵静扬程，等于水塔水位和泵站吸水井水位的高差，m；

　　　s_p——泵站内部管线的摩阻，$s^2/(L^2 \cdot m)$；

　　　s_d——两条输水管的当量摩阻，$\dfrac{1}{\sqrt{s_d}} = \dfrac{1}{\sqrt{s_1}} + \dfrac{1}{\sqrt{s_2}}$；

$$s_d = \frac{s_1 s_2}{(\sqrt{s_1} + \sqrt{s_2})^2} \tag{6-41}$$

$s_1、s_2$——每条输水管的摩阻，$s^2/(L^2 \cdot m)$；

n——输水管分段数，输水管之间只有一条连接管时，分段数为2，余类推；

Q——正常时流量，L/s；

Q_a——事故时流量，L/s。

连接管的长度与输水管相比很短，其阻力可忽略不计，所增加的费用不多。

水泵 Q-H_p 特性方程为：

$$H_p = H_b - sQ^2 \tag{6-30}$$

输水管任一段损坏时的水泵特性方程为：

$$H_a = H_b - sQ_a^2 \tag{6-42}$$

式中 H_b——水泵流量为零时的扬程，m；

s——水泵摩阻。

联立解式（6-30）和式（6-39），得正常时的水泵输水量

$$Q = \sqrt{\frac{H_b - H_0}{s + s_p + s_d}} \tag{6-43}$$

从式（6-43）看出，因 H_0，s，s_p 已定，故 H_b 减小或输水管当量摩阻 s_d 增大，均可使水泵流量减小。

解式（6-40）和式（6-42），得事故时的水泵输水量

$$Q_a = \sqrt{\frac{H_b - H_0}{s + s_p + s_d + (s_1 - s_d)\frac{1}{n}}} \tag{6-44}$$

从式（6-43）和式（6-44）得事故时和正常时的流量比例为：

$$\frac{Q_a}{Q} = \alpha = \sqrt{\frac{s + s_p + s_d}{s + s_p + s_d + (s_1 - s_d)\frac{1}{n}}} \tag{6-45}$$

按事故用水量为设计水量的70%，即 $\alpha = 0.7$ 的要求，一般压力输水管有两条连接管即可。

6.9.3 水锤防护

输水管设计时，应考虑水锤的影响，需要时可根据计算设置水锤防护装置，将管道内的压力降低到允许范围内。因为水锤压力超过管道和附件的试验压力时，可引起管道爆裂，而水锤压力过低如出现负压时，也会损坏管道。

管道中的流速快速变化时，水流对阀门和管壁会产生压力，引起水压瞬间急剧波动的水力现象，称为水锤。例如，输水管的阀门关闭过快，或因停电或其他原因，使水泵在开阀状态下突然停转时，阀门上游的水逐渐停止流动，一个正压力波以一定速度向上游传播，直到上游管道的末端，称为停泵水锤或正压水锤。相反，如突然开启水泵或阀门时，管道下游的压力会迅速下降，一个负压力波将一直传播到下游的管道尽端，称为综合水锤或负压水锤。

水锤压力的大幅度升高会损坏水泵、阀门和管道，使管道爆裂或变形，发出噪声，水泵反转以及管网水压下降等后果，其中以停泵水锤最为严重，对泵站和输水管有极大危害。曾有一些泵站，因水锤的破坏性，发生过泵站淹没和供水中断的重大事故。

1. 水锤波的衡量参数

（1）水锤波传播速度与管材、管径和管壁厚度等有关，管道水中含有空气时可降低水锤波的传播速度

$$C=\frac{1420}{\sqrt{1+\frac{K}{E}\cdot\frac{D}{\delta}}}$$ （6-46）

式中　C——水锤波传播速度，m/s；

K——水的弹性模量，2.1×10^4 kg/cm²；

E——管材的弹性模量，2.1×10^6 kg/cm²；

D——管道内径，mm；

δ——管壁厚度，mm。

（2）水泵和阀门快速开启或关闭时，因流速急剧变化 Δv 所产生的最大水锤压力值

$$\Delta h=C\frac{\Delta v}{g}$$ （6-47）

式中　Δh——压力变化，m；

Δv——流速变化，m/s；

C——水锤波传播速度，m/s；

g——重力加速度，m/s²。

（3）水锤波来回传播一次的时间，即压力波在阀门处形成经反射再回到阀门处的时间

$$t=\frac{2L}{C}$$ （6-48）

式中　t——水锤波传播时间，s；

L——阀门到压力波反射处的距离，m；

C——水锤波传播速度，m/s。

阀门关闭时间如小于 t，所产生的瞬时压力值可按式（6-47）计算。如阀门关闭时间大于 t，因关闭时间较长，水锤危害可以减轻。

过去水锤计算是用图表法来解水锤的连续性方程和能量方程。

随着计算机和检测技术的快速发展，根据瞬变流的分析模型，应用特性分析法，即在水锤发生时，管道上两点在相应时刻的水压和流速关系，可以计算复杂给水管网的水锤压力，也可据以设计水锤消除器。检测仪表的精度也有提高，可用瞬变流压力计记录水锤发生时几分之一秒的压力变化。水锤计算极为复杂应充分利用专业的软件。

水锤计算的目的是确保水锤压力在允许范围内：最大的水锤正压力不会损坏水泵机组、压力管道和附件；压力管道内不会出现不允许的负压，在管道隆起部位和水压较低处，不会出现水柱分离现象；防止水泵机组反转，反转速度应越小越好，特别应避免长时间的低压反转。

为预防水锤在管网设计和运转时可以考虑：

（1）设计时，适当降低输水管的流速，但管径将会增大而影响工程投资。在水锤压力不大但发生可能性较多的情况，可适当放大管径。应综合比较采用高价的水锤防护装置还是增大管径两者的技术经济效益。

（2）输水管定线时，避免有管道隆起部位或管道坡度先缓后陡的情况，以防止管道内出现水柱分离，因水柱重新弥合时也会产生水锤。

（3）长距离、高扬程输水管的隆起处应安装自动排气阀和充水设施。

（4）普通止回阀在关闭时，水头损失大、能耗高、不易控制关阀速度，应尽可能少用。直径小于500mm的输水管，可采用微阻缓闭止回阀，以减小水锤压力和水泵反转速度。

（5）延长停泵和开泵的时间，水泵机组加装有一定惯性的飞轮。

经过计算，需有水锤防护装置时，可考虑：

（1）设置水锤消除器。安装在泵站外面的输水管上，靠近止回阀的下游。最好采用能自动复位的水锤消除器，否则可能因人工操作错误，阀门未复位而再一次受到水锤的危害。

（2）输水管直径小或长度短时，可用带橡胶气囊的空气缸。水锤压力升高时，缸内的空气被压缩，而负压时或水柱分离时可向管道内充水，均可减轻水锤的影响。

（3）扬程高、流量大和管线长的输水管可安装缓闭式止回阀或缓闭式蝶阀，因阀门关闭缓慢，可有效消除水锤，且可避免水泵过高的反转速度，但对防止负压水锤的作用不大。

（4）取消泵站出水管上的止回阀，可有效减轻水锤压力。但因无止回阀时，水会倒流以致水泵反转，既浪费水量且有损坏水泵机组的可能。例如二级泵站取消止回阀后，如在水锤发生时未能及时关闭出水管上的阀门，则管网中的水会倒流到泵站，导致泵站进水和管网的水压下降。

6.10　应用计算机解管网问题

应用计算机解管网问题是依据管网的结构参数和运行参数求解管网的数学模型——管网稳态方程组。所谓结构参数是指管网平面图、管段直径、管长、阻力系数、节点流量和地形标高等；运行参数是指各水源的水泵性能参数、运行调度方案、吸水池水位和水塔水位等。根据这些参数计算出各管段的流量和水头损失、各节点的水压以及各水源的供水压力和流量等。从而可全面了解管网的工作状况，并对管网的优化运行调度、改建扩建、制订发展规划等提供科学依据。

随着计算机技术的迅速发展，特别是计算速度的提高和内存容量的扩大，可以在数秒至数分钟内求得有数千管段和节点的大型管网计算结果，并能以数据、图表、曲线和图形等方式显示出来，以供分析管网工作情况，计算功能有所扩大，因而也称为给水管网运行工况计算机模拟仿真。

给水管网敷设在地下，除了水源和为数不多的监测点安装有压力、流量监测仪表外，别无其他监测手段，因而收集管网现状资料、进行管网水力计算和管网工况分析的管网模拟仿真计算显得非常重要。

6.10.1 衔接矩阵和回路矩阵

应用计算机进行管网模拟仿真计算时，首先要将管网图形的信息输入计算机。方法多种多样，但要求从形式上，信息十分具体，并且所需存贮量较少；从内容上，信息应便于实现所用算法的计算程序。常用的输入管网图形信息的方法，是应用衔接矩阵 A 和回路矩阵 L 的概念，说明如下：

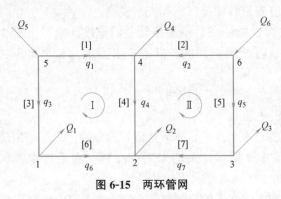

图 6-15 两环管网

如图 6-15 所示的管网，管段数 $P=7$，节点数 $J=6$，环数 $L=2$。为便于编写计算机程序，将表示管段的下标 ij 用管段编号 j（$j=1, 2, \cdots\cdots P$）代替；节点编号为 i（$i=1, 2, \cdots\cdots J$）；环的编号为 k（$k=\mathrm{I}, \mathrm{II}, \cdots\cdots L$）。节点 5 和 6 为水压已知的水源节点，其余节点的水压未知但节点流量 Q_i（$i=1, 2, 3, 4$）为已知。规定管段流量和节点流量的符号如下：流离节点为正，流向节点为负；环内各管段流量按顺时针方向为正，逆时针方向为负。在列环方程时，水流方向与环方向相同的管段压降为正，反之为负。

图 6-15 所示的有向管网的稳态方程组如下。

（1）节点连续性方程

$$
\left.
\begin{aligned}
-q_3 &&&&&+q_6 &&&&+Q_1=0 \\
&&-q_4 &&&&-q_6 &-q_7 &&+Q_2=0 \\
&&&&-q_5 &&&+q_7 &&+Q_3=0 \\
-q_1 &-q_2 &&+q_4 &&&&&&+Q_4=0 \\
q_1 &&+q_3 &&&&&&&+Q_5=0 \\
&q_2 &&&+q_5 &&&&&+Q_6=0
\end{aligned}
\right\}
\tag{6-49}
$$

将上式写成矩阵形式：

$$
\begin{vmatrix}
0 & 0 & -1 & 0 & 0 & 1 & 0 \\
0 & 0 & 0 & -1 & 0 & -1 & -1 \\
0 & 0 & 0 & 0 & -1 & 0 & 1 \\
-1 & -1 & 0 & 1 & 0 & 0 & 0 \\
1 & 0 & 1 & 0 & 0 & 0 & 0 \\
0 & 1 & 0 & 0 & 1 & 0 & 0
\end{vmatrix}
\cdot
\begin{vmatrix}
q_1 \\ q_2 \\ q_3 \\ q_4 \\ q_5 \\ q_6 \\ q_7
\end{vmatrix}
+
\begin{vmatrix}
Q_1 \\ Q_2 \\ Q_3 \\ Q_4 \\ Q_5 \\ Q_6
\end{vmatrix}
= 0
\tag{6-50}
$$

式（6-50）的向量形式可表示为：

$$
Aq + Q = 0 \tag{6-51}
$$

式（6-51）中

$$A = \begin{vmatrix} 0 & 0 & -1 & 0 & 0 & 1 & 0 \\ 0 & 0 & 0 & -1 & 0 & -1 & -1 \\ 0 & 0 & 0 & 0 & -1 & 0 & 1 \\ -1 & -1 & 0 & 1 & 0 & 0 & 0 \\ 1 & 0 & 1 & 0 & 0 & 0 & 0 \\ 0 & 1 & 0 & 0 & 1 & 0 & 0 \end{vmatrix} \quad ——衔接矩阵$$

$q = |\begin{matrix} q_1 & q_2 & q_3 & q_4 & q_5 & q_6 & q_7 \end{matrix}|^{\mathrm{T}}$ ——管段流量列向量的转置矩阵

$Q = |\begin{matrix} Q_1 & Q_2 & Q_3 & Q_4 & Q_5 & Q_6 \end{matrix}|^{\mathrm{T}}$ ——节点流量列向量的转置矩阵

连续性方程的系数矩阵 A 称为衔接矩阵或关联矩阵，表示管网中管段和节点的衔接关系以及管段水流方向。第 i 行第 j 列的元素 A_{ij} 确定方法如下：

$$A_{ij} \begin{cases} 1 & \text{衔接节点 } i \text{ 和管段 } j \text{ 水流方向离开节点 } i。 \\ -1 & \text{衔接节点 } i \text{ 和管段 } j \text{ 水流方向流向节点 } i。 \\ 0 & \text{管段 } j \text{ 不与节点 } i \text{ 相衔接。} \end{cases}$$

表 6-8 为衔接矩阵 A 及其增广矩阵，表中，行数等于管网节点数，列数见表中所列。第 i 行为节点 i 与各管段的关联信息，其中非零元素的个数等于与节点 i 相衔接的管段数。第 j 列为管段 j 与各节点的关联信息，同一列中只有两个非零元素，其中流离节点为 $+1$，流向节点为 -1。表中虚线将矩阵 A 分成两块，A_{21} 对应于水源节点，通常节点水压为已知，A_{11} 表示非水源节点。A_{12}、A_{13}、A_{22} 和 A_{23} 构成增广矩阵。

衔接矩阵 A 及其增广矩阵　　　　　　　　　表 6-8

节　点	管　段							节点				水源节点	
	1	2	3	4	5	6	7	1	2	3	4	5	6
1	0	0	-1	0	0	1	0	1	0			0	
			A_{11}						A_{12}			A_{13}	
2	0	0	0	-1	0	-1	-1	0	1		0		
3	0	0	0	0	-1	0	1			1			
4	-1	-1	0	1	0	0	0				1		0
			A_{21}						A_{22}			A_{23}	
水 5	1	0	1	0	0	0	0					1	0
源 6	0	1	0	0	1	0	0	0				0	1

$$A = \begin{vmatrix} A_{11} \\ A_{21} \end{vmatrix}$$

（2）环的能量方程

$$\left. \begin{array}{l} h_1 \quad -h_3 \quad +h_4 \quad -h_6 \quad =0 \\ -h_2 \quad -h_4+h_5 \quad +h_7=0 \end{array} \right\} \tag{6-52}$$

式（6-52）写成矩阵相乘形式如下：

$$\begin{vmatrix} 1 & 0 & -1 & 1 & 0 & -1 & 0 \\ 0 & -1 & 0 & -1 & 1 & 0 & 1 \end{vmatrix} \cdot \begin{vmatrix} h_1 \\ h_2 \\ h_3 \\ h_4 \\ h_5 \\ h_6 \\ h_7 \end{vmatrix} = 0 \tag{6-53}$$

还可写成向量形式：

$$Lh=0 \tag{6-54}$$

式中

$$L=\begin{vmatrix} 1 & 0 & -1 & 1 & 0 & -1 & 0 \\ 0 & -1 & 0 & -1 & 1 & 0 & 1 \end{vmatrix}$$ ——回路矩阵

$$h=\begin{vmatrix} h_1 & h_2 & h_3 & h_4 & h_5 & h_6 & h_7 \end{vmatrix}^T$$ ——管段水头损失列向量

能量方程的系数矩阵 L 称为回路矩阵，表示每一基环内各管段的关系，见表 6-9。回路矩阵是一个 $L \times P$ 阶矩阵，其行数等于环数 L，列数等于管段数 P。第 k 行第 j 列的元素 L_{kj} 确定方法为：

$$L_{kj} \begin{cases} 1 & k \text{ 环内水流为顺时针方向的管段 } j。 \\ -1 & k \text{ 环内水流为逆时针方向的管段 } j。 \\ 0 & \text{管段 } j \text{ 不在 } k \text{ 环内。} \end{cases}$$

回路矩阵 L 表 6-9

环	管 段						
	1	2	3	4	5	6	7
Ⅰ	1	0	-1	1	0	-1	0
Ⅱ	0	-1	0	-1	1	0	1

（3）管段压降方程

$$h_j=s_j q_j^n \quad (j=1,2,\cdots,P)$$

其向量形式：

$$h=sq^n \tag{6-55}$$

式中，摩阻向量 s 是一个对角阵：

$$s=\begin{vmatrix} s_1 & & 0 \\ & s_2 & \\ 0 & & \ddots & \\ & & & s_p \end{vmatrix}$$

摩阻 s 和指数 n 值随所采用的水头损失公式而定。

管段压降方程是非线性方程，将其线性化的方程如下：

令 $r=sq^{n-1}$，则 $h=rq$，或

$$h=Rq \tag{6-56}$$

式中 R——对角矩阵。

管段压降 h 等于该管段起端节点 i 和终点 j 的水压差，根据公式（5-18）得 $h=H_i-H_j$。

设

$$C=\frac{1}{r}=\frac{1}{sq^{n-1}}=\frac{q}{h}=\frac{q}{H_i-H_j} \tag{6-57}$$

因此得：

$$q=C(H_i-H_j) \tag{6-58}$$

或写成向量形式：

$$q=Ch \tag{6-59}$$

式中 C 是对角矩阵：

$$C=\begin{vmatrix} C_1 & & & 0 \\ & C_2 & & \\ & & \ddots & \\ 0 & & & C_p \end{vmatrix}=\begin{vmatrix} \dfrac{1}{s_1 q_1^{n-1}} & & & 0 \\ & \dfrac{1}{s_2 q_2^{n-1}} & & \\ & & \ddots & \\ 0 & & & \dfrac{1}{s_p q_p^{n-1}} \end{vmatrix}$$

此外，还可以用衔接矩阵的转置 A^T 和节点水压向量 H 之积来表示管段压降：

$$h=A^T H \tag{6-60}$$

按式（5-18）可写出图 6-15 中各管段的压降方程组：

$$h=\begin{vmatrix} h_1 \\ h_2 \\ h_3 \\ h_4 \\ h_5 \\ h_6 \\ h_7 \end{vmatrix}=\begin{vmatrix} H_5-H_4 \\ H_6-H_4 \\ H_5-H_1 \\ H_4-H_2 \\ H_6-H_3 \\ H_1-H_2 \\ H_3-H_2 \end{vmatrix}=\begin{vmatrix} 0 & 0 & 0 & -1 & 1 & 0 \\ 0 & 0 & 0 & -1 & 0 & 1 \\ -1 & 0 & 0 & 0 & 1 & 0 \\ 0 & -1 & 0 & 1 & 0 & 0 \\ 0 & 0 & -1 & 0 & 0 & 1 \\ 1 & -1 & 0 & 0 & 0 & 0 \\ 0 & -1 & 1 & 0 & 0 & 0 \end{vmatrix} \cdot \begin{vmatrix} H_1 \\ H_2 \\ H_3 \\ H_4 \\ H_5 \\ H_6 \end{vmatrix}=A^T H \tag{6-61}$$

综上所述，说明了线性方程组、矩阵和向量三者只是表达同一事物的不同形式，计算时，可应用其中任一种方法。

可以看出，有了 $J-1$ 个节点方程、L 个环方程和 P 个管段压降方程，共计 $J-1+L+P=2P$ 个方程，因而可以解 $2P$ 个未知数，即 P 条管段的流量和水头损失。然后根据已知的节点水压和各管段的水头损失求出其余节点的水压。至此管网运行工况模拟仿真计算任务即告完成。

现在已有多种给水管网计算软件包，各具特色。尽管解法不同，但都是对连续性方程、能量方程和管段压降方程的联立求解。这类程序也可分为解管段方程、解环方程和解节点方程三类。由于解节点方程的输入数据较少，大部分工作可由计算机自动完成，不需输入回路矩阵信息，方程数量较少，收敛性较好，因而应用最广。

对大中型管网，系数矩阵是一个大型稀疏矩阵，通常其非零元素占元素总数不到 1%，因此必须考虑压缩存储问题。好的压缩存储方法和好的求解方法相结合，可以节约计算机存储容量，同时能提高计算速度。在计算机内存已足够的今天，这仍然是软件设计时必须考虑的问题。

6.10.2 解节点方程法

现以图 6-15 为例说明节点方程解法。该法的关键是如何根据管段流量解节点方程以求出节点水压，为此需将节点方程转换为以节点水压为自变量的表达式。

将管段压降向量方程式（6-59）代入节点向量方程式（6-51）得：

$$ACh+Q=0 \tag{6-62}$$

再将式（6-60）代入上式得：

$$ACA^T H+Q=0 \tag{6-63}$$

式（6-63）即是以节点水压为自变量的节点方程组，而且是一个线性表达式。向量 C 中含有管段流量 q，因此需采用迭代法求解。

图 6-15 所示管网的节点连续性方程见式（6-49）。

将管段压降方程式（6-58）代入式（6-49），同时完成变量转换和线性化：

$$
\left.
\begin{array}{l}
-C_3(H_5-H_1) \qquad\qquad\qquad +C_6(H_1-H_2) \qquad\qquad +Q_1=0 \\
\qquad\qquad -C_4(H_1-H_2) \qquad -C_6(H_1-H_2)-C_7(H_3-H_2)+Q_2=0 \\
\qquad\qquad\qquad -C_5(H_6-H_3) \qquad\qquad +C_7(H_3-H_2)+Q_3=0 \\
-C_1(H_5-H_4)-C_2(H_6-H_5) \qquad +C_4(H_4-H_2) \qquad\qquad +Q_4=0 \\
C_1(H_5-H_4) \qquad +C_3(H_5-H_1) \qquad\qquad\qquad +Q_5=0 \\
C_2(H_6-H_1) \qquad\qquad\qquad C_5(H_5-H_3) \qquad\qquad +Q_6=0
\end{array}
\right\}
$$

$$(6\text{-}64)$$

按自变量 H 整理得：

$$
\left.
\begin{array}{l}
(C_3+C_6)H_1 \qquad -C_6H_2 \qquad\qquad\qquad\qquad -C_3H_5 \qquad +Q_1=0 \\
-C_6H_1+(C_4+C_6+C_7)H_2 \qquad -C_7H_3 \qquad -C_4H_4 \qquad\qquad +Q_2=0 \\
\qquad -C_7H_2+(C_5+C_7)H_3 \qquad\qquad\qquad -C_5H_6+Q_3=0 \\
\qquad C_4H_2 \qquad\qquad +(C_1+C_2+C_4)H_4 \qquad -C_1H_5 \qquad -C_2H_6+Q_4=0 \\
-C_3H_1 \qquad\qquad\qquad +C_1H_4+(C_1+C_3)H_5 \qquad +Q_5=0 \\
\qquad\qquad -C_5H_3 \qquad +C_2H_4 \qquad\qquad +(C_2+C_5)H_6+Q_6=0
\end{array}
\right\}
$$

$$(6\text{-}65)$$

写成矩阵形式：

$$
\begin{vmatrix}
(C_3+C_6) & -C_6 & & & -C_3 & \\
-C_6 & (C_4+C_6+C_7) & -C_7 & -C_4 & & \\
& -C_7 & (C_5+C_7) & & & -C_5 \\
& -C_4 & & (C_1+C_2+C_4) & -C_1 & -C_2 \\
-C_3 & & & C_1 & (C_1+C_3) & \\
& & -C_5 & C_2 & & (C_2+C_5)
\end{vmatrix}
\begin{vmatrix} H_1 \\ H_2 \\ H_3 \\ H_4 \\ H_5 \\ H_6 \end{vmatrix}
+
\begin{vmatrix} Q_1 \\ Q_2 \\ Q_3 \\ Q_4 \\ Q_5 \\ Q_6 \end{vmatrix} = 0
$$

$$(6\text{-}66)$$

写成向量形式便是式（6-63）。直接从式（6-63）可得：

$$
\begin{vmatrix}
0 & 0 & -1 & 0 & 0 & 1 & 0 \\
0 & 0 & 0 & -1 & 0 & -1 & -1 \\
0 & 0 & 0 & 0 & -1 & 0 & 1 \\
-1 & -1 & 0 & 1 & 0 & 0 & 0 \\
1 & 0 & 1 & 0 & 0 & 0 & 0 \\
0 & 1 & 0 & 0 & 1 & 0 & 0
\end{vmatrix}
\begin{vmatrix}
C_1 & & & & & & 0 \\
& C_2 & & & & & \\
& & C_3 & & & & \\
& & & C_4 & & & \\
& & & & C_5 & & \\
& & & & & C_6 & \\
0 & & & & & & C_7
\end{vmatrix}
$$

$$
\begin{vmatrix}
0 & 0 & 0 & -1 & 1 & 0 \\
0 & 0 & 0 & -1 & 0 & 1 \\
-1 & 0 & 0 & 0 & 1 & 0 \\
0 & -1 & 0 & 1 & 0 & 0 \\
0 & 0 & -1 & 0 & 0 & 1 \\
1 & -1 & 0 & 0 & 0 & 0 \\
0 & -1 & 1 & 0 & 0 & 0
\end{vmatrix}
\begin{vmatrix} H_1 \\ H_2 \\ H_3 \\ H_4 \\ H_5 \\ H_6 \end{vmatrix}
+
\begin{vmatrix} Q_1 \\ Q_2 \\ Q_3 \\ Q_4 \\ Q_5 \\ Q_6 \end{vmatrix} = 0
$$

$$(6\text{-}67)$$

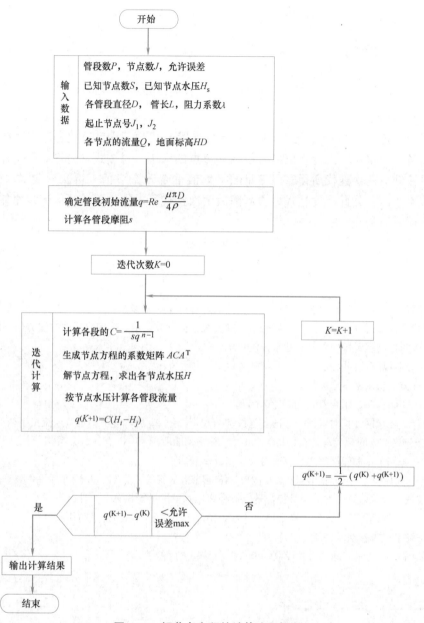

图 6-16 解节点方程的计算流程框图

化简后得同样结果。

式（6-63）是解节点方程的主要公式，其系数矩阵为 $J \times J$ 阶对称正定矩阵，而且具有主对角优势。主对角元素全为正，且等于交汇于该节点的所有管段的 C 值总和。每一行中，除了主对角元外，只有与该节点相邻的节点所在的列元素为非零元素，其值为该两节点间管段的 C 值，并一律为负。根据这些特点，可以编写程序由计算机自动生成系数矩阵。应该指出，按式（6-63）求解的过程是一个迭代过程，需要拟定管线的初始流量，但不需拟定节点的初始水压。这是因为按式（6-57）计算管段的 C 值时必须用到管段流量，但并不要求所拟定的初始流量满足连续性方程。初始流量分配不当可能会增加迭代次数，但一般不会导致不收敛。通常可取雷诺数 $Re=2\times10^5$ 来拟定初始流量：

$$q=2\times10^5\frac{\mu\pi D}{4\rho} \tag{6-68}$$

式中　μ——动力黏度；

　　　ρ——水的密度；

　　　D——管径。

　　根据所拟定的初始流量按式（6-57）计算管段的 C 值，由计算机程序自动生成系数矩阵，解出各节点水压，由此得出各管段两端节点的水压。再按式（6-58）重新计算各管段流量，并按前后两次迭代所得管段流量的平均值重新计算 C 值，再次形成式（6-67），重新求解节点水压，如此反复迭代，直到前后两次迭代所求得的同一管段流量之差的最大值小于允许误差时为止。

　　解节点方程法的计算流程框图如图 6-16 所示。

思考题与习题

1. 什么是连续性方程？什么是能量方程？什么是管段压降方程？

2. 树状网计算过程是怎样的？计算时干线和支线如何划分，两者确定管径的方法有何不同？

3. 什么叫控制点？每一管网有几个控制点？

4. 环状网计算有哪些方法？

5. 解环方程组的基本原理是什么？

6. 什么叫闭合差，闭合差大说明什么问题？

7. 为什么环状网计算时，任一环内各管段增减校正流量 Δq 后，并不影响节点流量平衡的条件？

8. 校正流量 Δq 的含义是什么，如何求出 Δq 值？Δq 和闭合差 Δh 有什么关系？

9. 多水源和单水源管网水力计算时各应满足什么要求？

10. 如何构成虚环（包括虚节点和虚管段）？写出虚节点的流量平衡条件和虚环的水头损失平衡条件。

11. 按最高用水时计算的管网管径，还应按哪些用水情况进行核算，为什么？

12. 按树状网例题核算该城市在消防时的水力情况。只考虑城市室外消防用水量。

13. 按解节点方程法求解图 6-17 管网。

14. 如图 6-18 所示管网，求管段数、节点数和环数之间的关系。

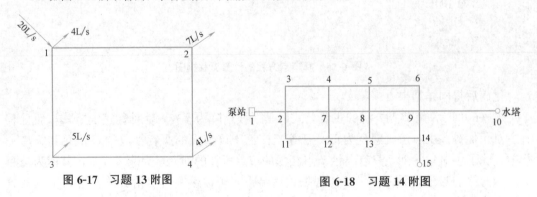

图 6-17　习题 13 附图　　　　　　　图 6-18　习题 14 附图

　　15. 设在最高用水时，上图的泵站供水量占 $\frac{4}{5}$，水塔供水量占 $\frac{1}{5}$，试确定流量分配的主要流向、并写出 3—4—7—2—3 环中任一管段流量 q_{ij} 和两端节点水压 H_i、H_j 的关系式。

第7章 管网优化计算

管网的优化计算，或技术经济计算考虑到四个方面，即保证供水所需的水量和水压，水质安全，可靠性（保证事故时水量）和经济性。管网优化计算就是以经济性为目标函数，而将其余的作为约束条件，即给水系统正常运行时需要满足的条件，据此建立目标函数和约束条件的表达式，以求出优化的管径或水头损失。由于水质安全性不容易定量地进行评价，正常时和损坏时用水量会发生变化、二级泵房的运行和流量分配等有不同方案，所有这些因素都难以用数字式表达，因此管网优化计算主要是在考虑各种设计目标的前提下，求出一定设计年限内，管网建造费用和管理费用之和为最小的管径或水头损失，也就是求出经济管径或经济水头损失。

管网问题是很复杂的，管网布置、调节水池容积、泵站工作情况等都会影响技术经济指标。在进行优化计算之前，事先必须完成下列工作：确定水源位置，完成管网布置，拟定泵站工作方案，选定控制点所需的最小服务水头，算出沿线流量和节点流量等。

管网建造费用中主要是管线的费用，包括水管及其附件费用和挖沟埋管、接口、试压、管线消毒等施工费用。由于泵站、水塔和水池所占费用很小，一般忽略不计。

管理费用中主要是供水所需动力费用，而管网的技术管理和检修等费用并不大。动力费用随泵站的流量和扬程而定，扬程则决定于控制点要求的最小服务水头，以及输水管和管网的水头损失等。水头损失又和管材、管段长度、管径、流量有关。管网定线后，管段长度已定，因此，建造费用和管理费用仅决定于流量或管径。

在管网优化计算时，应先进行流量分配，然后采用优化的方法，写出以流量、管径或水头损失表示的费用函数式，求得费用最省的最优解。

7.1 管网年费用折算值

7.1.1 目标函数和约束条件

管网年费用折算值是按年计的管网建造费用和管理费用，它是水泵供水管网优化计算时的目标函数，可用第 5 章公式表示：

$$W = \frac{C}{t} + M \tag{5-17}$$

式中 W——年费用折算值，元/a；

C——管网建造费用，元；

t——投资偿还期，可取 15～20 年；

M——年管理费用，元/a。

单位长度管线的建造费用为：$c = a + bD_{ij}^\alpha$。

全部管网建造费用为：

$$C = \sum (a + bD_{ij}^{\alpha}) l_{ij} \tag{7-1}$$

每年管理费用 M 中，包括动力费 M_1 和折旧大修理费 M_2，分别等于：

$$M_1 = 24 \times 365 \beta E \frac{\rho Q H_p}{102\eta} = 86000 \beta E \frac{Q(H_0 + \sum h_{ij})}{\eta} \tag{7-2}$$

$$M_2 = \frac{p}{100} \sum (a + bD_{ij}^{\alpha}) l_{ij} \tag{7-3}$$

将 C、M_1 和 M_2 各值代入式（5-17）中，得出年费用折算值（元/a）的公式为：

$$W = \left(\frac{p}{100} + \frac{1}{t} \right) \sum (a + bD_{ij}^{\alpha}) l_{ij} + PQ(H_0 + \sum h_{ij}) \tag{7-4}$$

式（7-4）中，右边第一项为管网全部管线的年建造费用和折旧大修费用之和；第二项为设一个泵站的单水源管网每年供水动力费用，取决于供水量和管网起点到控制点任一条管线的总水头损失。如为多泵站的管网系统，应将各泵站的动力费用分别计算后相加。

式中符号的意义如下：

p——每年的折旧和大修费用，一般以管网建造费用的 2.5%~3% 计；

t——投资偿还期，a；

a，b，α——单位长度管道造价公式中的参数、系数和指数，由水管材料和当地施工条件确定；

D_{ij}——管径，m；

l_{ij}——管段长度，m；

P——抽水费用系数，等于 $\dfrac{24 \times 365 \rho \beta E}{102\eta} = \dfrac{86000 \beta E}{\eta}$，表示流量 $Q = 1\text{m}^3/\text{s}$，水泵扬程 $H_p = 1\text{m}$ 时的每年电费，元；

β——供水能量变化系数。中型城市可参照：网前水塔管网的输水管或无水塔的管网为 0.1~0.4；网中水塔的管网为 0.5~0.75；

E——电价，元/kWh；

η——泵站效率，一般为 0.55~0.85，水泵功率小的泵站，效率较低；

ρ——水的密度，1000kg/m^3；

H_0——水泵静扬程，m；

Q——泵站输入管网的总流量，m^3/s；

$\sum h_{ij}$——从管网水源节点到控制点任一条管线的总水头损失，m。

将式（7-4）简化，只取其变量部分，得出水泵供水时的目标函数或年费用折算值为：

$$W_0 = \left(\frac{p}{100} + \frac{1}{t} \right) \sum bD_{ij}^{\alpha} l_{ij} + PQ \sum h_{ij} \tag{7-5}$$

重力供水时，因无需抽水动力费用，式（7-5）中的第二项可以不计，经济管径仅由充分利用位置水头使管网建造费用为最小的条件确定，因此重力供水时目标函数为：

$$W_0 = \left(\frac{p}{100} + \frac{1}{t} \right) \sum bD_{ij}^{\alpha} l_{ij} \tag{7-6}$$

上述目标函数 W_0 的约束条件为：

(1) $J-1$ 个连续性方程：

$$Aq_{ij}+q_i=0 \quad 管段\ ij=1,2,\cdots,P;节点\ i=1,2,\cdots,J-1。 \tag{7-7}$$

式中　A——衔接矩阵，$(J-1)\times P$ 阶。

(2) L 个能量方程：

$$Lh_k=0 \quad 环\ k=1,2,\cdots,L。 \tag{7-8}$$

式中　L——回路矩阵，$L\times P$ 阶。

(3) 任一管段的流量应大于最小允许流速时的流量：

$$q_{ij}\geqslant q_{min} \tag{7-9}$$

(4) 水压：

$$H_c\geqslant H_a \tag{7-10}$$

即任一节点的自由水压 H_c 应大于最小服务水头 H_a。

7.1.2　优化计算中的变量关系

优化计算中，未知量为管段流量 q_{ij} 和管径 d_{ij}，当管段流量 q_{ij} 和管径 D_{ij} 已定时，根据公式（5-22），水头损失为 $h_{ij}=\dfrac{kq_{ij}^n l_{ij}}{D_{ij}^m}$，因此年费用折算值 W_0 可看作是 q_{ij} 和 D_{ij} 或 q_{ij} 和 h_{ij} 的函数，但计算时以应用流量 q_{ij} 和水头损失 h_{ij} 的关系来分析比较简便。

如水头损失公式中的 n 取为 2，将式（5-22）中的 D_{ij} 解出代入式（7-5）中得：

$$W_0=\left(\frac{p}{100}+\frac{1}{t}\right)\sum bk^{\frac{a}{m}}q_{ij}^{\frac{2a}{m}}h_{ij}^{-\frac{a}{m}}l_{ij}^{\frac{a+m}{m}}+PQ\sum h_{ij} \tag{7-11}$$

式（7-11）是压力式管网优化计算的基础公式。

至于目标函数 W_0 是否有极值，在何种 q_{ij} 和 h_{ij} 时才有极值，是最大值还是最小值等，需要进行分析。只有在求得的 q_{ij} 和 h_{ij} 值为最小时，函数 W_0 值才为最小，为此须研究 W_0 函数的极值。

目标函数 W_0 中包括 q_{ij} 和 h_{ij} 两个变量，将其中一个变量例如 h_{ij} 看作是常数，则无约束的一阶和二阶导数分别为：

$$\frac{\partial W_0}{\partial q_{ij}}=\left(\frac{p}{100}+\frac{1}{t}\right)\frac{2\alpha}{m}bk^{\frac{a}{m}}q_{ij}^{\frac{2a-m}{m}}h_{ij}^{-\frac{a}{m}}l_{ij}^{\frac{a+m}{m}} \tag{7-12a}$$

$$\frac{\partial^2 W_0}{\partial q_{ij}^2}=\left(\frac{p}{100}+\frac{1}{t}\right)\frac{2\alpha}{m}\cdot\frac{2a-m}{m}bk^{\frac{a}{m}}q_{ij}^{\frac{2a-2m}{m}}\cdot h_{ij}^{-\frac{a}{m}}l_{ij}^{\frac{a+m}{m}} \tag{7-12b}$$

根据一般的 α 和 m 值，如取 $\alpha=1.6$，$m=5.33$，则得：

$$\frac{2\alpha-m}{m}=\frac{2\times 1.6-5.33}{5.33}=-0.4$$

由此可见 $\dfrac{\partial^2 W_0}{\partial q_{ij}^2}<0$，因此通过 $\dfrac{\partial W_0}{\partial q_{ij}}=0$ 求得的极值为最大而不是最小，这就是说管网流量未分配时不能求得经济管径。

如将目标函数 W_0 中的 q_{ij} 看作是常数时，则一阶和二阶导数分别为：

$$\frac{\partial W_0}{\partial h_{ij}}=-\left(\frac{p}{100}+\frac{1}{t}\right)\frac{\alpha}{m}bk^{\frac{a}{m}}q_{ij}^{\frac{2a}{m}}h_{ij}^{-\frac{a+m}{m}}l_{ij}^{\frac{a+m}{m}}+PQ \tag{7-13a}$$

$$\frac{\partial^2 W_0}{\partial h_{ij}^2} = \left(\frac{p}{100} + \frac{1}{t}\right) \frac{\alpha}{m} \cdot \frac{\alpha+m}{m} b k^{\frac{\alpha}{m}} q_{ij}^{\frac{2\alpha}{m}} h_{ij}^{\frac{-\alpha-2m}{m}} l_{ij}^{\frac{\alpha+m}{m}} \qquad (7\text{-}13\text{b})$$

因 $\dfrac{\alpha+m}{m} = \dfrac{1.6+5.33}{5.33} = 1.3$，为正值，所以式（7-13b）的 $\dfrac{\partial^2 W_0}{\partial h_{ij}^2} > 0$，说明极值确为最小。

因此当管网中各管段的流量 q_{ij} 已知，即流量已经分配时，就可求出目标函数 W_0 的极小值。也就是说，流量已分配时，由 $\dfrac{\partial W_0}{\partial h_{ij}} = 0$ 所得的是相应于最小 W_0 值的经济水头损失或经济管径。如管段的水头损失或水力坡降已定，由 $\dfrac{\partial W_0}{\partial q_{ij}} = 0$ 所得的流量相应于最大的 W_0 值，也就是最不经济的流量分配。

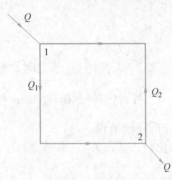

图 7-1　一环管网

试以图 7-1 所示的一环管网来分析 W_0 值。如两条管段平均分配流量，即 $Q_1 = Q_2 = \dfrac{Q}{2}$，则得最大的 W_0 值。

如将全部流量 Q 分到一条管线，即 $Q_1 = Q$，$Q_2 = 0$ 时，得到的是最小的 W_0 值，这时环状网就转化成树状网。对环状网流量分配的研究结果认为，将环状网转化为树状网时，才可得到最优的流量分配。但是同一环状网，可以去除不同部位的管段而得到各种形状的树状网，从这些不同的树状网中可选出最经济流量分配的树状网。

从经济的角度，环状网的造价比树状网高，可是为了供水的可靠性，不得不增加建设费用而采用环状网。

综上所述可见，对现有管网造价和水头损失公式中的 α 和 m 值，环状网只有近似而没有优化的经济流量分配。所以管网计算时，只有从实际出发，先拟定初始流量分配，然后采取优化的方法求得经济管径。

7.2　输水管的优化计算

7.2.1　压力输水管的优化计算

图 7-2 所示的从泵站到水塔的压力输水管，由 1-2, 2-3, 3-4, 4-5 管段组成。为求每一管段年费用折算值为最小的经济管径，可按式（7-5）对单根管线求导数，代入 $h_{ij} = k \dfrac{q_{ij}^n l_{ij}}{D_{ij}^m}$ 并令 $\dfrac{\partial W_0}{\partial D_{ij}} = 0$，得：

$$\frac{\partial W_0}{\partial D_{ij}} = \left(\frac{p}{100} + \frac{1}{t}\right) \alpha b l_{ij} D_{ij}^{\alpha-1} - m P k l_{ij} Q q_{ij}^n D_{ij}^{-(m+1)} = 0 \qquad (7\text{-}14)$$

整理后得压力输水管的经济管径公式如下：

$$D_{ij} = \left[\frac{mPk}{\left(\dfrac{p}{100} + \dfrac{1}{t}\right)\alpha b}\right]^{\frac{1}{\alpha+m}} Q^{\frac{1}{\alpha+m}} q_{ij}^{\frac{n}{\alpha+m}} = (f Q q_{ij}^n)^{\frac{1}{\alpha+m}} \qquad (7\text{-}15)$$

式中 f 为经济因素，是包括多种经济指标的综合参数：

$$f=\frac{mPk}{\left(\dfrac{p}{100}+\dfrac{1}{t}\right)ab} \qquad (7\text{-}16)$$

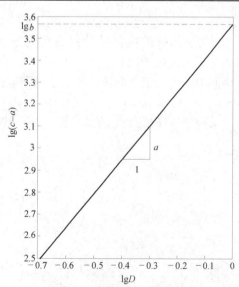

图 7-2 压力输水管

当输水管无沿线流量或全线流量不变时，式（7-15）成为：

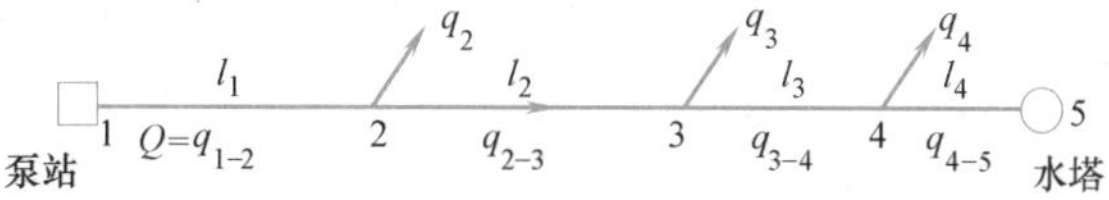

$$D_{ij}=\left(fQ^{n+1}\right)^{\frac{1}{a+m}} \qquad (7\text{-}17)$$

因式（7-5）的二阶导数$\dfrac{\partial^2 W_0}{\partial D_{ij}^2}>0$，所以由式（7-15）和式（7-17）求得的是年费用折算值为最小的经济管径。

根据当地各项技术经济指标，算出经济因素 f 值，即可从管段流量按式（7-15）求出压力输水管各管段的经济管径。

每米长度管线的建造费用公式 $c=a+bD^a$ 中，a、b、a 值的求法如下：

根据表 7-1 中的球墨铸铁管的数据，将管径和建造费用的对应关系点绘在方格纸上，如图 7-3 所示，将各点连成光滑曲线，并延伸到和纵坐标相交，交点处的 $D=0$，$c=a$，因此得 $a=230$。

将 $c=a+bD^a$ 两边取对数，得 $\lg(c-a)=\lg b+a\lg D$ 的关系，当 $D=1$，则 $\lg D=0$，得 $\lg b=\lg(c-a)$。将对应的 $\lg D$ 和 $\lg(c-a)$ 值绘在方格纸上，得图 7-4 所示的直线，从相应于 $D=1m$ 时的 $\lg(c-a)$ 值，可得 $b=3668$，直线斜率为 a，$a=1.5$，从而得出单位长度管线的建造费用公式。

某市 2018 年球墨铸铁管管道材料价格和施工费估算值（元/m）　　　表 7-1

管径(mm)	200	300	400	500	600	700	800	900	1000
估算值	527.14	860.09	1142.26	1404.24	1803.71	2358.99	2827.71	3422.23	3986.74

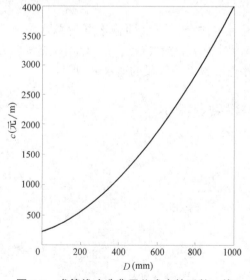

图 7-3　求管线建造费用公式中的系数 a 值

图 7-4　求管线建造费用公式中的系数 b、a 值

【例 7-1】　求图 7-5 所示压力输水管的经济管径（球墨铸铁管管材）

设图 7-5 所求的经济管径的参数如下：

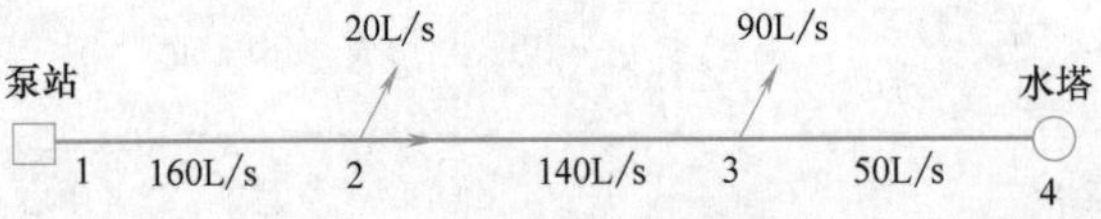

图7-5 压力输水管计算

折旧和大修费扣除率 $p = 2.8\%$（以2.8代入公式）；投资偿还期 $t = 10$ 年；供水能量变化系数 $\beta = 0.6$；电价 $E = 0.6$ 元/kWh；泵站效率 $\eta = 0.7$；抽水费用系数 $P = \dfrac{86000\beta E}{\eta}$；海曾-威廉水头损失公式中的系数：$m = 4.87$；$n = 1.852$；$k = \dfrac{10.67}{C^{1.852}} = \dfrac{10.67}{130^{1.852}} = 0.0013$；管线建造费用公式的 $a = 230$；$b = 3668$；$\alpha = 1.5$。

【解】 将以上各值代入式（7-16），并计算：

$$f = \frac{mPk}{\left(\dfrac{p}{100} + \dfrac{1}{t}\right)ab} = \frac{4.87 \times 86000 \times 0.6 \times 0.6 \times 0.0013}{(0.028 + 0.1) \times 1.5 \times 3668 \times 0.7} \approx 0.40$$

$$\frac{1}{\alpha + m} = \frac{1}{1.5 + 4.87} \approx 0.16$$

得输水管各段的经济管径如下：

$D_{1-2} = (fQq_{ij}^n)^{\frac{1}{\alpha+m}} = (0.40 \times 0.16 \times 0.16^{1.852})^{0.16} \approx 0.37\text{m}$，选用400mm管径。

$D_{2-3} = (0.40 \times 0.16 \times 0.14^{1.852})^{0.16} \approx 0.36\text{m}$，选用400mm管径。

$D_{3-4} = (0.40 \times 0.16 \times 0.05^{1.852})^{0.16} \approx 0.27\text{m}$，选用300mm管径。

7.2.2 重力输水管的优化计算

重力输水系统靠水源和管网控制点的水压差重力输水，不需要供水动力费用，因此优化计算问题是求出充分利用现有水压 H（位置水头）并使管线建造费用为最小的管径。

在式（7-6）重力输水管的年费用折算值公式中，代入 $h_{ij} = k\dfrac{q_{ij}^n}{D_{ij}^m}l_{ij}$，得：

$$W_0 = \left(\frac{p}{100} + \frac{1}{t}\right)\sum bl_{ij}\left(\frac{kq_{ij}^n l_{ij}}{h_{ij}}\right)^{\frac{\alpha}{m}} \tag{7-18}$$

重力输水管的优化设计就是在充分利用现有水压条件下（即输水管的总水头损失 $\sum h_{ij}$ 等于可利用的位置水头 H），求 W_0 为最小值时的水头损失或管径，可用拉格朗日条件极值法求解，于是问题转为求下列函数的最小值（以3条管段的输水管为例）：

$$F(h) = W_0 + \lambda(H - h_{1-2} - h_{2-3} - h_{3-4})$$

求函数 $F(h)$ 对 h_{ij} 的偏导数，并令其等于零，得：

$$\left.\begin{array}{l} \dfrac{\partial F(h)}{\partial h_{1-2}} = -\dfrac{\alpha}{m}\left(\dfrac{p}{100} + \dfrac{1}{t}\right)bk^{\frac{\alpha}{m}}q_{1-2}^{\frac{m}{m}}l_{1-2}^{\frac{\alpha+m}{m}}h_{1-2}^{-\frac{\alpha+m}{m}} - \lambda = 0 \\[3mm] \dfrac{\partial F(h)}{\partial h_{2-3}} = -\dfrac{\alpha}{m}\left(\dfrac{p}{100} + \dfrac{1}{t}\right)bk^{\frac{\alpha}{m}}q_{2-3}^{\frac{m}{m}}l_{2-3}^{\frac{\alpha+m}{m}}h_{2-3}^{-\frac{\alpha+m}{m}} - \lambda = 0 \\[3mm] \dfrac{\partial F(h)}{\partial h_{3-4}} = -\dfrac{\alpha}{m}\left(\dfrac{p}{100} + \dfrac{1}{t}\right)bk^{\frac{\alpha}{m}}q_{3-4}^{\frac{m}{m}}l_{3-4}^{\frac{\alpha+m}{m}}h_{3-4}^{-\frac{\alpha+m}{m}} - \lambda = 0 \end{array}\right\} \tag{7-19}$$

解得：

$$\lambda = -\frac{\alpha}{m}\left(\frac{p}{100} + \frac{1}{t}\right)bk^{\frac{\alpha}{m}}q_{ij}^{\frac{m}{m}}l_{ij}^{\frac{\alpha+m}{m}}h_{ij}^{-\frac{\alpha+m}{m}} \tag{7-20}$$

一般，输水管各管段的 α，b，k，m，p，t 值已知，由式（7-20）得下列关系：

$$\frac{q_{ij}^{\frac{m}{\alpha+m}}}{i_{ij}} = 常数 \tag{7-21}$$

78

式中　$i_{ij}=\dfrac{h_{ij}}{l_{ij}}$——输水管各段的水力坡降。

据式（7-21）即可选定重力输水时各管段的经济直径。

【例 7-2】　重力输水管由 1—2 和 2—3 两管段组成。$l_{1-2}=500\text{m}$，$q_{1-2}=150\text{L/s}$；$l_{2-3}=650\text{m}$，$q_{2-3}=25\text{L/s}$。输水管起点 1 和终点 3 的水位高差为 $H=H_1-H_3=5\text{m}$，求输水管各段的经济管径。

【解】　由式（7-21）

$$\dfrac{q^{\frac{m}{\alpha+m}}}{i_{ij}}=\text{常数}$$

和

$$\sum i_{ij}l_{ij}=H \tag{7-22}$$

式（7-21）和式（7-22）联立求解，取 $n=2$，$m=5.33$ 和 $\alpha=1.8$，则 $\dfrac{n\alpha}{\alpha+m}=0.5$，则：

由 $\dfrac{\sqrt{q_{1-2}}}{i_{1-2}}=\dfrac{\sqrt{q_{2-3}}}{i_{2-3}}$　得　$i_{2-3}=i_{1-2}\sqrt{\dfrac{q_{2-3}}{q_{1-2}}}$

$$i_{1-2}l_{1-2}+i_{1-2}\sqrt{\dfrac{q_{2-3}}{q_{1-2}}}l_{2-3}=H$$

将已知值代入得：

$$i_{1-2}\times500+i_{1-2}\sqrt{\dfrac{25}{150}}\times650=5$$

$$i_{1-2}=0.0065$$

$$i_{2-3}=i_{1-2}\sqrt{\dfrac{25}{150}}=0.0065\times0.41=0.0027$$

按照各管段的流量和水力坡降，选用的管径和实际水力坡降如下：

$$D_{1-2}=400\text{mm}，i_{1-2}=0.005182$$
$$D_{2-3}=250\text{mm}，i_{2-3}=0.001763$$

市售标准管径的分档不多，在选用管径时，应取相近而较大的标准管径，以免控制点的水压不足，但是，为了有效地利用现有水压，整条输水管中的一段或二段可以采用相近而较小的标准管径。从式（7-21）可知，流量较大的一段管径，水力坡降可较大，因而可选用相近而较小的标准管径，流量较小的管段可用相近而较大的标准管径，目的在于使输水管的总水头损失尽量接近而略小于可利用的水压。

由于采用了标准管径，输水管总水头损失为 $\sum h=500\times0.005182+650\times0.001763=3.74\text{m}$，小于现有可利用的水压 $H=5\text{m}$，符合要求。

7.3　管网优化计算

7.3.1　起点水压未给的压力式管网

管网任一管段的流量、管径和水头损失之间有一定的换算关系，因此管网优化计算时，既可以求经济管径，也可以求经济水头损失。实用上，求经济水头损失 h_{ij} 较为方便，而经济管径可从 h_{ij} 求得。

压力式管网优化计算的原理，基本上和输水管相同，只是在求函数 W_0 的极小值时，还应符合每环$\sum h_{ij}=0$的水力约束条件。至于节点流量平衡条件，在流量分配时已经满足。

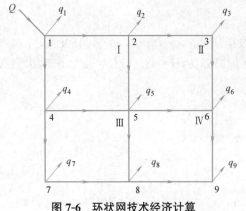

以图7-6的环状网为例，图中已表明节点流量、管段流向和进入管网的总流量Q，H_9为控制点的水压标高。

管网的管段数$P=12$，节点数$J=9$，环数$L=4$。未知的管段流量q_{ij}和水头损失h_{ij}数各为12，共计24个未知量。

因管网起点的水压标高H_1未知，但控制点的水压标高H_9已知，因此管网起点和控制点的水压标高差和管网水头损失之间有下列关系：

图7-6 环状网技术经济计算

$$H_1-H_9=\sum h_{1-9} \tag{7-23}$$

式中，$\sum h_{1-9}$是指从节点1到控制点9任一条管线的总水头损失。应该注意的是，水头损失须根据管段水流方向用正值或负值表示，如选定的管线为1—2—3—6—9，则式（7-23）可表示为：

$$H_1=h_{1-2}+h_{2-3}+h_{3-6}+h_{6-9}+H_9$$

应用拉格朗日未定乘数法：

$$F(h)=W_0+\lambda_1 f_1+\lambda_2 f_2+\cdots \tag{7-24}$$

式中 f_1,f_2——已知的约束条件；

λ_1,λ_2——拉格朗日未定乘数。

据此写出经济水头损失的拉格朗日函数式，W_0见式（7-11），将$H_1=H_9+\sum h_{1-9}$代入式（7-24），得：

$$F(h)=\left(\frac{p}{100}+\frac{1}{t}\right)\sum_{ij=1}^{12}bk^{\frac{a}{m}}q_{ij}^{\frac{m}{m}}h_{ij}^{-\frac{m}{m}}l_{ij}^{\frac{a+m}{m}}$$
$$+PQH_1+\lambda_{\mathrm{I}}(h_{1-2}+h_{2-5}+h_{1-4}-h_{4-5})+\lambda_{\mathrm{II}}(h_{2-3}+h_{3-6}-h_{2-5}-h_{5-6})$$
$$+\lambda_{\mathrm{III}}(h_{4-5}+h_{5-8}-h_{4-7}-h_{7-8})+\lambda_{\mathrm{IV}}(h_{5-6}+h_{6-9}-h_{5-8}-h_{8-9})$$
$$+\lambda_{\mathrm{H}}(H_1-h_{1-2}-h_{2-3}-h_{3-6}-h_{6-9}-H_9)$$

$$\tag{7-25}$$

求函数$F(h)$对水泵扬程H_1和管段水头损失h_{ij}的偏导数，并令其等于零，得：

$$\frac{\partial F}{\partial H_1}=PQ+\lambda_{\mathrm{H}}=0 \tag{7-26}$$

$$\frac{\partial F}{\partial h_{1-2}}=-\left(\frac{p}{100}+\frac{1}{t}\right)b\frac{\alpha}{m}k^{\frac{a}{m}}q_{1-2}^{\frac{m}{m}}h_{1-2}^{-\frac{a+m}{m}}l_{1-2}^{\frac{a+m}{m}}+\lambda_{\mathrm{I}}-\lambda_{\mathrm{H}}=0 \tag{7-27}$$

$$\frac{\partial F}{\partial h_{2-3}}=-\left(\frac{p}{100}+\frac{1}{t}\right)b\frac{\alpha}{m}k^{\frac{a}{m}}q_{2-3}^{\frac{m}{m}}h_{2-3}^{-\frac{a+m}{m}}l_{2-3}^{\frac{a+m}{m}}+\lambda_{\mathrm{II}}-\lambda_{\mathrm{H}}=0 \tag{7-28}$$

$$\frac{\partial F}{h_{1-4}}=-\left(\frac{p}{100}+\frac{1}{t}\right)b\frac{\alpha}{m}k^{\frac{a}{m}}q_{1-4}^{\frac{m}{m}}h_{1-4}^{-\frac{a+m}{m}}l^{\frac{a+m}{m}}-\lambda_{\mathrm{I}}=0 \tag{7-29}$$

$$\frac{\partial F}{\partial h_{2-5}} = -\left(\frac{p}{100}+\frac{1}{t}\right)b\,\frac{\alpha}{m}k^{\frac{a}{m}}q_{2-5}^{\frac{m}{m}}h_{2-5}^{-\frac{a+m}{m}}l_{2-5}^{\frac{a+m}{m}}+\lambda_{\mathrm{I}}-\lambda_{\mathrm{II}}=0 \tag{7-30}$$

$$\frac{\partial F}{\partial h_{3-6}} = -\left(\frac{p}{100}+\frac{1}{t}\right)b\,\frac{\alpha}{m}k^{\frac{a}{m}}q_{3-6}^{\frac{m}{m}}h_{3-6}^{-\frac{a+m}{m}}l_{3-6}^{\frac{a+m}{m}}+\lambda_{\mathrm{II}}-\lambda_{\mathrm{H}}=0 \tag{7-31}$$

$$\frac{\partial F}{\partial h_{4-5}} = -\left(\frac{p}{100}+\frac{1}{t}\right)b\,\frac{\alpha}{m}k^{\frac{a}{m}}q_{4-5}^{\frac{m}{m}}h_{4-5}^{-\frac{a+m}{m}}l_{4-5}^{\frac{u+m}{m}}-\lambda_{\mathrm{I}}+\lambda_{\mathrm{III}}=0 \tag{7-32}$$

$$\frac{\partial F}{\partial h_{5-6}} = -\left(\frac{p}{100}+\frac{1}{t}\right)b\,\frac{\alpha}{m}k^{\frac{a}{m}}q_{5-6}^{\frac{m}{m}}h_{5-6}^{-\frac{a+m}{m}}l_{5-6}^{\frac{a+m}{m}}-\lambda_{\mathrm{II}}+\lambda_{\mathrm{IV}}=0 \tag{7-33}$$

$$\frac{\partial F}{\partial h_{4-7}} = -\left(\frac{p}{100}+\frac{1}{t}\right)b\,\frac{\alpha}{m}k^{\frac{a}{m}}q_{4-7}^{\frac{m}{m}}h_{4-7}^{-\frac{a+m}{m}}l_{4-7}^{\frac{a+m}{m}}-\lambda_{\mathrm{III}}=0 \tag{7-34}$$

$$\frac{\partial F}{\partial h_{5-8}} = -\left(\frac{p}{100}+\frac{1}{t}\right)b\,\frac{\alpha}{m}k^{\frac{a}{m}}q_{5-8}^{\frac{m}{m}}h_{5-8}^{-\frac{a+m}{m}}l_{5-8}^{\frac{a+m}{m}}+\lambda_{\mathrm{III}}-\lambda_{\mathrm{IV}}=0 \tag{7-35}$$

$$\frac{\partial F}{\partial h_{6-9}} = -\left(\frac{p}{100}+\frac{1}{t}\right)b\,\frac{\alpha}{m}k^{\frac{a}{m}}q_{6-9}^{\frac{m}{m}}h_{6-9}^{-\frac{a+m}{m}}l_{6-9}^{\frac{a+m}{m}}+\lambda_{\mathrm{IV}}-\lambda_{\mathrm{H}}=0 \tag{7-36}$$

$$\frac{\partial F}{\partial h_{7-8}} = -\left(\frac{p}{100}+\frac{1}{t}\right)b\,\frac{\alpha}{m}k^{\frac{a}{m}}q_{7-8}^{\frac{m}{m}}h_{7-8}^{-\frac{a+m}{m}}l_{7-8}^{\frac{a+m}{m}}-\lambda_{\mathrm{III}}=0 \tag{7-37}$$

$$\frac{\partial F}{\partial h_{8-9}} = -\left(\frac{p}{100}+\frac{1}{t}\right)b\,\frac{\alpha}{m}k^{\frac{a}{m}}q_{8-9}^{\frac{m}{m}}h_{8-9}^{-\frac{a+m}{m}}l_{8-9}^{\frac{a+m}{m}}-\lambda_{\mathrm{IV}}=0 \tag{7-38}$$

由式（7-26），式（7-27），式（7-29）消去 λ_{I} 和 λ_{H} 得：

$$\left(\frac{p}{100}+\frac{1}{t}\right)b\,\frac{\alpha}{m}k^{\frac{a}{m}}\left(q_{1-4}^{\frac{m}{m}}h_{1-4}^{-\frac{a+m}{m}}l_{1-4}^{\frac{a+m}{m}}+q_{1-2}^{\frac{m}{m}}h_{1-2}^{-\frac{a+m}{m}}l_{1-2}^{\frac{a+m}{m}}\right)-PQ=0$$

用同样方法可以消去 λ_{II}，λ_{III}，λ_{IV} 等，为简化起见，设

$$A=\frac{mP}{\left(\frac{p}{100}+\frac{1}{t}\right)bak^{\frac{a}{m}}} \tag{7-39}$$

$$a_{ij}=q_{ij}^{\frac{m}{m}}l_{ij}^{\frac{a+m}{m}} \tag{7-40}$$

将式（7-39）和式（7-40）代入以上各式，得方程组如下：

$$\left.\begin{aligned}
&\text{节点 } 1: a_{1-2}h_{1-2}^{-\frac{a+m}{m}}+a_{1-4}h_{1-4}^{-\frac{a+m}{m}}-AQ=0\\
&\text{节点 } 2: a_{1-2}h_{1-2}^{-\frac{a+m}{m}}-a_{2-3}h_{2-3}^{-\frac{a+m}{m}}-a_{2-5}h_{2-5}^{-\frac{a+m}{m}}=0\\
&\text{节点 } 3: a_{2-3}h_{2-3}^{-\frac{a+m}{m}}-a_{3-6}h_{3-6}^{-\frac{a+m}{m}}=0\\
&\text{节点 } 4: a_{1-4}h_{1-4}^{-\frac{a+m}{m}}-a_{4-5}h_{4-5}^{-\frac{a+m}{m}}-a_{4-7}h_{4-7}^{-\frac{a+m}{m}}=0\\
&\text{节点 } 5: a_{2-5}h_{2-5}^{-\frac{a+m}{m}}+a_{4-5}h_{4-5}^{-\frac{a+m}{m}}-a_{5-6}h_{5-6}^{-\frac{a+m}{m}}-a_{5-8}h_{5-8}^{-\frac{a+m}{m}}=0\\
&\text{节点 } 6: a_{3-6}h_{3-6}^{-\frac{a+m}{m}}+a_{5-6}h_{5-6}^{-\frac{a+m}{m}}-a_{6-9}h_{6-9}^{-\frac{a+m}{m}}=0\\
&\text{节点 } 7: a_{1-7}h_{4-7}^{-\frac{a+m}{m}}-a_{7-8}h_{7-8}^{-\frac{a+m}{m}}=0\\
&\text{节点 } 8: a_{5-8}h_{5-8}^{-\frac{a+m}{m}}+a_{7-8}h_{7-8}^{-\frac{a+m}{m}}-a_{8-9}h_{8-9}^{-\frac{a+m}{m}}=0
\end{aligned}\right\} \tag{7-41}$$

从式（7-41）看出，每一方程表示一个节点上的管段关系，例如节点5的方程表示了该节点上管段2-5，4-5，5-6，5-8的关系。除了节点1以外，其余节点方程的形式类似于管网水力计算中节点流量平衡的条件，即包括了该节点上的全部管段，并且在流向该节点的管段前标以正号，水流离开该节点的管段标以负号，因此称为节点方程。

节点方程共有 $9-1$ 个连续性方程 $Q_i+\sum q_{ij}=0$，加上 4 个能量方程 $\sum h_{ij}=0$，共计 $P=J+L-1$ 个方程，可以求出 P 个管段的水头损失 h_{ij}。

为求各管段的经济水头损失 h_{ij} 值，须解非线性方程，式（7-41），比较简单的解法说明如下。

将式（7-41）各项除以 A，得：

$$\left.\begin{aligned}
\frac{a_{1-2}h_{1-2}^{-\frac{a+m}{m}}}{A}+\frac{a_{1-4}h_{1-4}^{-\frac{a+m}{m}}}{A}-Q=0\\[2mm]
\frac{a_{1-2}h_{1-2}^{-\frac{a+m}{m}}}{A}-\frac{a_{2-3}h_{2-3}^{-\frac{a+m}{m}}}{A}-\frac{a_{2-5}h_{2-5}^{-\frac{a+m}{m}}}{A}=0
\end{aligned}\right\} \tag{7-42}$$

$$\cdots\cdots\cdots\cdots\cdots\cdots\cdots\cdots\cdots$$

设 $\dfrac{a_{ij}h_{ij}^{-\frac{a+m}{m}}}{A}$ 用 $x_{ij}Q$ 表示，x_{ij} 表示该管段流量占总流量 Q 的比例，x_{ij} 称为虚流量，当通过管网的总流量 Q 为 1 时，各管段的 x_{ij} 值在 $0\sim1$ 之间，则式（7-42）可概括为：

起点（如图 7-6 中的节点 1）：

$$x_{1-2}+x_{1-4}=1 \text{ 或 } \sum x_{ij}=1$$

其余节点，例如节点 2：

$$x_{1-2}-x_{2-3}-x_{2-5}=0 \text{ 或 } \sum x_{ij}=0$$

未知的虚流量 x_{ij} 数等于管段数 P，因：

$$x_{ij}=\frac{a_{ij}h_{ij}^{-\frac{a+m}{m}}}{AQ}=\frac{q_{ij}^{\frac{m}{m}}l_{ij}^{\frac{a+m}{m}}h_{ij}^{-\frac{a+m}{m}}}{AQ} \tag{7-43}$$

可得经济水头损失公式：

$$h_{ij}=\frac{(q_{ij}^{\frac{m}{m}}l_{ij}^{\frac{a+m}{m}})^{\frac{m}{a+m}}}{(AQx_{ij})^{\frac{m}{a+m}}}=\frac{(q_{ij}^{a+m}l_{ij})x_{ij}^{-\frac{m}{a+m}}}{(AQ)^{\frac{m}{a+m}}} \tag{7-44}$$

按照 $D_{ij}=\left(\dfrac{kq_{ij}^{n}l_{ij}}{h_{ij}}\right)^{\frac{1}{m}}$ 的关系代入式（7-44），即得水泵供水时的经济管径公式：

$$D_{ij}=k^{\frac{1}{m}}A^{\frac{1}{a+m}}(x_{ij}Qq_{ij}^{n})^{\frac{1}{a+m}} \tag{7-45}$$

将公式（7-39）改写为：

$$A=\frac{mP}{\left(\dfrac{p}{100}+\dfrac{1}{t}\right)b\alpha k^{\frac{a}{m}}}=\frac{mPk}{\left(\dfrac{p}{100}+\dfrac{1}{t}\right)b\alpha}k^{-\frac{a+m}{m}}=fk^{-\frac{a+m}{m}}$$

得出经济因素：

$$f=Ak^{\frac{a+m}{m}} \tag{7-46}$$

将上式代入式（7-45）得经济管径公式：

$$D_{ij}=(fx_{ij}Qq_{ij}^{n})^{\frac{1}{a+m}} \tag{7-47}$$

式中 Q──进入管网的总流量；

q_{ij}──管段流量；

x_{ij}──管段虚流量。

式（7-47）即为起点水压未给时或需求出二级泵站扬程时的环状网经济管径公式。适用于图 7-2 所示的压力输水管，因各管段的 $x_{ij}=1$，沿线有流量输出，$Q \neq q_{ij}$。而压力输水管沿线无流量输出时，因 $Q=q_{ij}$，即可化为式（7-17）。

据式（7-44）或式（7-47）可知，因已按照连续性方程 $q_i + \sum q_{ij}=0$ 的条件分配流量而得 q_{ij}，f 和 Q 也是已知值，因此在求各管段的经济水头损失或经济管径时，只须求出 x_{ij} 值。

每环中各管段的水头损失应满足能量方程，从式（7-44）得：

$$\sum h_{ij} = \sum \frac{(q_{ij}^{\frac{m}{a+m}} l_{ij}) x_{ij}^{-\frac{m}{a+m}}}{(AQ)^{\frac{m}{a+m}}} = 0 \tag{7-48}$$

由于各管段的 $(AQ)^{\frac{m}{a+m}}$ 值相同，因此只须满足以下条件：

$$\sum (q_{ij}^{\frac{m}{a+m}} l_{ij}) x_{ij}^{-\frac{m}{a+m}} = 0 \tag{7-49}$$

上式中各管段的流量 q_{ij} 和长度 l_{ij} 为已知，问题转化为解虚流量 x_{ij} 方程。

如与管网水力计算时须满足连续性方程 $q_i + \sum q_{ij}=0$ 和能量方程 $\sum h_{ij}=0$ 的条件相对照，可将管网起始节点 $\sum x_{ij}=1$，其余节点 $\sum x_{ij}=0$ 的关系，看成是虚流量的节点流量平衡条件，而将式（7-49）看作是虚环内虚水头损失平衡的条件，因此相应地将式（7-49）括号中的数值 $q_{ij}^{\frac{m}{a+m}} l_{ij}$ 称为虚阻力，用 S_Φ 表示，总和号内的数值称为虚水头损失，以 $h_{\Phi ij}$ 表示，得：

$$h_{\Phi ij} = S_\Phi x_{ij}^{-\frac{m}{a+m}} = q_{ij}^{\frac{m}{a+m}} l_{ij} x_{ij}^{-\frac{m}{a+m}} \tag{7-50}$$

比较式（7-44）和式（7-50），可见虚水头损失 $h_{\Phi ij}$ 为经济水头损失 h_{ij} 的 $(AQ)^{\frac{m}{a+m}}$ 倍，即：

$$h_{\Phi ij} = (AQ)^{\frac{m}{a+m}} h_{ij} \tag{7-51}$$

求虚流量 x_{ij} 时须先进行虚流量分配，分配时，进入虚流量的节点和虚流量方向与实际流量分配时相同，即除起点外，其余节点应符合 $\sum x_{ij}=0$ 的条件。按虚流量进行计算时，应同时满足每一节点的 $\sum x_{ij}=0$ 和每一虚环的 $\sum h_{\Phi ij}=0$ 的条件。环 l 的虚流量的校正流量可按下式计算：

$$\Delta x_l = \frac{\sum q_{ij}^{\frac{m}{a+m}} l_{ij} x_{ij}^{-\frac{m}{a+m}}}{\frac{m}{a+m} \sum \left| q_{ij}^{\frac{m}{a+m}} l_{ij} x_{ij}^{-\frac{a+2m}{a+m}} \right|} \tag{7-52}$$

求得各管段的 x_{ij} 值后，代入式（7-44）或式（7-47），即得该管段的经济水头损失或经济管径。因为管网计算在流量已分配条件下进行，从本章 7.1 可知，得到的是经济管径。如求得的经济管径不等于标准管径，须选用规格相近的标准管径。

7.3.2 起点水压已给的重力式管网

水源位于高地（例如蓄水库）依靠重力供水的管网，或从现有管网接出的扩建管网，都可以看作是起点水压已给的管网。求经济管径时须满足每环 $\sum h_{ij}=0$ 的水力条件和充分利用现有水压尽量降低管网造价的条件。求重力式管网的经济管径时可略去供水所需动力费用一项。例如图 7-7 所示的重力供水管网，因管网起点 1 和控制点 9 的水压标高已知，所以 1、9 两点之间管线的水头损失应小于或等于可以利用的水压 $H=H_1-H_9$，以选定管线 1-2-3-6-9 为例，有下列关系：

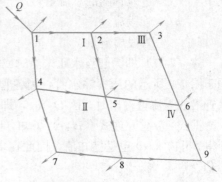

图 7-7　起点水压已给的管网

$$H=\sum h_{ij}=h_{1-2}+h_{2-3}+h_{3-6}+h_{6-9}$$

据此写出函数式如下：

$$F(h)=\left(\frac{p}{100}+\frac{1}{t}\right)\sum_{ij=1}^{12}bk^{\frac{a}{m}}q_{ij}^{\frac{m}{m}}h^{-\frac{a}{m}}l_{ij}^{\frac{a+m}{m}}+\sum_{L=1}^{\text{IV}}\lambda_L(\sum h_{ij})_L+ \tag{7-53}$$
$$\lambda_H(H-h_{1-2}-h_{2-3}-h_{3-6}-h_{6-9})$$

数学推导过程和起点水压未给的压力式管网相同，此处从略。最后得出与式（7-47）形式相似的经济管径公式，差别在于，起点水压已给的管网，经济因素 f 值不同于起点水压未给的管网，说明如下。

管段的实际水头损失 h_{ij} 和虚水头损失 $h_{\Phi ij}$ 有下列关系：

$$h_{ij}=\frac{h_{\Phi ij}}{(AQ)^{\frac{m}{a+m}}} \tag{7-51}$$

代入可利用水压 H 等于总水头损失 $\sum h_{ij}$ 的关系式中，得：

$$H=\sum h_{ij}=\frac{\sum h_{\Phi ij}}{(AQ)^{\frac{m}{a+m}}} \tag{7-54}$$

或

$$A=\frac{(\sum h_{\Phi ij})^{\frac{a+m}{m}}}{H^{\frac{a+m}{m}}Q} \tag{7-55}$$

由此得出起点水压已给的重力式环状网的经济因素 f' 为：

$$f'=Ak^{\frac{a+m}{m}}=\frac{(\sum h_{\Phi ij})^{\frac{a+m}{m}}}{H^{\frac{a+m}{m}}Q}k^{\frac{a+m}{m}}=\frac{1}{Q}\left(\frac{k\sum h_{\Phi ij}}{H}\right)^{\frac{a+m}{m}} \tag{7-56}$$

将经济因素 $f=f'$ 值代入式（7-47），得到起点水压已给管网的经济管径公式为：

$$D_{ij}=\left(\frac{k\sum h_{\Phi ij}}{H}\right)^{\frac{1}{m}}(x_{ij}q_{ij}^n)^{\frac{1}{a+m}}=\left[\frac{k\sum(q_{ij}^{\frac{m}{a+m}}l_{ij}x_{ij}^{\frac{m}{a+m}})}{H}\right]^{\frac{1}{m}}(x_{ij}q_{ij}^n)^{\frac{1}{a+m}} \tag{7-57}$$

式（7-57）括号内总和的值是指从管网起点到控制点的选定管线上，各管段虚水头损失总和，q_{ij} 表示所计算管段的流量。

由上可见，无论是起点水压未给或是已给的管网，均可用式（7-47）求经济管径，只是在求经济因素时，前者须计入动力费用而用式（7-16），后者不计入动力费用，只需充分利用现有水压而用式（7-56）。

在管网优化计算时，起点水压已给的管网，也须先求出各管段的虚流量 x_{ij}。虚流量的平差方法和起点水压未给的管网相同。然后求出从管网起点到控制点的选定管线上的虚水头损失总和 $\sum h_{\Phi ij}$，各管段分配的流量 q_{ij} 以及可以利用的水压 H，代入式（7-57）即得经济管径。

7.4 近似优化计算

因为管网计算时各管段流量本身的精确度有限，而且计算所得的经济管径往往不是标准管径，所以可用近似的优化计算方法，在保证应有精度的前提下选择管径，以减轻计算工作量。

压力式管网的近似计算方法仍以经济管径公式（7-45）为依据，分配虚流量时须满足 $\sum x_{ij} = 0$ 的条件，但不进行虚流量平差。用近似优化法计算得出的管径，只是个别管段与精确算法的结果不同。为了进一步简化计算，还可使每一管段的 $x_{ij} = 1$，就是将它看作是与管网中其他管段无关的单独工作管段，由此算出的管径，对于距离二级泵站较远的管段，误差较大。

为了求出单独工作管段的经济管径，可应用界限流量的概念。

按经济管径公式（7-17）求出的管径，并不一定是市售的标准管径。由于市售水管的标准管径分档较少，因此，每种标准管径不仅有相应的最经济流量，并且有其经济的界限流量范围，在此范围内用这一管径都是经济的，如果超出界限流量范围就须采用大一号或小一号的标准管径。

为求出各种标准管径的界限流量，可将相邻两档标准管径 D_{n-1} 和 D_n 分别代入年费用折算值式（7-5），并取式（5-22）中的 $n=2$，得：

$$W_{n-1} = \left(\frac{p}{100} + \frac{1}{t}\right) b D_{n-1}^a l_{n-1} + P k q_1^3 l_{u-1} D_{n-1}^{-m} \tag{7-58}$$

$$W_n = \left(\frac{p}{100} + \frac{1}{t}\right) b D_n^a l_n + P k q_1^3 l_n D_n^{-m} \tag{7-59}$$

按相邻两档管径的年折算费用相等条件，即从 $W_{n-1} = W_n$，可得（管段长度 l 相同）：

$$b\left(\frac{p}{100} + \frac{1}{t}\right)(D_n^a - D_{n-1}^a) = P k q_1^3 (D_{n-1}^{-m} - D_n^{-m}) \tag{7-60}$$

化简后得 D_{n-1} 和 D_n 两档管径的界限流量 q_1 为：

$$q_1 = \left(\frac{m}{fa}\right)^{\frac{1}{3}} \left(\frac{D_n^a - D_{n-1}^a}{D_{n-1}^{-m} - D_n^{-m}}\right)^{\frac{1}{3}} \tag{7-61}$$

q_1 为 D_{n-1} 的上限流量，又是 D_n 的下限流量，流量为 q_1 时，选用 D_{n-1} 或 D_n 管径都是经济的。

以同样方法，可从相邻标准管径 D_n 和 D_{n+1} 的年费用折算值 W_n 和 W_{n+1} 相等的条件求出界限流量 q_2。这时 q_2 是 D_n 的上限流量，又是 D_{n+1} 的下限流量。对标准管径 D_n 来说，界限流量在 q_1 和 q_2 之间，即在管段流量 q_1 和 q_2 范围内，选用管径 D_n 都是经济的。如果流量恰好等于 q_1 或 q_2，则因两种管径的年折算费用相等，都可选用。标准管径的分档规格越少，则每种管径的界限流量范围越大。

城市的管网建造费用、电价、用水量和所用水头损失公式等各有不同，所以不同城市的界限流量不同，决不能任意套用。即使同一城市，管网建造费用和动力费用等也有变化，因此，必须根据当地的经济指标和所用水头损失公式，求出 f、k、α、m 等值，代入式（7-61）中，确定各档管径的界限流量。

设 $x_{ij}=1$，$\dfrac{\alpha}{m}=\dfrac{1.8}{5.33}$ 和 $f=1$，代入式（7-61），即得界限流量，见表 7-2。例如 150mm 管径和 200mm 管径的界限流量为：

$$q=\left(\frac{5.33}{1.8\times1}\right)^{\frac{1}{3}}\left(\frac{0.2^{1.8}-0.15^{1.8}}{0.15^{-5.33}-0.2^{-5.33}}\right)^{\frac{1}{3}}=0.015\mathrm{m^3/s}=15\mathrm{L/s}$$

如经济因素 f 不等于 1 时，必须将该管段流量换算为折算流量后，再查表 7-2 得经济管径。

计算折算流量的公式为：

$$q_0=\left(f\frac{Qx_{ij}}{q_{ij}}\right)^{\frac{1}{3}}q_{ij} \tag{7-62}$$

式中　f——经济因素，式（7-16）；

　　　Q——进入管网的总流量，L/s；

　　　x_{ij}——该管段的虚流量，L/s；

　　　q_{ij}——该管段流量，L/s。

对于单独的管段，即不考虑与管网中其他管段的联系时，因 $x_{ij}=1$，$Q=q_{ij}$，折算流量为：

$$q_0=\sqrt[3]{f}q_{ij} \tag{7-63}$$

式（7-62）和式（7-63）的区别在于，前者考虑管网内各管段之间的相互关系，此时须通过管网优化计算求得管段的 x_{ij} 值；而后者指单独工作的管线，并不考虑该管段与管网中其他管段的关系。根据上两式求得的折算流量 q_0，查表 7-2 即得经济的标准管径。

界限流量表　　　　　　　　　　　　　　　　　　　　　　　　表 7-2

管径 （mm）	界限流量 （L/s）	管径 （mm）	界限流量 （L/s）	管径 （mm）	界限流量 （L/s）
100	<9	350	68～96	700	355～490
150	9～15	400	96～130	800	490～685
200	15～28.5	450	130～168	900	685～822
250	28.5～45	500	168～237	1000	822～1120
300	45～68	600	237～355		

思考题与习题

1. 什么是年费用折算值？如何导出水泵供水时管网的年费用折算值公式？

2. 为什么流量分配后才可求得经济管径？

3. 压力输水管的经济管径公式是根据什么概念导出的？

4. 重力输水管的经济管径公式是根据什么概念导出的？

5. 经济因素 f 和哪些技术经济指标有关? 各城市的 f 值可否任意套用?

6. 重力输水管如有不同流量的管段, 它们的流量和水头损失之间有什么关系?

7. 说明经济管径 $D_{ij}=(fx_{ij}Qq_{ij}^{n})^{\frac{1}{a+m}}$ 公式的推导过程。

8. 起点水压已知和未知的两种管网, 求经济管径的公式有哪些不同?

9. 怎样应用界限流量表?

10. 重力输水管由 $l_{1-2}=300m$, $q_{1-2}=100L/s$; $l_{2-3}=250m$; $q_{2-3}=80L/s$; $l_{3-4}=200m$, $q_{3-4}=40L/s$ 三管段组成, 设起端和终端的水压差为 $H_{1-4}=H_1-H_4=8m$, $n=1.852$, $m=4.87$, $\alpha=1.7$, 试求各管段的经济直径。

11. 设压力式管网的经济因素 $f=0.86$, $x_{ij}=1$, $\dfrac{\alpha}{m}=\dfrac{1.7}{4.87}$, 试求 300mm 和 400mm 两种管径的界限流量。

12. 用表 7-3 数据求承插式球墨铸铁管的水管建造费用公式 $c=a+bD^{\alpha}$ 中的 a, b, α 值。

球墨铸铁管造价 表 7-3

管径 $D(mm)$	500	600	700	800	900	1000	1200
造价 c(元/m)	1250	1555	1811	2406	2710	3200	4250

第8章 分区给水系统

8.1 概　述

分区给水一般是将整个给水系统分成几区，每区有独立的泵站和管网等，但各区之间有适当的联系，以保证供水可靠和调度灵活。分区给水的原因，从技术上是使管网的水压不超过水管可以承受的压力，以免损坏水管和附件，并可减少漏水量；经济上的原因是降低供水能量费用。在给水区很大、城区地形高差显著、或长距离输水时，都有可能考虑分区给水问题。

图 8-1 表示给水区地形起伏、高差很大时采用的分区给水系统。其中图 8-1 （a）是由同一泵站内的低压和高压水泵分别供给低区②和高区①用水，这种形式叫做并联分区。它的特点是各区用水分别供给，比较安全可靠；各区水泵集中在一个泵站内，管理方便；但增加了输水管长度和造价，又因输水到高区的水泵扬程高，需用耐高压的输水管等。图 8-1 （b）中，高、低两区用水均由低区泵站 2 供给，但高区用水再由高区泵站 4 加压，这种形式叫做串联分区。大城市的管网往往由于城市面积大、管线延伸很长，以致管网水头损失过大，为了提高管网边缘地区的水压，因此在管网中间设加压泵站或水库泵站加压，也是串联分区的一种形式。

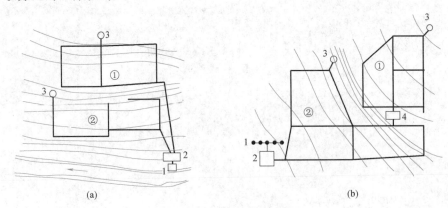

图 8-1　分区给水系统

（a）并联分区；（b）串联分区

①高区；②低区；1—取水构筑物；2—水处理构筑物和二级泵站；3—水塔或水池；4—高区泵站

图 8-2 表示长距离重力输水管，从水库 A 输水至水池 B。为防止水管承受压力过高，将输水管适当分段（即分区），在分段处建造水池，以降低管网的水压，保证工作正常。这种输水管如不分段，且全线采用相同的管径，则水力坡降为 $i = \dfrac{\Delta Z}{L}$，这时部分管线所承受的压力很高，可是在地形高于水力坡线之处，例如 D 点，又使管中出现负压，显然是

不合理的。如将长距离输水管分成 3 段，并在 C 和 D 处建造水池，则 C 点附近水管的工作压力有所下降，D 点也不会出现负压，大部分管线的静水压力将显著减小，这是一种重力给水分区系统。

输水管分段并在适当位置建造水池后，不仅可以降低输水管的工作压力，并且可以降低输水管各点的静水压力，使各区的静水压不超过 h_1、h_2 和 h_3，因此是经济合理的，水池应尽量布置在地形较高的地方，以免出现虹吸管段。

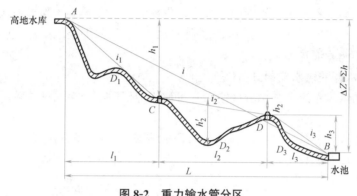

图 8-2　重力输水管分区

8.2　分区给水的供水能量分析

图 8-3 所示的给水区，假设地形从泵站起均匀升高。水由泵站经输水管供水到管网，这时管网中的水压以靠近泵站处为最高。设给水区的地形高差为 ΔZ，管网要求的最小服务水头为 H，最高用水时管网的水头损失为 $\sum h$，则管网中的最高水压等于：

$$H' = \Delta Z + H + \sum h \tag{8-1}$$

考虑到输水管的水头损失，泵站扬程 H'_p 应大于 H'。

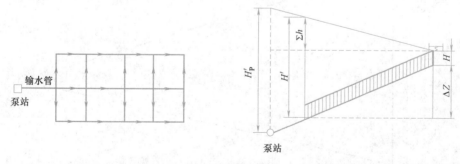

图 8-3　管网水压

城市管网能承受的最高水压 H'，由水管材料和接口形式而定。铸铁管虽能承受较高的水压，但为使用安全和管理方便起见，水压最好不超过 $490 \sim 590 \mathrm{kPa}$（约 $50 \sim 60 \mathrm{mH_2O}$）。最小服务水头 H 由给水区的房屋层数确定。管网的水头损失 $\sum h$ 根据管网水力计算决定。当管网延伸很远，例如上海很多水厂的供水距离为 $15 \sim 20 \mathrm{km}$，这时即使地形平坦，也因管网水头损失过大，而须在管网中途设置水库泵站或加压泵站，形成分区给水系统。因此根据式（8-1）可以求出地形高差 ΔZ，由此可在地形图上初步定出分区界线。这是由于限制管网的水压而从技术上采取分区的给水系统。多数情况下，除了技术上的因素外，还由于经济上的考虑而采用分区给水系统，目的是降低供水的动力费用。这时，需对管网进行能量分析，找出哪些是浪费的能量，分区后如何减少这部分能量，以此作为选择分区给水的依据。

给水系统的管理费用中，供水所需动力费用是很大的，它在给水成本中占有很大的比例。所以从给水能量利用程度上来评价分区给水系统，是有实际意义的。因为泵站扬程根据控制点所需最小服务水头和管网中的水头损失确定，除了控制点附近地区外，大部分给水区的管网水压高于实际所需的水压，多余的水压消耗在用户给水龙头的局部水头损失上，因此产生了能量浪费。

8.2.1 输水管的供水能量分析

规模相同的给水系统，采用分区给水常可比未分区时减小泵站的总功率，降低输水能量费用。

以图 8-4 的输水管 5-4-3-2-1 为例，各管段的流量 q_{ij} 和管径 D_{ij} 随着与泵站（设在节点5处）距离的增加而减小。未分区时泵站供水所需的总能量 E 等于：

$$E = \rho g q_{4\text{-}5} H \tag{8-2}$$

或

$$E = \rho g q_{4\text{-}5} (Z_1 + H_1 + \sum h_{ij}) \tag{8-3}$$

式中　$q_{4\text{-}5}$ —— 泵站总供水量，L/s；

Z_1 —— 控制点地面高出泵站吸水井水面的高度，m；

H_1 —— 控制点所需最小服务水头，m；

$\sum h_{ij}$ —— 从控制点到泵站的管线总水头损失，m；

ρ —— 水的密度，kg/L；

g —— 重力加速度，9.81m/s²。

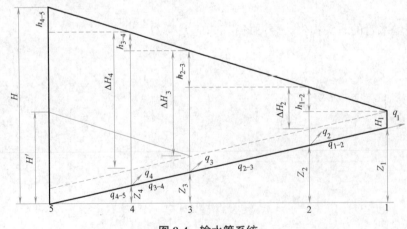

图 8-4　输水管系统

泵站供水总能量 E 由三部分组成：

（1）保证最小服务水头所需的能量

$$E_1 = \sum_{i=1}^{4} \rho g(Z_i + H_i)q_i = \rho g(H_1 + Z_1)q_1 + \rho g(H_2 + Z_2)q_2 \tag{8-4}$$
$$+ \rho g(H_3 + Z_3)q_3 + \rho g(H_4 + Z_4)q_4$$

90

（2）克服水管摩阻所需的能量

$$E_2 = \sum_{i=1}^{4} \rho g q_{ij} h_{ij} = \rho g q_{1\text{-}2} h_{1\text{-}2} + \rho g q_{2\text{-}3} h_{2\text{-}3} +$$

$$\rho g q_{3\text{-}4} h_{3\text{-}4} + \rho g q_{1\text{-}5} h_{4\text{-}5}$$
(8-5)

（3）未利用的能量

因各用水点的过剩水压而浪费的能量：

$$E_3 = \sum_{i=2}^{4} \rho g q_i \Delta H_i = \rho g (H_1 + Z_1 + h_{1\text{-}2} - H_2 - Z_2) q_2 +$$

$$\rho g (H_1 + Z_1 + h_{1\text{-}2} + h_{2\text{-}3} - H_3 - Z_3) q_3 +$$

$$\rho g (H_1 + Z_1 + h_{1\text{-}2} + h_{2\text{-}3} + h_{3\text{-}4} - H_4 - Z_4) q_4$$
(8-6)

式中　ΔH_i——过剩水压。

单位时间内水泵的总能量等于上述三部分能量之和：

$$E = E_1 + E_2 + E_3$$
(8-7)

总能量中只有保证最小服务水头的能量 E_1 得到有效利用。由于给水系统设计时，泵站流量和控制点所需水压已定，所以 E_1 不能减小。

第二部分能量 E_2 消耗于输水过程不可避免的水头损失。为了降低这部分能量，必须减小管段的水头损失 h_{ij}，其措施是适当放大管径，所以并不是一种经济的解决办法。

第三部分能量 E_3 未能有效利用，属于浪费的能量，这是集中给水系统无法避免的缺点，因为泵站必须将全部流量按用户所需的水压输送。

集中（未分区）给水系统中供水能量利用的程度，可用必须消耗的能量占总能量的比例来表示，称为能量利用率：

$$\varPhi = \frac{E_1 + E_2}{E} = 1 - \frac{E_3}{E}$$
(8-8)

从上式看出，为了提高输水能量利用率，只有设法降低未有效利用的能量 E_3 值，这就是从经济上考虑管网分区的原因。

图 8-4 的输水管分区时，为了确定分区界线和各区的泵站位置，须绘制能量分配图。如图 8-5 所示，将节点流量 q_1、q_2、q_3、q_4 等值顺序按比例绘在横坐标上。各管段流量可从节点流量求出，例如管段 3-4 的流量 $q_{3\text{-}4}$ 等于 $q_1 + q_2 + q_3$，泵站的供水量即管段 4-5 的流量 $q_{4\text{-}5}$ 等于 $q_1 + q_2 + q_3 + q_4$ 等。

在图 8-5 的纵坐标上按比例绘出各节点的地面标高 Z_i 和所需最小服务水头 H_i，由此得到若干以 q_i 为底、$H_i + Z_i$ 为高的矩形面积，这些面积的总和等于保证最小服务水头所需的能量，即图 8-5 中的 E_1 部分。

为了供水到控制点 1，泵站 5 的扬程应为：

$$H = H_1 + Z_1 + \sum h_{ij}$$

式中，$\sum h_{ij}$ 为泵站到控制点的管线各管段水头损失总和，在纵坐标上再绘出各管段的水头损失 $h_{1\text{-}2}$、$h_{2\text{-}3}$、$h_{3\text{-}4}$、$h_{4\text{-}5}$ 等，纵坐标总高度为 H。

因此，每一管段流量 q_{ij} 和相应水头损失 h_{ij} 所形成的矩形面积总和，等于克服水头损失所需的能量，即图 8-5 中的 E_2 部分。

由于泵站总能量数值为 $q_{4\text{-}5} H$，所以除了 E_1 和 E_2 外，其余部分面积就是无法利用而浪费的能量。它等于以 q_i 为底，过剩水压 ΔH_i 为高的矩形面积之和，在图 8-5 中用 E_3 表示。

以下进一步分析分区给水后对减少未有效利用能量 E_3 的作用。

假定在图 8-4 节点 3 处设加压泵站，将输水管分成两区，分区后，泵站 5 的扬程只须满足节点 3 处的最小服务水头，因此可从未分区时的 H 降低到分区后的 H'。从图看出，此时过剩水压 ΔH_3 消失，ΔH_4 减小，因而减小了一部分未利用的能量。能量减小值如图 8-5 中阴影部分面积所示，等于：

$$(Z_1+H_1+h_{1\text{-}2}+h_{2\text{-}3}-Z_3-H_3)(q_3+q_4)=\Delta H_3(q_3+q_4)$$

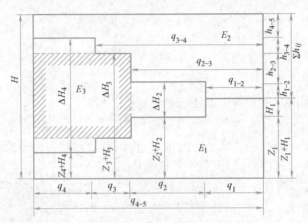

图 8-5　泵站供水能量分配图

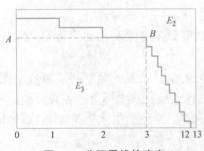

图 8-6　分区界线的确定

但是，当整条输水管的管径和流量相同时，即沿线无流量分出时，分区后非但不能降低能量费用，甚至基建和设备等项费用反而增加，管理也趋于复杂。这时只有在输水距离远、管内的水压过高时，才考虑分区。

图 8-6 为位于平地上的输水管线能量分配图按图 8-5 的方法得出。因沿线各点（0-13）的配水流量不均匀，从能量图上可以找出最大可能节约的能量为 $0AB30$ 矩形面积。因此加压泵站可考虑设在节点 3 处，节点 3 将输水管分成两区。

长距离输水管是否分区，分区后设多少泵站等问题，须通过方案的技术经济比较才可确定。

8.2.2　管网的供水能量分析

再来研究图 8-7 所示城市给水管网的能量利用情况。假定给水区地形从泵站起均匀升高，全区用水量均匀，要求的最小服务水头相同，设管网的总水头损失为 $\sum h$，泵站吸水井水面与控制点地面的标高差为 ΔZ。未分区时，泵站的流量为 Q，扬程为：

$$H_p=\Delta Z+H+\sum h \tag{8-9}$$

如果等分成为两区，则第 I 区管网的水泵扬程为：

$$H_1=\frac{\Delta Z}{2}+H+\frac{\sum h}{2} \tag{8-10}$$

如第Ⅰ区的最小服务水头 H 与泵站总扬程 H_p 相比极小时，则 H 可以略去不计，得：

$$H_1 = \frac{\Delta Z}{2} + \frac{\sum h}{2} \tag{8-11}$$

第Ⅱ区泵站能利用第Ⅰ区的水压 H 时，则该区的泵站扬程 $H_{\mathbb{II}}$ 等于 $\frac{\Delta Z}{2} + \frac{\sum h}{2}$。所以等分成两区后，所节约的能量为 $\frac{Q}{2}\left(\frac{\Delta Z + H + \sum h}{2}\right)$，如图 8-8 的阴影部分矩形面积所示，即比不分区时最多可以节约 1/4 的供水能量。

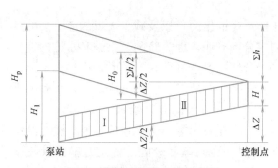

图 8-7　管网系统供水能量分析

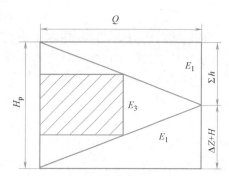

图 8-8　管网分区供水能量分析

由此可见，对于沿线流量均匀分配的管网，最大可能节约的能量为 E_3 部分中的最大内接矩形面积，相当于将加压泵站设在给水区中部的情况。也就是分成相等的两区时，可使浪费的能量减到最少。

依此类推，当给水系统分成 n 区时，供水能量如下：

1. 串联分区时，根据全区用水量均匀的假定，则各区的用水量分别为 Q，$\frac{n-1}{n}Q$，$\frac{n-2}{n}Q$，…，$\frac{Q}{n}$，各区的水泵扬程为 $\frac{H_P}{n} = \frac{\Delta Z + \sum h}{n}$，分区后的供水能量等于：

$$
\begin{aligned}
E_n &= Q\frac{H_p}{n} + \frac{n-1}{n}Q\frac{H_p}{n} + \frac{n-2}{n}Q\frac{H_p}{n} + \cdots + \frac{Q}{n}\frac{H_p}{n} \\
&= \frac{1}{n^2}[n + (n-1) + (n-2) + \cdots + 1]QH_p \\
&= \frac{1}{n^2}\frac{n(n+1)}{2}QH_p = \frac{n+1}{2n}QH_p \\
&= \frac{n+1}{2n}E
\end{aligned} \tag{8-12}
$$

式中，$E = QH_p$ 为未分区时供水所需总能量。

等分成两区时，因 $n=2$，代入式（8-12），得 $E_2 = \frac{3}{4}QH$，即较未分区时节约 1/4 的能量。分区数越多，能量节约越多，但最多只能节约 1/2 的能量。

2. 并联分区时，各区的流量等于 $\frac{Q}{n}$，各区的泵站扬程分别为 H_p，$\frac{n-1}{n}H_p$，$\frac{n-2}{n}H_p$，…，$\frac{H_p}{n}$。分区后的供水能量为：

$$E_n = \frac{Q}{n}H_p + \frac{Q}{n}\frac{n-1}{n}H_p + \frac{Q}{n}\frac{n-2}{n}H_p + \cdots + \frac{Q}{n}\frac{H_p}{n}$$

$$= \frac{1}{n^2}[n+(n-1)+(n-2)+\cdots+1]QH_p = \frac{n+1}{2n}E$$

(8-13)

从经济上来说，无论串联分区（式（8-12））或并联分区（式（8-13）），分区后可以节省的供水能量相同。

8.3 分区给水系统的设计

前已述及，为使管网水压不高于水管所能承受的压力，以及减少无形的能量浪费，可采用分区给水。一般按节约能量的多少来划定分区界线，因为管网、泵站和水池的造价不大受到分界线位置变动的影响，所以考虑是否分区以及选择分区形式时，应根据地形、水源位置、用水量分布等具体条件，拟定若干方案，进行比较。管网分区后将增加管网系统的造价，如所节约的能量费用多于所增加的造价，则可考虑分区给水。就分区形式来说，并联分区的优点是各区用水由同一泵站供给，供水比较可靠，管理也较方便，整个给水系统的工作情况较为简单，设计条件易与实际情况一致。串联分区的优点是输水管长度较短，可用扬程较低的水泵和低压管。因此在选择分区形式时，应考虑到并联分区会增加输水管造价，串联分区将增加泵站的造价和管理费用。

城市地形对分区形式的影响是，当城市狭长发展时，采用并联分区较宜，因增加的输水管长度不多，可是高、低两区的泵站可以集中管理，如图 8-9（a）所示。与此相反，城市垂直于等高线方向延伸时，串联分区更为适宜，如图 8-9（b）所示。

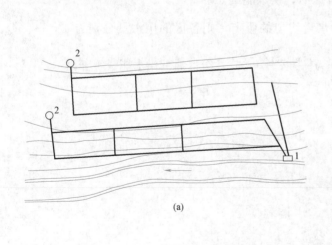
(a)

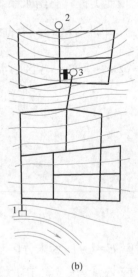
(b)

图 8-9 城市延伸方向与分区形式选择

（a）并联分区；（b）串联分区

1—水厂；2—水塔或高地水池；3—加压泵站

水厂位置往往影响到分区形式，如图 8-10（a）中，水厂靠近高区时，宜用并联分区。水厂远离高区时，采用串联分区较好，如图 8-10（b）所示，以免到高区的输水管过长，增加造价。

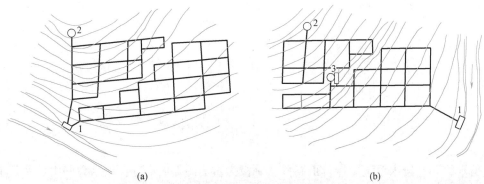

(a)   (b)

图 8-10　水源位置与分区形式选择

(a) 并联分区；(b) 串联分区

1—水厂；2—水塔或高地水池；3—加压泵站

在分区给水系统中，可以采用高地水池或水塔作为水量调节设备。调节容量相同时，高地水池的造价比水塔便宜。但水池标高应保证该区所需的水压，采用水塔或水池须通过方案比较后确定。

思　考　题

1. 在哪些情况下给水系统需要考虑分区给水？

2. 分区给水有哪些基本形式？各有哪些优缺点？

3. 泵站供水时所需的能量由几部分组成？分区给水后可以节约哪部分能量，哪些能量不能节约？

4. 泵站供水能量分配图是如何绘制的？

5. 输水管全长的流量不变时，能否用分区给水方式降低能量？

6. 给水系统分成两区时，较未分区系统最多可节约多少能量？

7. 特大城市如地形平坦，管网延伸很远，是否有考虑分区给水的必要，为什么？

第9章　水管、管网附件和附属构筑物

9.1　水管材料和附件

给水管网是给水系统中造价最高并且是极为重要的组成部分。给水管网由一系列水管和配件连接而成。水管为工厂现成产品，运到施工工地后进行埋管和接口。

按照水管工作条件，水管性能应满足下列要求：

（1）有足够的强度，可以承受各种内外荷载。

（2）水密性，它是保证管网有效而经济地工作的重要条件。如因管线的水密性差以至经常漏水，无疑会增加管理费用和导致经济上的损失。同时，管网漏水严重时也会冲刷地层而引起严重事故。

（3）水管内壁面应光滑以减小水头损失。

（4）价格较低，使用年限较长，并且有较高的防止水和土壤的侵蚀能力。

此外，水管接口应施工简便，工作可靠。

水管可分金属管（铸铁管和钢管等）和非金属管（预应力钢筋混凝土管、玻璃钢管、塑料管等）。水管材料的选择，取决于能承受的水压、外部荷载、埋管的土壤条件、供应情况等。现将各种管材的性能分述如下。

9.1.1　铸铁管

铸铁管按材质可分为灰口铸铁管和球墨铸铁管。

连续铸铁管或称灰口铸铁管，有较强的耐腐蚀性，由于连续铸管工艺的缺陷，质地较脆，抗冲击和抗振能力较差，质量较大，且经常发生接口漏水，水管断裂和爆管事故，给生产带来很大的损失，已趋于淘汰。

铸铁管接口有两种形式：承插式和法兰式。水管接口应紧密不漏水且稍带柔性，特别是沿管线的土质不均匀而有可能发生沉陷时。

承插式接口适用于埋地管线，安装时将插口插入承口内，两口之间的环形空隙用接口材料填实，接口时施工麻烦，劳动强度大。接口材料一般可用橡胶圈、膨胀性水泥或石棉水泥，特殊情况下也可用青铅接口。

法兰接口的优点是接头严密，检修方便，常用以连接泵站内或水塔的进、出水管。为使接口不漏水，在连接两条水管的法兰盘之间嵌以3～5mm厚的橡胶垫片。

在管线转弯、分支、管径变化以及连接其他附属设备处，须采用各种标准管配件。例如承接分支管用丁字管和十字管；管线转弯处采用各种角度的弯管；变换管径处采用渐缩管；改变接口形式处采用短管，如连接法兰式和承插式铸铁管处用承盘短管；即短管的一头为承插式，另一头为法兰式；还有修理管线时用的配件，接消火栓用的配件等。

球墨铸铁管既具有灰口铸铁管的许多优点，而且机械性能有很大提高，其强度是灰口铸铁管的多倍，抗腐蚀性能远高于钢管，因此是理想的管材，但价格较高，目前在给水工程中的使用量在快速增长。球墨铸铁管的重量较轻，很少发生爆管、渗水和漏水现象，可以减少管网漏损率和管网维修费用。

球墨铸铁管采用推入式楔形胶圈柔性接口，也可用法兰接口，施工安装方便，接口的水密性好，有适应地基变形的能力，抗振效果也好。

9.1.2 钢管

钢管有无缝钢管和焊接钢管两种。钢管的特点是能耐高压、耐振动、重量较轻、单管的长度大和接口方便，但承受外部荷载的稳定性差，耐腐蚀性差，管壁内外都需有防腐措施，并且造价较高。在给水管网中，通常只在管径大和水压高处，以及因地质、地形条件限制或穿越铁路、河谷和地震地区时使用。

钢管用焊接或法兰接口。所用配件如丁字管、十字管、弯管和渐缩管等，由钢板卷焊而成，也可直接用标准铸铁配件连接。

9.1.3 预应力和自应力钢筋混凝土管

预应力钢筋混凝土管分普通和加钢套筒两种，其特点是造价低，抗振性能强，管壁光滑，水力条件好，耐腐蚀，爆管率低，但质量大，不便于运输和安装。预应力钢筋混凝土管在连接阀门、弯管、排气、放水等附件处，须采用钢制配件。

预应力钢筒混凝土管是目前国内外应用较多的管材，它是在预应力钢筋混凝土管芯内夹有一层钢筒，然后在环向加预应力钢丝和混凝土构成复合管材。其用钢量比钢管省，价格比钢管便宜。因价格较贵，重量较大，不大适用于地形变化和交通不便的地区，多用于大型输水工程中，接口为承插式，承口环和插口环均用扁钢压制成型，与钢筒焊成一体，接口密封性好。

自应力钢筋混凝土管可用在郊区或农村等水压较低的次要管线上。

9.1.4 玻璃钢管

玻璃钢管（GRP）是一种新型的非金属管，适用于大、中型输水管。它耐腐蚀，不结垢，能长期保持较高的输水能力，强度高，粗糙系数小。在相同使用条件下，质量只有钢材的1/4左右，是预应力钢筋混凝土管的1/5～1/10，因此便于运输和施工。但价格较高，几乎和钢管相接近。夹砂玻璃钢管（RPM）的刚性和强度更好。玻璃钢管的缺点是：要求管道基础高，以防止水管上浮和不均匀沉陷时引起的漏水。

9.1.5 塑料管

塑料管具有强度高、表面光滑、不易结垢、水头损失小、耐腐蚀、质量轻、加工和接口方便等优点，但是管材的强度较低，膨胀系数较大，用作长距离输水管时，需考虑温度补偿措施，例如安装伸缩节和活络接口。

塑料管有多种，如聚乙烯管（PE）、聚氯乙烯塑料管（PVC）、硬聚氯乙烯塑料管（UPVC）等，其中以PVC管和UPVC管的力学性能和阻燃性能好，价格较低，因此应用较广。PE管在给水中使用较多。

硬聚氯乙烯管是一种新型管材，其工作压力低于0.6MPa，用户进水管的常用管径为$DN25$和$DN50$，小区内为$DN100$～$DN200$，管径一般不大于$DN600$。管道接口在无水情况下可用胶粘剂粘接，承插式管可用橡胶圈柔性接口，也可用法兰连接。塑料管在运输和堆放过程中，应防止剧烈碰撞和阳光曝晒，以免塑料管变形和加速老化。

塑料管的水力性能较好，由于管壁光滑，在相同流量和水头损失情况下，塑料管的管径可比铸铁管小；塑料管相对密度在 1.40 左右，比铸铁管轻，又可采用橡胶圈柔性承插接口，抗振和水密性较好，不易漏水，既提高了施工效率，又可降低施工费用。

给水管多数埋在道路下，水管管顶以上的覆土深度，在不冰冻地区由外部荷载、水管强度以及与其他管线交叉情况等决定，金属管道的管顶覆土深度通常不小于 0.7m。非金属管的管顶覆土深度应大于 1～1.2m，覆土必须夯实，以免受到动荷载的作用而影响水管强度。冰冻地区的覆土深度应考虑土壤的冰冻线深度。

在土壤耐压力较高和地下水位较低处，水管可直接埋在管沟中未扰动的天然地基上。一般情况下，铸铁管、钢管、承插式钢筋混凝土管可以不设基础。在岩石或半岩石地基处，管底应垫砂铺平夯实，砂垫层厚度，金属管和塑料管至少为 100mm，非金属管道不小于 150～200mm。在土壤松软的地基处，管底应有高强度的混凝土基础。如遇流砂或通过沼泽地带时，地基承载能力达不到设计要求时，需进行基础处理，根据一些地区的施工经验，可采用各种桩基础。

9.2 管网附件

给水管网除了水管以外还应设置各种附件，以保证管网的正常工作。

管网附件主要有调节流量用的阀门，供应消防用水的消火栓，其他还有控制水流方向的单向阀，安装在管线高处的排气阀、低处的排水阀和安全阀等。

9.2.1 阀门

阀门用来调节管线中的流量或水压。阀门的布置要数量少而调度灵活。主要管线和次要管线交接处的阀门常设在次要管线上。承接消火栓的水管上要安装阀门。

阀门的口径一般和水管的直径相同，但当管径较大以致阀门价格较高时，为了降低造价，可安装口径为 0.8 倍水管直径的阀门。

阀门内上下移动的闸板有楔式和平板式两种，其移动方向与水流垂直根据阀门使用时阀杆是否上下移动，可分为明杆和暗杆两种。明杆是阀门启闭时，阀杆随之升降，因此易于掌握阀门启闭程度，适宜于安装在泵站内。暗杆适用于安装和操作地位受到限制之处，否则当阀门开启时因阀杆上升而不便于操作。

大口径的阀门由于单侧高压的关系，很难在完全关闭的状态下开启，所以直径较大的阀门配有齿轮传动装置，并在闸板两侧接以旁通阀，以减小水压差，便于启闭。开启阀门时先开旁通阀，关闭阀门时则后关旁通管和小闸阀，或者应用电动阀门以便于启闭。安装在长距离输水管上的电动阀门，应限定开启和闭合的时间，以免因启闭过快而出现水锤现象导致水管损坏。

蝶阀（图 9-1）的作用和一般阀门相同，但结构简单，开启方便，阀门内的闸板旋转 90° 就可全开或全关。蝶阀厚度较一般阀门为小，因此闸板全开时将占据上下游管道的位置，所以不能紧靠楔式和平板式阀门旁安装。蝶阀可用在中、低压管线上，例如水处理构

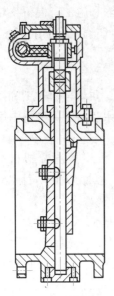

图 9-1 蝶阀

筑物和泵站内。

虽然蝶阀可以控制流量，但阀板和阀轴会增加局部水头损失，对管道清洗工作也不方便，所以有时也会避免使用。

9.2.2 止回阀

止回阀（图 9-2）是限制压力管道中的水流只能朝一个方向流动的阀门。阀门的闸板可绕轴旋转。水流方向相反时，闸板因自重和水压作用而自动关闭。止回阀一般安装在水压较大的泵站出水管上，防止因突然断电或其他事故时水流倒流而损坏水泵设备。

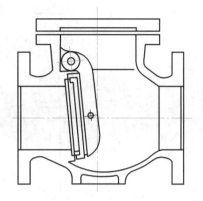

在直径较大的管线上，例如工业企业的冷却水系统中，常用多瓣阀门的单向阀，由于几个阀瓣并不同时闭合，所以能有效地减轻水锤所产生的危害。

止回阀的类型除旋启式外，微阻缓闭止回阀和液压式缓冲止回阀还有防止水锤的作用。

图 9-2　旋启式止回阀

9.2.3 排气阀和泄水阀

排气阀安装在管线的隆起部分，使管线投产时或检修后通水时，管线内空气可经此阀排出。平时用以排除从水中释出的气体，以免空气累积在管中，以致减小管道的过水断面积和增加管线的水头损失。长距离输水管一般随地形起伏敷设，在管道高处须设排气阀。

一般采用的单口排气阀如图 9-3 所示，垂直安装在管线上。排气阀口径与管线直径之比一般采用 $1:8 \sim 1:12$。排气阀放在单独的阀门井内，也可和其他配件合用一个阀门井。

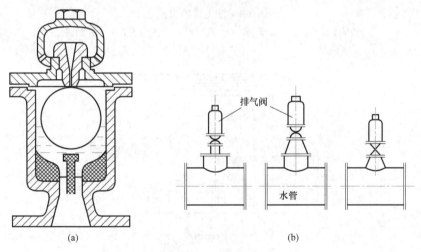

图 9-3　排气阀
（a）阀门构造；（b）安装方式

在管线的最低点须安装泄水阀，并和排水管连接，以排除水管中的沉淀物以及检修时放空水管内的存水。泄水阀和排水管的直径，由所需放空时间决定。放空时间可按一定工作水头下孔口出流公式计算。为加速排水，可根据需要同时安装进气管或进气阀。

9.2.4 消火栓

消火栓分地上式和地下式，一般，后者适用于气温较低的地区，其安装情况见图 9-4 和图 9-5。每个消火栓的流量为 10～15L/s。

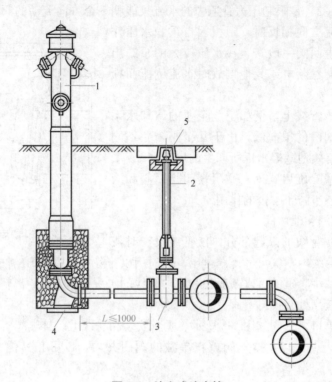

图 9-4　地上式消火栓

1—地上式消火栓；2—阀杆；3—阀门；4—弯头支座；5—阀门套筒

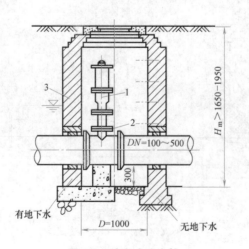

图 9-5　地下式消火栓

1—消火栓；2—消火栓三通；3—阀门井

地上式消火栓一般布置在交叉路口消防车可以驶近的地方。地下式消火栓安装在阀门井内。

9.3 管网附属构筑物

9.3.1 阀门井

管网中的附件一般安装在阀门井内。为了降低造价，附件应布置紧凑。阀门井的平面尺寸，取决于水管直径以及附件的种类和数量，但应满足阀门操作和安装拆卸各种附件所需的最小尺寸。井的深度由水管埋设深度确定。但是，井底到水管承口或法兰盘底的距离至少为0.1m，法兰盘和井壁的距离宜大于0.15m，从承口外缘到井壁的距离，应在0.3m以上，以便于接口施工。

阀门井一般用砖砌，也可用钢筋混凝土建造。

阀门井的形式根据所安装的附件类型、大小和路面材料而定。例如直径较小、位于人行道上或普通路面以下的阀门，可采用阀门套筒（图9-6），但在寒冷地区，因阀杆易被渗漏的水冻住，因而影响开启。所以一般不采用阀门套筒。安装在道路下的大阀门，可采用图9-7所示的阀门井。位于地下水位较高处的阀门井，井底和井壁应不透水，在水管穿越井壁处应保持足够的水密性。阀门井应有抗浮的稳定性。

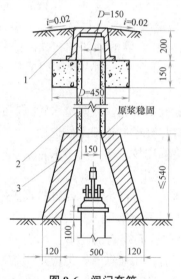

图 9-6　阀门套筒

1—铸铁阀门套筒；2—混凝土管；3—砖砌井

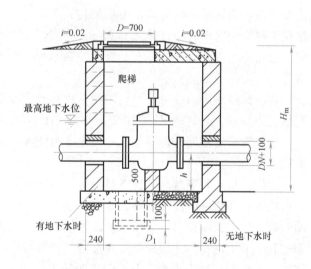

图 9-7　阀门井

9.3.2 支墩

承插式接口的管线，在弯管处、丁字管处、水管终端的盖板上以及渐缩管处，都会产生拉力，接口可能因此松动脱节而使管线漏水，因此在这些部位须设置支墩以承受拉力和防止事故。但当管径小于300mm或转弯角度小于10°，且水压力不超过980kPa时，因接口本身足以承受拉力，可不设支墩。

图9-8表示水平方向弯管的支墩构造。用砖、混凝土或浆砌块石砌成。

9.3.3 管线穿越障碍物

给水管线通过铁路、公路和河谷时，必须采取一定的措施。

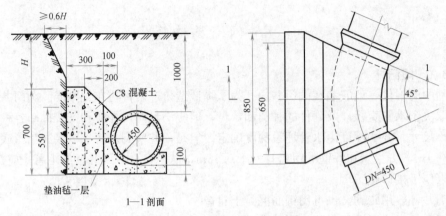

图 9-8　水平方向弯管支墩

　　管线穿越铁路时，其穿越地点、方式和施工方法，应按照有关铁道部门穿越铁路的技术规范。根据铁路的重要性，采取如下措施：穿越临时铁路或一般公路，或非主要路线且水管埋设较深时，可不设套管，但应尽量将铸铁管接口放在铁路两轨道之间，并用青铅接口，钢管则应有防腐措施；穿越较重要的铁路或交通频繁的公路时，水管须放在钢筋混凝土套管内，套管直径根据施工方法而定，大开挖施工时应比给水管直径大 300mm，顶管法施工时应较给水管的直径大 600mm。水管穿越铁路或公路时，管的顶部应在铁路路轨底或公路路面以下 1.2m 左右。管道穿越铁路时，两端应设检查井，井内设阀门或排水管等。

　　管线穿越河川山谷时，可利用现有桥梁架设水管，或敷设倒虹管，或建造水管桥，应根据河道特性、通航情况、河岸地质地形条件、过河管材料和直径、施工条件选用。

　　给水管架设在现有桥梁下穿越河流最为经济，施工和检修比较方便，通常水管架在桥梁的人行道下。

　　倒虹管从河底穿越，其优点是隐蔽，不影响航运，但施工和检修不便。倒虹管设置一条或两条，在两岸应设阀门井。阀门井顶部标高应保证洪水时不致淹没。井内有阀门和排水管等。倒虹管顶在河床下的深度，一般不小于 0.5m，但在航道线范围内不应小于 1m。倒虹管一般用钢管，并须加强防腐措施。当管径小、距离短时可用铸铁管，但应采用柔性接口。倒虹管直径按流速大于不淤流速计算，通常小于上下游连接的管线直径，以降低造价和增加流速，减少管内淤积。

　　大口径水管由于质量大，架设在桥下有困难时，或当地无现成桥梁可利用时，可建造水管桥，架空跨越河道。水管桥应有适当高度以免影响航运。架空管一般用钢管或铸铁管，为便于检修可以用青铅接口，也有采用承插式预应力钢筋混凝土管。在过桥水管或水管桥的最高点，应安装排气阀，并且在过桥水管两端设置伸缩接头。在冰冻地区应有适当的防冻措施。

　　钢管过河时，本身也可作为承重结构，称为拱管，施工简便，并可节省架设水管桥所需的支承材料。一般拱管的矢高和跨度比约为 1/6～1/8，常用的是 1/8。拱管一般由每节长度为 1～1.5m 的短管焊接而成，焊接的要求较高，以免吊装时拱管下垂或开裂。拱管在两岸有支座，以承受作用在拱管上的各种作用力。

9.3.4 管网节点详图

管网设计时，须先在管网图上确定阀门、消火栓、排气阀等主要附件的位置，布置必须合理，然后选定节点上的管配件。

在施工图中应绘节点详图。图中用标准符号绘出节点上的配件和附件，如消火栓、弯管、渐缩管、阀门等。特殊的配件也应在图中注明，便于加工。设在阀门井内的阀门和地下式消火栓应在图上表示。阀门的大小和形状应尽量统一，形式不宜过多。

节点详图不按比例绘制，但管线方向和相对位置须与管网总图一致，图的大小根据节点构造的复杂程度而定。

图9-9为节点详图示例，图上注明消火栓位置，各节点详图上标明所需的阀门和配件。管线旁注明的是管线长度（m）和管径（mm）。

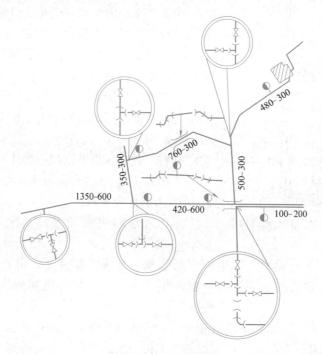

图9-9 管网节点详图

9.4 调节构筑物

调节构筑物用来调节管网内的流量，例如水塔和水池等。建于高地的水池其作用和水塔相同，既能调节流量，又可保证管网所需的水压。当城市或工业区靠山或附近有高地时，可根据地形建造高地水池。如城市附近缺乏高地，或因高地离给水区太远，以致建造高地水池不经济时，可建造水塔。中小城镇和工矿企业等建造水塔以保证水压的情况并不少见。

9.4.1 水塔

多数水塔采用钢筋混凝土或砖石等建造，但以钢筋混凝土水塔或砖支座的钢筋混凝土水柜用得较多。

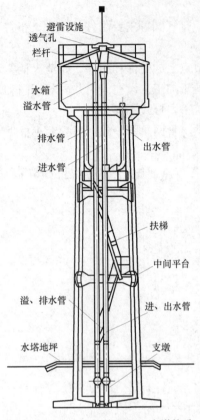

避雷设施
透气孔
栏杆

水箱
溢水管

排水管

进水管

溢、排水管

水塔地坪

出水管

扶梯

中间平台

进、出水管

支墩

图 9-10 支柱式钢筋混凝土水塔构造

钢筋混凝土水塔的构造如图 9-10 所示，主要由水柜（或水箱）、塔架、管道和基础组成。进、出水管可以合用，也可分别设置。进水管应设在水柜中夹并延伸到水柜的高水位处，出水管可靠近水柜底，以保证水柜内的水流循环。为防止水柜溢水和将柜内存水放空，须设置溢水管和排水管，管径可和进、出水管相同。溢水管上不应设阀门。排水管从水柜底接出，管上设阀门，并接到溢水管上。

和水柜相连通的水管上应安装伸缩接头，这样当温度变化或水塔下沉时有适当的伸缩余地。

为观察水柜内的水位变化，应设浮标水位尺或电传水位计。水塔顶应有避雷设施。

水塔外露于大气中，应注意保温问题。因为钢筋混凝土水柜经过长期使用后，会出现微细裂缝，浸水后再加冰冻，裂缝会扩大，可能因此引起漏水。根据当地气候条件，可采取不同的水柜保温措施：或在水柜壁上贴砌 8～10cm 的泡沫混凝土、膨胀珍珠岩等保温材料，或在水柜外贴砌一砖厚的空斗墙，或在水柜外再加保温外壳，外壳与水柜壁的净距不应小于 0.7m，内填保温材料。

水柜通常做成圆筒形，高度和直径之比约为 0.5～1.0。水柜过高不好，因为水位变化幅度大会增加水泵的扬程，多耗动力，且影响水泵效率。有些工业企业，由于各车间要求的水压不同，而在同一水塔的不同高度放置水柜；或有将水柜分成两格，以供应不同水质的水。

塔体用以支承水柜，常用钢筋混凝土、砖石或钢材建造。近年来也有采用装配式和预应力钢筋混凝土水塔。装配式水塔可以节约模板用量。塔体形状有圆筒形和支柱式。

水塔基础可根据地基情况采用单独基础、条形基础和整体基础。

砖石水塔的造价比较低，但施工费时，自重较大，宜建于地质条件较好地区。从就地取材的角度，砖石结构可和钢筋混凝土结合使用，即水柜采用钢筋混凝土结构，塔体用砖石结构。

9.4.2 水池

给水工程中常用钢筋混凝土水池、预应力钢筋混凝土水池等，其中以钢筋混凝土水池使用最广。一般做成圆形或矩形，如图 9-11 所示。

水池应有单独的进水管和出水管，安装部位应保证池内水流的循环。此外应有溢水管，管径和进水管相同，管端有喇叭口，管上不设阀门。水池的排水管接到排水系统，管径一般按 2h 内将池水放空计算。容积在 1000m³ 以上的水池，至少应设两个检修孔。为使池内自然通风，应设若干通风管，管顶高出水池覆土面 0.7m 以上。池顶覆土厚度视当地平均室外气温而定，一般在 0.5～1.0m 之间，气温低则覆土层应厚些。当地下水位较

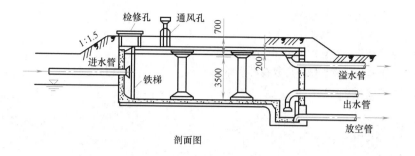

剖面图

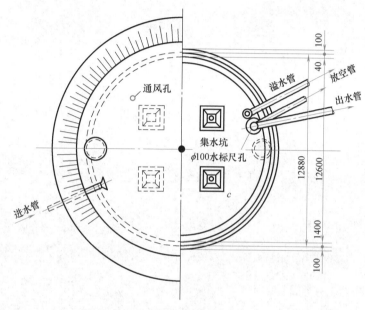

图 9-11　圆形钢筋混凝土水池

高，水池埋深较大时，覆土厚度需按抗浮要求决定。为便于观测池内水位，可装置浮标水位尺或水位传示仪。

预应力钢筋混凝土水池可做成圆形或矩形，它的水密性高，大型水池可较钢筋混凝土水池节约造价。

装配式钢筋混凝土水池近年来也有采用。水池的柱、梁、板等构件事先预制，各构件拼装完毕后，外面再加钢箍，并加张力，接缝处喷涂砂浆使不漏水。

砖石水池具有节约木材、钢筋、水泥，能就地取材，施工简便等特点。我国中南、西南地区，盛产砖石材料，尤其是丘陵地带，地质条件好，地下水位低，砖石施工的经验也丰富，更宜于建造砖石水池。但这种水池的抗拉、抗渗、抗冻性能差，所以不宜用在湿陷性的黄土地区、地下水过高地区或严寒地区。

思　考　题

1. 常用水管材料有哪几种？各有什么优缺点？
2. 铸铁管有哪些主要配件，在何种情况下使用？

3. 阀门起什么作用？有几种主要形式？
4. 排气阀和泄水阀应在哪些情况下设置？
5. 阀门井起什么作用？它的大小和深度如何确定？
6. 哪些情况下水管要设支墩？应放在哪些部位？
7. 水塔和水池应布置哪些管道？

第 10 章　管网的技术管理

为了维持管网的正常工作，保证安全供水，必须做好日常的管网养护管理工作，内容包括：

(1) 建立技术档案；

(2) 检漏和修漏；

(3) 水管清垢和防腐蚀；

(4) 用户接管的安装、清洗和防冰冻；

(5) 管网事故抢修；

(6) 阀门、消火栓和水表等的检修。

为了做好上述工作，必须熟悉管线的情况、各项设备的安装部位和性能、用户接管的地位等，以便及时处理。平时要准备好各种管材、阀门、配件和修理工具等，便于抢修。

10.1　管网技术资料

管理部门应有给水管网平面图，图上标明泵站、管线、阀门、消火栓等的位置和尺寸。大中城市的管网可按每条街道一张图纸列卷归档。

管网养护时所需技术资料有：

(1) 管线图，表明管线的直径、位置、埋深以及阀门、消火栓等的布置，用户接管的直径和位置等，它是管网养护检修的基本资料；

(2) 管线过河、过铁路和公路的构造详图；

(3) 阀门和消火栓记录卡，包括安装年月、地点、口径、型号、检修记录等；

(4) 竣工记录和竣工图。

管线埋在地下，施工完毕覆土后难以看到，因此应及时绘制竣工图，将施工中的修改部分随时在设计图纸中订正。竣工图应在沟管回填土以前绘制，图中标明给水管线位置、管径、埋管深度、承插口方向、配件形式和尺寸、阀门形式和位置、其他有关管线（例如排水管线）的直径和埋深等。竣工图上的管线和配件位置可用搭角线表示，注明管线上某一点或某一配件到某一目标的距离，便于及时进行养护检修。

为适应快速发展的城市建设需要，现在逐步采用供水管网图形与信息的计算机存储管理，以代替传统的手工方式。

10.2　管网水压和流量测定

测定管网的水压和流量，是管网技术管理的一个主要内容。水压是管网建模的依据，流量测定主要用于监控漏损。

测定管网的水压，应在分布合理且具有代表性的测压点进行。测压点的选定既要能真实反映水压情况，又要均匀合理布局，使每一测压点能代表附近地区的水压情况。管网中测压点的数量和位置，应考虑测量的精度，还应考虑经济性。测压点以设在大、中口径的干管线上为主，不宜设在进户管上或有大量用水的用户附近。测压时可将测压仪表安装在消火栓或给水龙头上，定时记录水压，能有自动记录压力仪则更好，可以得出24h的水压变化曲线。

测定水压，有助于了解管网的工作情况和薄弱环节。根据测定的水压资料，可按0.5～1.0m的水压差，在管网平面图上绘出等水压线，由此反映各条管线的负荷。整个管网的水压线最好均匀分布，如某一地区的水压线过密，表示该处管网的负荷过大，因而指出所用的管径偏小。水压线的密集程度可作为今后放大管径或增敷管线的依据。

由等水压线标高减去地面标高，得出各点的自由水压，即可绘出等自由水压线图，据此可了解管网内是否存在低水压区。

给水管网流量测定是管网技术管理的重要内容。测流点一般选择在干管、清水池的进出水管、泵站、一些大管径管线和用水量大的居住区。管网测流量工作可根据需要进行。

现在的测压和测流量仪表的精度越来越高，甚至可达0.1%。流量计的安装、校准和维护比测压仪器复杂，费用也高。因此管网压力数据较易收集，费用也低。两者都需要定期校准，以保证测量精度。

测定时可采用电磁流量计或超声波流量计，安装使用简便，易于实现所测数据的计算机自动采集和数据库管理。电磁流量计由变送器和转换器组成，安装在给水管道内的变送器将流量转换成瞬时电信号，转换器将瞬时电信号转换成直流信号，经过放大后送至显示仪表，即可得出流量。

超声波流量计是在给水管道外侧流量，其原理是声波传播速度差。由于管道内流速变化，超声波的传播速度也随之变化。在管道内放入超声波发生器和接收器，测定声波传播的时间差，通过软件进行相关计算，即可显示并打印出流速、流量和水流方向等相应数据。

10.3 检 漏

检漏是管线管理部门的一项日常工作，减少漏水量既可降低给水成本，也等于新辟水源，经济意义是很大的。位于大孔性土壤地区的一些城市，如有漏水，不但浪费水量，而且影响建筑物基础的稳固，更应严格防止漏水。

水管损坏引起漏水的原因很多，例如：因水管质量差或使用期长而破损；由于管线接头不密实或基础不平整引起的损坏；因使用不当例如阀门关闭过快产生水锤以致破坏管线；因阀门锈蚀、阀门磨损或污物嵌住无法关紧等，都会导致漏水。

检漏方法中，应用较广且费用较省的有直接观察和听漏，个别城市采用分区装表和分区检漏，可根据具体条件选用先进且适用的检漏方法。

（1）实地观察法是从地面上观察漏水迹象，如排水窨井中有清水流出，局部路面发现下沉，路面积雪局部融化，晴天出现湿润的路面等，本法简单易行，但较粗略。

（2）听漏法使用最久，听漏工作一般在深夜进行，以免受到车辆行驶和其他杂声的干扰。所用工具为一根听漏棒,使用时棒一端放在水表、阀门或消火栓上,即可从棒的另一端听到漏水声。这一方法的听漏效果凭各人经验而定。

检漏仪是比较好的检漏工具。所用仪器有电子放大仪和相关检漏仪等。前者是一个简单的高频放大器,利用晶体探头将地下漏水的低频振动转化为电信号,放大后即可在耳机中听到漏水声,也可从输出电表的指针摆动看出漏水情况。相关检漏仪是根据漏水声音传播速度,即漏水声传到两个拾声头的时间先后,通过计算机算出漏水地点,该类仪器价格较贵,使用时需较多人力,对操作人员的技术要求高,优点是适用于寻找疑难漏水点,如穿越建筑物和水下管道的漏水。管材、接口形式、水压、土壤性质等都会影响检漏效果。

(3) 分区检漏 (图 10-1) 是用水表测出漏水地点和漏水量,一般只在允许短期停水的小范围内进行。方法是把整个给水管网分成小区,凡是和其他小区相通的阀门全部关闭,小区内暂停用水,然后开启装有水表的一条进水管上的阀门,使小区进水。如小区内的管网漏水,水表指针将会转动,由此可读出漏水量。水表装在直径为 10~20mm 的旁通管上,如图 10-1 所示。查明小区内管网漏水后,可按需要再分成更小的区,用同样方法测定漏水量。这样逐步缩小范围,最后还须结合听漏法找出漏水的地点。漏水地点查明后,应做好记号,以便于检修。

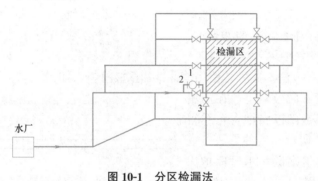

图 10-1 分区检漏法
1—水表;2—旁通管;3—阀门

为降低管网的漏损率,不能仅靠检漏来解决,由于管网压力越高,损失水量越多,所以降低管网压力也是减少漏水量的一种措施。

10.4 水管防腐蚀

腐蚀是金属管道的变质现象,其表现方式有生锈、抗蚀、结瘤、开裂或脆化等。金属管道与水或潮湿土壤接触后,因化学作用或电化学作用产生的腐蚀而遭到损坏。按照腐蚀过程的机理,可分为没有电流产生的化学腐蚀,以及形成原电池而产生电流的电化学腐蚀(氧化还原反应)。给水管在水中和土壤中的腐蚀,以及杂散电流引起的腐蚀,都是电化学腐蚀。

影响电化学腐蚀的因素是很多的,例如,钢管和铸铁管氧化时,管壁表面可生成氧化膜,腐蚀速度因氧化膜的作用而越来越慢,有时甚至可保护金属不再进一步腐蚀,但是氧化膜必须完全覆盖管壁,并且附着牢固、没有透水微孔的条件下,才能起保护作用。水中溶解氧可引起金属腐蚀,一般情况下,水中含氧越多,腐蚀越严重,但对钢管来说,此时在内壁产生保护膜的可能性越大，因而可减轻腐蚀。水的 pH 明显影响金属管的腐蚀速度，pH 越低腐蚀越快，中等 pH 时不影响腐蚀速度，pH 高时因金属管表面 形成保护膜，腐蚀速度减慢。水的含盐量对腐蚀的影响是含盐量越高则腐蚀加快。流速和腐蚀速度的关系是流速越大，腐蚀越快。

防止给水管腐蚀的方法有：

（1）采用非金属管材，如预应力钢筋混凝土管、玻璃钢管、塑料管等。

（2）在金属管表面上涂油漆、水泥砂浆、沥青等保护层，以防止金属和水相接触而产生腐蚀。例如可将明设钢管表面打磨干净后，先刷 1～2 遍红丹漆，干后再刷两遍热沥青或防锈漆；埋地钢管可根据周围土壤的腐蚀性，分别选用各种厚度的正常、加强和特强防腐层。

（3）阴极保护。金属管敷设在腐蚀性土壤中、电气化铁路附近或有杂散电流存在的地区时，应采取阴极保护措施。阴极保护是保护水管的外壁免受土壤侵蚀的方法。根据腐蚀电池的原理，两个电极中只有阳极金属发生腐蚀，所以阴极保护的原理就是使金属管成为阴极，以防止腐蚀。但是，有了阴极保护措施还必须同时重视管壁保护涂层的作用。

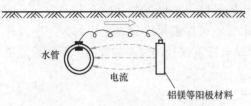

图 10-2 不用外加电流的阴极保护法

阴极保护有两种方法。一种是使用消耗性的阳极材料，如铝、镁、锌等，隔一定距离用导线连接到水管（阴极）上，在土壤中形成电路，结果是阳极腐蚀，管线得到保护，如图 10-2 所示。这种方法常在缺少电源、土壤电阻率低和水管保护涂层良好的情况下使用。

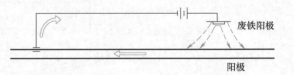

图 10-3 应用外加电流的阴极保护法

另一种是通入直流电的阴极保护法，如图 10-3 所示，埋在管线附近的废铁和直流电源的阳极连接，电源的阴极接到管线上，因此可防止腐蚀，在土壤电阻率高（约 $2500\Omega \cdot cm$）或金属管外露时使用较宜。

10.5 清垢和涂料

由于输水水质、水管材料、流速等因素，水管内壁会逐渐腐蚀而增加水流阻力，水头损失逐步增长，输水能力随之下降。根据有些地区的经验，涂沥青的铸铁管经 10～20 年使用后，粗糙系数 n 值可增长到 0.016～0.018 左右，内壁未涂水泥砂浆的铸铁管，使用 1～2 年后 n 值即达到 0.025，而涂水泥砂浆的铸铁管，虽经长期使用，粗糙系数可基本上不变。为了防止管壁腐蚀或积垢后降低管线的输水能力，除了新敷管线内壁事先采用水泥砂浆涂衬外，对已埋地敷设的管线应该有计划地进行刮管涂料，即清除管内壁积垢并加涂保护层，以恢复输水能力、节省输水能量费用和改善管网水质。

10.5.1 管线清垢

产生积垢的原因很多，例如，金属管内壁被水侵蚀，水中的碳酸钙沉淀，水中的悬浮物沉淀，水中的铁、氯化物和硫酸盐的含量过高，以及铁细菌、藻类等微生物的滋长繁殖等。要从根本上解决问题，改善所输送水的水质是很重要的。

金属管线清垢的方法很多，应根据积垢的性质来选择，为了减少干扰，清垢工作通常在夜间进行。

松软的积垢，可提高流速进行冲洗。冲洗时流速比平时流速提高3～5倍，但压力不应高于允许值。否则会冲去无内衬金属管的结垢层，腐蚀反而加剧而影响水质。每次冲洗的管线长度为100～200m。冲洗工作应经常进行，以免积垢变硬后难以用水冲去。冲洗过程中可采样来分析水质。

用压缩空气和水同时冲洗，效果更好，其优点是：

(1) 清洗简便，水管中无需放入特殊的工具；

(2) 操作费用比刮管法，化学酸洗法为低；

(3) 高流速冲洗法的工作进度较其他方法快；

(4) 用水流或气-水冲洗并不会破坏水管内壁的水泥砂浆涂层。

水力清管时，管垢随水流排出。起初排出的水浑浊度较高，以后逐渐下降，冲洗工作直到出水澄清时为止。

用这种方法清垢所需的时间不长，管内的涂层不会破坏，所以也可作为新敷设管线的清洗方法。

气压脉冲法清洗管道的效果也很好，冲洗过程如图10-4所示，贮气罐中的高压空气通过脉冲装置、橡胶管、喷嘴送入需清洗的管道中，冲洗下来的锈垢由排水管排出。该法的设备简单，操作方便，成本不高。进气和排水装置可安装在检查井中，因而清洗时无需断管或开挖路面。

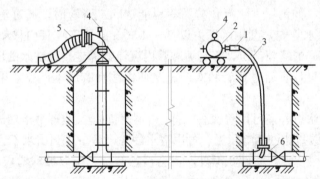

图 10-4　气压脉冲法冲洗管道
1—脉冲装置；2—贮气罐；3—橡胶管；4—压力表；5—排水管；6—喷嘴

坚硬的积垢可用机械刮管法去除。刮管法所用刮管器有多种形式，都是用钢丝绳连接到绞车等工具使刮管器在积垢的水管内来回拖动。图10-5所示的一种刮管器是用钢丝绳连接到绞车，往返移动。适用于刮除小口径水管内的积垢。它由切削环、括管环和钢丝刷

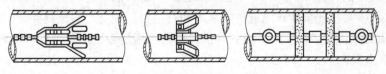

图 10-5　刮管器

111

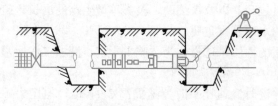

图 10-6　刮管器安装

组成。使用时，先由切削环在水管内壁积垢上刻划深痕，然后刮管环把管垢刮下，最后用钢丝刷刷净。安装方式如图 10-6 所示。

大口径水管刮管时可用旋转法刮管（图 10-7），安装情况和刮管器相类似，但钢丝绳拖动的是装有旋转刀具的封闭电动机。刀具可用与螺旋桨相似的叶片，也可用装在旋转盘上的链锤，刮垢效果较好。

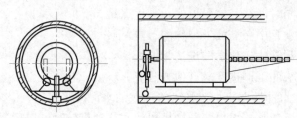

图 10-7　旋转法刮管器

刮管法的优点是工作条件较好，刮管速度快。缺点是刮管器和管壁的摩擦力很大，往返拖动相当费力，并且水管不易刮净。

清管器法是用软质材料聚氨酯泡沫制成的清管器，其外表面有高强度材料的螺纹，外形如炮弹、清管器的外径比管道直径稍大，清管操作由水力驱动，大小管径均可适用。其优点是成本低，清管效果好，施工方便且可延缓结垢期限，清管后如不衬涂也能保持管壁表面的良好状态。它可清除管内沉积物和泥砂，以及附着在管壁上的铁细菌、铁锰氧化物等，对管壁的硬垢，如钙垢、二氧化硅垢等也能清除。清管时，通过消火栓或切断的管线，将清管器放入水管内，利用水压力以 2～3km/h 的速度在管内移动，约有 10% 的水从清管器和管壁之间的缝隙流出，将管垢和管内沉淀物冲走。冲洗水的压力随管径增大而减小，软质清管器可任意通过弯管和阀门。这种方法具有成本低、效果好、操作简便等优点。

除了机械清管法以外还可用酸洗法。将一定浓度的盐酸或硫酸溶液放进水管内，浸泡 14～18h 以去除碳酸盐和铁锈等积垢，再用清水冲洗干净，直到出水不含溶解的沉淀物和酸为止。由于酸溶液除了能溶解积垢外，也会侵蚀管壁，所以加酸时应同时加入缓蚀剂，以保护管壁少受酸的侵蚀。这种方法的缺点是酸洗后，水管内壁变为光洁，如输送的水质有侵蚀性，以后锈蚀可能更快。

清垢后的水管，应新敷内衬层，以减少腐蚀。

10.5.2　涂料

管壁积垢清除以后，应在管内衬涂保护涂料，以保持输水能力和延长水管寿命。一般是在水管内壁喷涂水泥砂浆、环氧树脂或聚乙烯。前者涂层厚度为 3～5mm，后者约为 1～3mm。水泥砂浆用硅酸盐水泥或矿渣水泥和石英砂，按一定的比例拌合而成。

衬涂砂浆的方法有多种。如在埋管前预先衬涂可用离心法，即用特制的离心装置将涂料均匀地涂在水管内壁上。对已埋管线衬涂时，也有用压缩空气的衬涂设备，利用压缩空气推动胶皮涂管器，胶皮可将涂料均匀抹到管壁上。涂管时，压缩空气的压力为 29.4～

49.0kPa。涂管器在水管内的移动速度为1~1.2m/s；不同方向反复涂两次。

在直径500mm以上的水管中，可用特制的喷浆机喷涂水管内壁。根据喷浆机的大小，一次喷浆的水管长度约为20~50m。图10-8为喷浆机的工作情况。

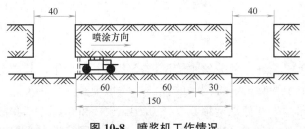

图10-8 喷浆机工作情况

清除水管内积垢和加衬涂料的方法，对恢复输水能力的效果很明显，所需费用仅为新埋管线的$\frac{1}{10}$~$\frac{1}{12}$，还有利于保证管网的水质。但对地下管线清垢涂料时，所需停水时间较长，影响供水，使用上受到一定限制。

10.6 维持管网水质

维持管网水质也是管理工作的任务之一。

城镇给水管网遍布地下，错综复杂，水厂处理后水质合格的水，通过管网抵达末梢用户有很长时间，数小时或数日，大城市的管网甚至一周。管网水中残余的颗粒物、溶解物、细菌和微小絮凝体之间，有足够时间发生一系列复杂的物理、化学和生物反应。管道中一部分反应产物，由于管道断面流速分布的不均匀性，表现为靠近管壁处的流速最小，管中心处流速最大，因而粘附在管道内壁上。另一部分反应产物则随水流流向下游，沉淀和粘附在下游管壁上，管道内逐步形成管顶处薄管底处厚的污垢层。污垢层的厚度随管龄的增加而增厚，导致管径缩小，影响管道的输水能力。当水流速度增大时，污垢层中的污染物又会被水流冲刷下来，因而有些地区管网中出现红水、黄水和浑水，水发臭，色度增高等，其原因除了出厂水水质指标不合格外，还由于水管中的积垢在水流冲洗下脱落，管线尽端的水流停滞，或管网边远地区的余氯不足而致细菌繁殖等引起，称为管网水质的"二次污染"。

在美国和西欧的供水企业有模拟水质的模型，为给水系统优化运行提供可靠的信息。国内对管网水质的变化规律和水质模型也在广泛研究，由于问题的复杂性，需有多种学科的配合，在水质模型的精度和实用性方面还须积累经验。

管网水质二次污染有多种原因且非常复杂，主要原因是：

（1）水质的稳定性差

管网水质稳定性可分化学和生物稳定性。水质稳定性差是普遍存在的问题，前者可引起管道腐蚀或在管壁结垢，后者是细菌利用水力的营养物质生长繁殖，引起管网中的细菌再生长和管道腐蚀。

水质的不稳定性表现在：当水与金属管道、阀门等接触时，因物理化学反应，使金属管道及附件氧化和锈蚀；管道弯头处受高速水流的磨损而引起腐蚀；溶解氧可使水中的铁、锰氧化成为氢氧化物沉淀；金属管道腐蚀时产生的亚铁离子，可在氧化还原反应时成为沉淀物；氢氧化铁和二氧化锰可粘附在管壁上，当水流方向和流速改变时，又会冲刷下来，出现红水或黑水；少量的氢氧化铝微絮凝体可随水流沉淀在污垢层中，我国北方大部分水源的浑浊度低，低温低浊水很难处理，絮凝体小而轻，不易沉淀而随水流带入管网。

（2）管材

我国供水事业历史长远，部分给水管网已经使用了几十年，其中老化的管道和劣质管材未能及时更换，由于管龄长，管网水的浑浊度一般要比出厂水高 0.2～0.5NTU，色度约增加 0.8 度，铁和锰浓度分别增加 0.01～0.04mg/L 和 0.01～0.02mg/L。

管材多种多样，既有金属管又有非金属管。早期金属管没有水泥砂浆衬里，当管网中水的 pH 和硬度较低或铁锰含量较高时，就会出现腐蚀和结垢，污垢层成为细菌繁殖的场所。当水层波动或水流方向改变时，管道就可能出现浑水，特别是未衬涂或衬涂不好的金属管。此外还因爆管、管道维修时所带来的二次污染。

管道接口是安全供水的薄弱环节，由于地基的不均匀沉降，路面交通引起的振动，都会影响到接口，造成接口破损，管道漏水，以及地下水渗入管网内，恶化管网水质。

（3）微生物繁殖

微生物繁殖会腐蚀输配水管网，包括管道、阀门、消火栓和检测仪表等，并且微生物腐蚀和电化学腐蚀同时发生。引起管道腐蚀的常见微生物有铁细菌和硫细菌。

管壁污垢层中的细小孔隙和锈瘤等突出部位，存在为细菌繁殖所需的磷、氮、碳等营养物质，氧的供给也比较充分，细菌就会吸附在管壁上，难以被水流的剪力而冲刷下来。微生物生长难以控制，随着管龄的增长，在污垢层上会形成生物膜。生物膜会自然脱落，脱落的细菌又会随水流粘附在生物膜上，脱落和粘附的结果都会增加管网水中的细菌数。生物膜上的微生物大量生长对水质的影响是，大肠菌群和细菌数增加，浑浊度和色度上升，出现"红水"，并产生异臭异味。细菌可在污垢层的裂缝或腐蚀产物中生存，氯和氧都不易将生物膜消除，须经过管道清洗或刮管等措施才可去除。

（4）屋顶水箱污染

屋顶水箱供水的二次污染是管网水质变差的重要原因。为了保证水量和水压，有些城市在建筑物的顶部设置屋顶水箱，管网水进入屋顶水箱然后直接供应用户。

水箱中的水有一定的停留时间，水中剩余的物质会沉淀在水箱底部消耗氯气。水箱内的水流缓慢并且存在死水区，细菌有了繁殖条件，同时水箱水中的余氯会逐渐减少，甚至消失，细菌会再度繁殖。

由于水箱的密封性差，风、雨和鸟类易于将环境中的污染物质，带入水箱而沉淀于箱底，因管理上不严，水箱未能及时清洗消毒，导致微生物、青苔等滋生。

细菌的生长既和水中营养物质有关，和温度也有很大关系，细菌的数目随着水温变化而变化，温度高于10℃时可加速微生物的生长速度，因此在夏季水箱中的余氯衰减更快。

为保持管网的水质，除了提高出厂水水质外，可采取以下措施：

（1）通过给水栓、消火栓和放水管，定期放去管网中的部分"死水"，并借此冲洗水管。

（2）长期未用的管线或管线尽端，在恢复使用时必须冲洗干净并消毒。

（3）管线延伸过长时，应在管网中途加氯，以提高管网边缘地区的剩余氯量，防止细菌繁殖。

　（4）尽量采用非金属管道。定期对金属管道清垢、刮管和衬涂水管内壁,以保证管线输水能力不致明显下降。

　（5）无论在新敷管线竣工后,或旧管线检修后均应冲洗消毒。消毒之前先用高速水流冲洗水管,然后用 $20\sim30mg/L$ 的漂白粉溶液浸泡一昼夜以上,再用清水冲洗,同时连续测定排出水的浑浊度和细菌,直到合格为止。

　（6）定期对水塔、水池和屋顶高位水箱进行清洗消毒。

10.7　调度管理

　管网调度的目的是安全可靠地将水压、水量、水质符合要求的水送往每一用户,还要尽可能地降低水泵动力费用,根据管网的实时用水量变化,合理搭配水泵,随着变速水泵应用的增加,要确定何时启动变速泵以及泵的转速,使泵站内的水泵经常处于高效率区运行。还考虑城市电价的分时段收费制度,夜间电价低时,多抽水到水池内贮存,到白天再向管网供水。此外须控制管网的水压,减少爆管的可能,减少漏损水量等,最大限度地降低生产成本,取得较好的社会效益和经济效益。

　我国有些城镇水厂仍采用人工调度的形式,根据以往运行经验,调整泵站内的水泵工作情况,以满足用水量要求。但在供水水质和能耗方面难以保证安全可靠,有时水压过高,增加了管网漏水率和电耗,有时水压过低,供水量不能满足要求。

　城市给水管网的调度管理是很复杂的,仅凭人工经验调度已不能符合现代化管理的要求。先进的调度管理应充分利用计算机技术并建成管网图形与信息的计算机管理系统。

　以往在调度时主要考虑流量和水压,因水质模型的复杂性,较少进行模拟分析。为了掌握管网水质变化,20世纪90年代,在水力模型中增加了水质模型,以模拟管网水中的余氯衰减、污染物扩散,多水源混合比例,水龄或水流停留时间、消毒副产物等的浓度变化。水力模型和水质模型结合在一起,以模拟一定水力条件下,水中物质浓度的动态实时变化,水力模型提供管网中水的流速和水流方向,再从水质模型算出余氯等物质在管网中的浓度分布,使水质有了保证。

　大城市的管网往往随着用水量的增长而逐步形成多水源的给水系统。这种系统通常在管网中设有水库和加压泵站。多水源给水系统如不采取集中调度的措施,将使各方面的工作得不到协调,从而影响经济而有效地供水。为此设有调度管理部门,及时了解整个给水系统的生产情况,随时进行调度,采取有效的强化措施。

　通过集中调度,各水厂泵站可不必只根据本厂水压的大小来启闭水泵,而有可能按照管网控制点的水压确定各水厂的工作泵台数。这样,既能保证管网所需的水压,且可避免因管网水压过高而浪费能量。通过调度管理,常可改善运转效果,降低供水的耗电量。

　调度管理部门是整个管网也是整个给水系统的管理中心,不仅要照顾日常的运转管理,当管网发生事故时,还要立即采取措施。要做好调度工作,必须熟悉各水厂和泵站中的设备,掌握管网的特点,了解用户的用水情况,才能发挥应有的作用。

　为进行调度须有遥控、遥测、遥信的中心调度机构,以便统一调度各水厂的水泵,保持整个系统的水量和水压得到动态平衡。对管网中有代表性的测压点进行水压遥测,对所有水库和水塔进行水位遥测，对各水厂的出厂管进行流量遥测。对所有泵站和主要阀门进行遥控，对泵站的电压、电流和运转情况进行遥信。根据传示的情况，发出调度指示。

我国许多水厂可在调度室内对各测点的工艺参数集中测量并用数字显示、连续监测和自动记录，还可发现和记录事故情况。采用这种装置后，取得以下效果：（1）在调度室内能连续监测各种参数，使能合理进行调度；（2）检测速度很快，几秒钟内即可发出警报，以便迅速采取措施，避免发生事故；（3）能代替值班人员抄表和检查设备，为自动操作创造条件。

我国不少城市的水厂已经建立城市供水的数据采集和监控系统，即 SCADA 系统，在此基础上，通过在线的、离线的计算机数据分析和处理系统，用水量预测预报系统，管网水力和水质模拟软件等，逐渐朝优化调度的方向迈进。

思 考 题

1. 为了管理和调度管网，平时应该积累哪些技术资料？
2. 如何发现管网漏水部位？
3. 为什么要测定管网压力？
4. 管线中的流量如何测定？
5. 旧水管如何恢复输水能力？
6. 保持管网水质可采取什么措施？

第3篇 取水工程

第11章 取水工程概论

11.1 水资源概述及取水工程任务

11.1.1 水资源概念及我国水资源概况

水是人类赖以生存和从事生产不可缺少的资源。随着人口增长、经济发展及人类生活水平的提高，人类对水的需求日益增长。水资源是一种有限的、而且是不可替代的宝贵资源。迄今为止，有不少国家和地区的水资源问题已成为国民经济发展的制约因素。因此，对水资源的合理开发利用受到普遍关注和重视。

由于人们对水资源研究和开发利用角度不同，对水资源概念的理解也不同。关于水资源概念基本上可归纳为：

广义概念：水资源指包括海洋、地下水、冰川、湖泊、土壤水、河川径流、大气水等在内的各种水体的总量。

狭义概念：水资源指上述广义水资源范围内逐年可以得到恢复更新的那一部分淡水量。

工程概念：水资源仅指上述狭义水资源范围内可以恢复更新的淡水量中，在一定技术经济条件下可以为人们所用的那一部分水，以及少量被用于冷却的海水。

上述概念是人们从不同角度对水资源含义的理解。如广义概念主要是从地学、水文学和气象学角度出发；狭义概念主要从生态环境与水资源综合开发利用角度考虑；工程概念主要从城市和工业给水及农田水利工程角度考虑。

应当指出，当涉及水资源概念时，应注意区分它的含义以及在不同场合下的水资源概念的转化。例如，当提到某区域的水资源问题时，往往指的是狭义概念的水资源；但当提到水资源数量不足时，往往指的是工程概念上的水资源，即"可以被人们取用的那一部分水"。

就城市水资源而言，它的含义又有一定区别。如城市与工业水源供不应求，为扩大水源满足社会生活和生产需要，城市水资源不仅仅局限于淡水，还包括被利用的海水和回用的废水等。

全球广义水资源总量约为 140 亿亿 m^3。其中除了海水、冰川水和深层高矿化地下水之外，狭义的水资源即可以开发利用且能逐年更新的淡水总量为 47 万亿 m^3，仅占广义水资源总量的 0.03‰，而一定技术经济条件下可以为人类取用的水量则更少。联合国预测在 21 世纪，淡水将成为全世界最紧缺的自然资源。有关报告认为，2030 年全球人类对水的需求将达 6.9 万亿 m³，全世界将至少有 1/4 人口会面临水资源的短缺。

我国的狭义水资源总量（未包括香港、澳门和台湾省，下同）约为 2.8 万亿 m³，位居世界前列。其中地表水资源约占 94%，地下水资源仅占 6% 左右。虽然我国的水资源总量并不少，但目前人均水资源量仅为 2100m³ 左右，还不到世界人均水资源占有量的 1/4，被列入世界上 13 个最缺水的国家的名单之中。2018 年我国的总用水量为 6015.5 亿 m³，已相当接近当前技术经济条件下所能取用的水资源的限量。

从地区分布而言，我国地表水资源是东南多，西北少，由东南沿海向西北内陆递减。表 11-1 为我国径流地带区划和降水径流分区情况。一般而言，年降水量决定了年径流量，而年地表水资源量可近似地用年径流量来表示。通常以年降水深 400mm 作为干旱和湿润地区的分界线。据此划分，我国约有 45% 的国土属于干旱少水地区。沿海地区与内蒙古、宁夏等地相比，年降水量相差达 8 倍以上，年径流深相差达 90 倍之多。由此可见，我国地表水资源在地区分布上极其不均衡。

我国大陆径流地带区划及降水、径流分区情况 表 11-1

降水分区	年降水深(mm)	年径流深(mm)	径流分区	大致范围
多雨	＞1600	＞900	丰水	海南、广东、福建、台湾大部、湖南山地、广西南部、云南西南部、西藏东南部、浙江
湿润	800~1600	200~900	多水	广西、云南、贵州、四川、长江中下游地区
半湿润	400~800	50~200	过渡	黄淮海平原、山西、陕西、东北大部、四川西北部、西藏东部
半干旱	200~400	10~50	少水	东北西部、内蒙古、甘肃、宁夏、新疆西部和北部、西藏北部
干旱	＜200	＜10	缺水(干涸)	内蒙古、宁夏、甘肃的沙漠、柴达木盆地、塔里木盆地和准噶尔盆地

从时程分布而言，我国地表水资源的时程分布也极不均匀。地表水资源的时程分布主要由降水季度（月份）所决定，在我国的东北、华北、西北和西南地区，降水量一般集中在每年的 6 月~9 月，通常该期间降水量约占全年降水量的 70%~80%；而每年的 12 月~2 月间，降水量却极少，气候十分干旱。

我国地表水资源在时程上分布的极不均匀性，不仅会造成频繁的水灾和旱灾，对地表水资源的开发利用也十分不利，而且还会加剧缺水地区的用水困难。

我国在水资源开发利用方面也存在不少问题。例如对于一个地区或流域的工农业及城市生活用水分配，对当地地表水和地下水的开采利用，对当地经济发展结构与水资源的协调等项目，往往缺乏全面的规划和科学的统筹安排。与发达国家相比，我国的水资源的有效利用程度较低，往往以浪费水为代价来取得粗放型的经济增长。2018 年我国万元国内生产总值的用水量为 66.8m³，与发达国家相比还有很大的差距。

我国不仅人均水资源量很少，而且水源污染相当严重。2018 年，全国废污水排放总量为 750 亿 m³，其中约 70% 为城镇生活污水。根据调查，我国的河流污染以有机物污染为主，符合地面水环境质量标准中Ⅰ类和Ⅱ类水质标准的河流仅占所调查河流总长度的 48%，而Ⅳ类水质和劣于Ⅳ类水质的河流长度占 25.8%；我国湖泊污染以有机物污染和富营养化为主，在 124 个主要湖泊中，Ⅳ类水质和劣于Ⅳ类水质的湖泊占 75%。

综上所述，我国水资源相当紧缺。这种紧缺包括三种情况：一是资源型缺水，如在我国北方一些地区，水资源量本来就很少；二是污染型缺水，如我国南方的一些地区虽然拥有丰富的水资源，但这些水却因受到严重污染而不能利用；三是管理型缺水，包括水源的不合理开发和水的浪费等情况引起的缺水。据统计，在全国城市中，一半以上存在着不同程度的缺水现象，严重缺水的城市有一百多座。城市和工农业生产缺水，一方面会影响人民生活，另一方面将制约国民经济的持续发展。因此，积极保护水源和治理污染，合理开发利用水资源，贯彻节约用水（提高水的重复利用率，实施污废水回用，改革生产设备和工艺以便降低产品用水量等）措施，是实现我国社会经济可持续发展的重要条件。

11.1.2 取水工程任务

取水工程是给水工程的重要组成部分之一。它的任务是从水源取水并送至水厂或用户。由于水源情况复杂多变，取水工程设施对整个给水系统的组成、布局、投资及维护运行等方面的经济性和安全可靠性具有重大的影响。因此，给水水源的选择和取水工程的建造是给水系统建设的重要组成项目，对城市建设和工业生产的意义十分重大。

通常从给水水源和取水构筑物两方面对取水工程进行研究。在给水水源方面需要研究的课题有：各种天然水体的存在形式；水体运动的变化规律；作为给水水源的可能性；为供水目的而进行的水源勘察、规划、调节治理与卫生防护等。属于取水构筑物方面需要研究的项目有：各种水源的选择和利用；从各种水源取水的方法；各种取水构筑物的构造形式、设计计算、施工方法和运行管理等。

11.2 给水水源

11.2.1 给水水源分类及其特点

给水水源可分为地下水源和地表水源两大类。地下水源包括潜水（无压地下水）、自流水（承压地下水）和泉水；地表水源包括江河、湖泊、水库和海水。

受到形成、埋藏和补给等条件的影响，大部分地区的地下水具有水质澄清、水温稳定和分布范围广大等特点。其中的承压地下水（或层间地下水）覆盖有不透水层，可防止来自地表的渗透污染，具有较好的卫生条件。但是一般地下水的径流量都比较小，有些地下水的矿化度和硬度较高，部分地下水还可能含有浓度很高的其他物质，如铁、锰、氟、氯化物、硫酸盐、硫化氢和各种重金属等，影响水的使用。

受地面上各种因素的影响，地表水通常表现出与地下水相反的特点。大部分地区的地表水源流量较大，含铁锰量也较低。一般地表水的水质、水温和水量变化较大，常有明显的季节性。由于地表水容易受到污染，故其有机物和细菌的含量较高，有时有较高的色度，部分河水还有很高的浑浊度。采用地表水源时，通常要考虑地形、地质、水文和卫生防护等多方面的条件，情况比较复杂。

一般情况下，采用地下水源具有下列优点：

（1）取水条件及取水构筑物构造简单，便于施工和运行管理；

（2）通常地下水无需澄清处理。当地下水质不符合使用要求时，其水处理工艺也比地表水简单。因此地下水的处理构筑物投资和运行费用也比较节省；

（3）便于靠近用户建造供水水源，从而降低给水系统（特别是输水管和管网）的投资，节省输水运行费用，同时提高给水系统的安全可靠性；

（4）便于分期建造供水系统；

（5）便于建立卫生防护区。

一般开发地下水源的勘察工作量较大。因此，对于规模较大的地下水取水工程，常需较长的时间进行水文地质勘察。

地表水源的水量充沛，常能满足大量用水的需要。因此城市和大型工业企业常利用地表水作为给水水源，我国的华东、中南和西南地区河网发达，以地表水作为给水水源的城市、村镇和工业企业十分普遍。

11.2.2　给水水源选择及水源的合理利用

水源选择要密切结合城市远近期规划和工业总体布局要求，从整个给水系统（取水、输水和水处理设施）的安全和经济来考虑。

选择水源时应考虑与取水工程有关的其他各种条件，如当地的水文、水文地质、工程地质、地形、卫生和施工等方面的条件。

必须根据供水对象对水质和水量的要求，对所在地区的水资源状况进行认真的勘察研究，正确选择给水水源。选择水源的一般原则有以下几方面：

所选水源应当水质良好，水量充沛，便于防护。应根据国家颁布的《地表水环境质量标准》GB 3838—2002 判别地表水源水质的优劣，根据《地下水质量标准》GB/T 14848—2017 判别地下水源水质的优劣，确定是否符合使用要求。作为生活饮用水水源的水质必须符合《生活饮用水卫生标准》GB 5749—2006 中关于水源水质的若干规定；工业企业生产用水的水源水质则根据各种生产要求而定。不仅要考虑水源水质的现状，还应考虑其远期的变化趋势。水源的水量除了能保证当前的生活和生产需水量之外，也要满足远期发展所需要的水量。地下水源的取水量不应大于开采储量，天然河流的取水量一般不应大于该河段枯水期的可取水量。

应优先将符合卫生要求的地下水作为饮用水水源。按照开采的便利程度和水源的卫生条件，在选择地下水源时，通常按照泉水、承压水（或层间水）、潜水的优先顺序考虑。对于工业企业生产用水水源而言，如取水量不大、不影响当地生活饮用需要的时候，也可采用地下水源，否则应取用地表水。采用地表水源时，必须先考虑从天然河道中取水的可能性，然后才考虑需要调节径流的河流。一般地下水的径流量有限，不适用于取水量很大的情况。即使地下水的储量丰富，仍应作具体的技术经济分析。例如大量开采地下水就必须建造很多分散的地下水取水构筑物，会造成单位产水量的造价升高及运行管理复杂化等问题。此外大量抽取地下水还可能降低地下水位，增加抽水能耗。

合理开采和利用水源至关重要。选择水源时，必须配合经济计划部门制订水资源开发利用规划，全面考虑，统筹安排，正确处理相关部门如农业、水力发电、航运、木材流送、水产、旅游和排水等方面的关系，以求合理地综合利用和开发水资源。特别是对于水资源比较贫乏的地区，合理开发利用水资源对于所在地区的全面发展具有决定性的意义。例如，利用处理后的污水灌溉农田；在工业给水系统中采用循环和复用给水方式，提高水的重复利用率，减少水源取水量，缓和城镇和工业用水与农业灌溉用水的矛盾；尽可能利用海水作为某些供水系统的给水水源，解决沿海一些地区因咸潮影响而缺乏淡水水源的问题；充分注意开采地下水可能产生的不利影响，如与不良含水层发生水力联系后导致的水质污染，地面沉降塌陷和海水入侵等等。随着我国建设事业的发展和众多水资源的开发利用，将有越来越多的河流实施径流调节，因此水库水源的综合利用也成为水源规划的重要课题之一。

沿海城市的潮汐河流，往往会因海水入侵而使水中的氯化物含量产生周期性的变化。在这种河流中取集淡水时，可建造"蓄淡避咸"水库。在水源含盐量高的时候取水库水，含盐量低的时候直接取用河水。蓄淡避咸水库的容量应根据取水量和连续的水源咸水期来确定。为此，应充分调查研究潮水的运动规律和含盐量的波动变化，准确计算出在一定水文条件下水源含盐量超过标准、导致无法取水的连续时段，确定水库容量并判断蓄淡避咸方案的可行性。一般而言，蓄淡避咸也是沿海城市开采利用潮汐河流水资源的一种措施。

地下水源和地表水源的开采和利用是相辅相成的。对于用水量较大、工业用水量占有一定比例、自然条件复杂、水资源不丰富的地区和城市，尤其需要重视这一点。例如，一般工业用水采用地表水源，生活饮用水采用地下水源。在城市边远地区、地势较高的地段、对水质有特殊要求的用水户以及远期发展的地区等，可考虑采用地下水源。采用地下水源与地表水源相结合、集中与分散相结合的多水源供水和分质供水方案，不仅能够发挥各类水源的优点，而且对于降低给水系统投资、提高给水系统工作的可靠性有重大作用。

人工回灌地下水是合理开采和利用地下水源的一种有效措施。有些地区长期过量开采地下水，往往引起地面沉陷，地下水位大幅度下降，单井产水量降低甚至水井报废。人工回灌地下水可以保持开采量和补给量的平衡。回灌的水质应以不污染地下水、不使井管发生腐蚀、不使地层发生堵塞为原则，通常采用真空或压力回灌法。回灌水量通过回灌井上的管道阀门进行控制。这样便能以地表水补充地下水，以丰水年的水量补充缺水年的不足，以用水少的冬季储量补充用水多的夏季用量。如某些工业用水需要水温稳定的地下水作为冷源，亦可以采用回灌方法保持地下水的储量。

11.2.3 给水水源保护

在选择城镇或工业企业给水水源时，通常都经过详细的勘察和技术经济论证，保证水源在水量和水质方面都能满足用户的要求。然而，由于环境污染、水土流失以及对水源长期过量开采等原因，常使水源出现水量衰减和水质恶化的现象。一旦发生这种情况，就很难在短期内恢复。因此必须事先采取保护水源的措施，防止水源枯竭和被污染。只有预防在前，才能有效和经济地保护给水水源。

1. 保护给水水源的一般措施

一般采取下列措施保护给水水源：

（1）配合经济计划部门制定水资源开发利用规划

这是保护给水水源的重要措施，见上文叙述。

（2）加强水源管理

对于地表水源要进行水文观测和预报。对地下水源要进行区域地下水动态观测，尤应注意开采漏斗区的观测，以便对超量开采及时采取有效的措施，如开展人工补给地下水和限制开采量等。

（3）进行流域面积内的水土保持工作

水土流失不仅会使农业遭受直接损失，而且还加速河流淤积，减少地下径流，导致洪水流量增加和常水流量降低，不利于水源的常年利用。为此，必须加强流域面积上的造林和林业管理，防止在河流上游和河源区域滥伐森林。

（4）防止水源水质污染

一般采用以下几方面措施：

1）合理规划城市居住区和工业区。合理的建设规划可减轻水源的污染。容易造成污染的工厂，如化工、石油加工、电镀、冶炼、造纸企业等，应尽量布置在城市水源地的下游区域。

2）加强水源水质监督管理。制定并切实贯彻实施相关的环境标准、水质标准和污染物排放标准。

3）合理规划水源的布局和发展。在勘察新水源时，应从防止污染的角度提出相应的卫生防护条件与防护措施。

4）监督水源开采过程。对于滨海或水源水质较差的地区，要注意因水源开采而引起的水质恶化趋势，如咸水入侵、含水层与水质不良水层发生水力联系等问题；对于天然河流，注意因各种原因导致的河道变化等。

5）进行水体污染调查研究。要查明水体的污染来源、污染途径、污染物质成分、污染范围、污染程度、污染的危害程度及其发展趋势，在水质影响范围内建立水体的污染监测网络，结合动态监测网点观测地下水和地表水源的水质变化。从而可及时掌握水体的污染状况和各种有害物质的分布动态，以便及时采取措施，防止和消弭水源的污染。

2. 给水水源卫生防护

生活供水水厂的水源必须设置卫生防护地带。卫生防护地带的范围和防护措施，应符合国家卫生部颁布的《生活饮用水集中式供水单位卫生规范》（见卫法监发〔2001〕161文件）中的相关规定如下：

（1）地表水源卫生防护

取水点周围半径 100m 的水域内，严禁捕捞、网箱养殖、停靠船只、游泳和从事其他可能污染水源的任何活动，并应设有明显的限制范围标志和严禁事项的告示牌。

河流取水点上游 1000m 至下游 100m 的水域内，不得排入工业废水和生活污水；其沿岸防护范围内不得堆放废渣，不得设立有害化学物品的仓库、堆栈或装卸垃圾、粪便和有害化学物品的码头；不得使用工业废水或生活污水灌溉；不得施用难降解或剧毒的农药；不得从事放牧等有可能污染该段水域水质的活动。

作为饮用水水源的水库和湖泊，应根据具体情况将取水点周围部分的水域或全部水域及其沿岸划分为卫生防护范围。

受潮汐影响河流的取水点上下游的卫生防护范围，由供水单位会同当地防疫、环境卫生、环保、水利等部门根据具体情况研究确定。

水厂生产区范围应明确划定并设立明显标志，在生产区外围不小于 10m 的范围内应保持良好的卫生状况和绿化，不得设置生活居住区，不得修建禽畜饲养场、渗水厕所、渗水坑，不得堆放垃圾、粪便、废渣，不得铺设污水渠道；在单独设立的泵站、沉淀池和清水池的外围不小于 10m 的范围内，其卫生要求与水厂生产区相同。

（2）地下水源卫生防护

地下水取水构筑物的防护范围应根据水文地质条件、取水构筑物形式和附近地区的卫生状况进行确定，具体防护措施应按地表水水厂生产区的要求执行。

在单井或井群的影响半径范围内，不得使用工业废水或生活污水灌溉；不得施用难降解或剧毒的农药；不得修建渗水厕所、渗水坑，不得堆放废渣或铺设污水渠道；亦不得从事破坏深层土层的活动。但当取水层在水井影响半径内没有露出地面，或取水层与地面水没有相互补充关系的时候，可根据具体情况设置较小的卫生防护范围。

地下水水厂生产区的卫生防护范围按照地表水水厂生产区的要求设立执行。

3. 卫生防护的建立与监督

有关水源和水厂卫生防护地带的具体范围、要求和措施，应由水厂提出具体意见，取得当地卫生部门和水厂的主管部门同意以后，报请当地人民政府批准公布。水厂在积极组织确立实施防护地带的过程中，要主动取得当地卫生、公安、水上交通、环保、农业以及规划建设部门的确认和支持。建立卫生防护地带以后，要作经常性的检查，发现问题要及时解决。

为确保生活饮用水水质安全，除了必须满足以上水源卫生防护的各项要求之外，还必须严格执行《中华人民共和国水污染防治法》（2018 年）的规定，才能有效地防止水源污染。

思 考 题

1. 简要叙述我国水资源概况，以及合理开发和利用水资源的方法与措施。

2. 地表水源和地下水源各有何优缺点？

3. 你认为建立了水源卫生防护地带并采取了本书叙述的有关措施之后，是否能确保给水水源不受污染？为什么？

第 12 章　地下水取水构筑物

12.1　地下水源概述和取水构筑物分类

12.1.1　地下水分类

地下水存在于土层和岩层中。各种土层和岩层有不同的透水性。卵石层、砂层和石灰岩等地层组织松散，具有众多的相互连通的孔隙，透水性较好，水在其中的流动属于渗透过程，故这些岩层称为透水层。黏土和花岗岩等紧密的地层透水性极差甚至不能透水，称为不透水层。如果在透水的地层下面存在着一个不透水地层，则在这个透水层中就会积聚地下水，成为含水层。而底下的不透水层就成了隔水层。透水层和不透水层的厚度和分布范围在各地都不一样。它们彼此相间叠铺，形成储水构造。埋藏在地面下第一个隔水层之上的地下水称为潜水，潜水层有一个相对压力为零的"自由水面"。潜水主要靠雨水和河流等地表水下渗来补给。在多雨的季节，潜水层水面上升；而在干旱的季节潜水面下降。我国西北地区气候干旱，潜水埋藏很深，潜水面约在地下 50～80m，而南方地区的潜水层很浅，潜水面一般在地下 3～5m 之内。

地表水和潜水相互补给。当地表水位高于潜水面时，地表水补给地下潜水。若地表水位低于潜水面则由潜水补给地表水。

上下两个不透水层之间的地下水称为层间水。在同一地区的不同地层深度，可以同时存在着数个层间的含水层。有自由水面的层间水层称为无压含水层，而如果层间水有压力，水层没有自由表面，则称之为承压含水层。如果承压含水层的水压高出地面，那么在该含水层打井时，井里的水就会喷出地面，成为"自流井"。

在适当的地形结构下，地下水可从地面的某个出口自行涌出，称为泉水。泉水可分为潜水补给的潜水泉和承压地下水补给的自流泉两种。通常自流泉的涌水量较稳定，水质较好。

地下水在松散岩层中的流动称为地下径流。地下水的补给范围称为补给区。在抽取地下水时，补给区内的地下水都向抽水井的方向流动。

地下水的流动需要具备两个条件：岩层透水性和水位差。岩层的透水性以地层的渗透系数表达，水位差以水力坡度表达，两者决定了地下水的流速，其函数关系由达西（H. Darcy）定律表示，可参见水力学和水文地质学相关文献。

地下水流向正在抽水的水井时，其流态可分为稳定流和非稳定流、平面流和空间流、层流与紊流或混合流等几种情况。但严格说来，地下水的运动并不存在稳定流。只有在短暂的时段内，当抽水量与补给量之比很小并且水的流动十分缓慢的时候，才可以将地下水的流动近似视为稳定流。

12.1.2　地下水取水构筑物分类

由于地下水的类型、埋藏深度和含水层性质等各不相同，开采取集地下水的方法和取水构筑物型式也各不相同。地下水取水构筑物有管井、大口井、辐射井、复合井及渗渠等，其中以管井和大口井最为常用。一般大口井广泛应用于取集浅层地下水，通常适用的地下水埋深小于12m，含水层厚度在5～20m之内；管井用于开采深层地下水，其钻深一般在200m以内，最大深度可达1000m以上；渗渠一般用于取集含水层厚度为4～6m、埋深小于2m的浅层地下水，也可取集河床地下水或地表渗透水，在我国的东北和西北地区应用较多；辐射井由集水井和若干水平铺设的辐射形集水管构成，一般用于取集含水层厚度较薄、埋深较大、不能采用大口井或渗渠取水的地下水层，其适应性较强，但施工比较困难；复合井的上部为大口井，下部为管井结构，为两者的组合，适用于地下水位较高和厚度较大的含水层。条件合适的时候，为了增加出水量和改善水质，可在已建的大口井底建造管井而形成复合井。

管井、大口井、辐射井、复合井和渗渠等统称为渗透式取水构筑物。

12.2 管井构造、施工和管理

12.2.1 管井构造

管井的井壁及其位于含水层中的进水部分均为管状结构，因而得名。管井通常用凿井机械开凿。按照管井的进水过滤器是否贯穿整个含水层，可分为完整井和非完整井，如图12-1所示。管井施工方便，适应性强，能用于各种岩性、埋深、含水层厚度和多层次含水层的地下取水工程。因此管井是地下水取水构筑物中应用最广泛的一种形式。

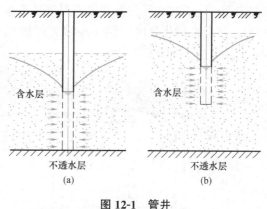

图 12-1 管井
(a) 完整井；(b) 非完整井

管井的直径一般为50～1000mm，井深可达1000m以上。常见的管井直径大多小于500mm，井深在200m以内。随着凿井技术的发展和浅层地下水的枯竭污染，直径1000mm以上及井深1000m以上的管井亦已有使用。

采用管井取水时，应考虑大多数的含水层中含有细砂，容易使管井发生漏砂和堵塞。因此广泛在管井中采用填砾过滤器，防止这些现象的产生。常见的管井构造由井室、井壁管、过滤器和沉淀管组成，如图12-2（a）所示。当需要抽取数个含水层的水（各含水层的水压相差不大）的时候，可采用图12-2（b）所示的多层过滤器管井。而当抽取地层结构稳定的岩溶裂隙水时，管井中可不用安装井壁管和过滤器。

管井各部分的构造如下：

1. 井室

井室是用以安装各种设备（如水泵、控制柜等）、保持井口免受污染和进行维护管理的场所。为保证井室内设备正常运行，井室应考虑必要的采光、供暖、通风、防水和防潮设施；井口应高出地面0.3～0.5m，以防止井室积水流入井内；为防止含水地层被污染，

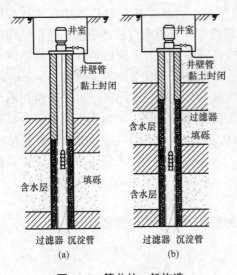

图 12-2　管井的一般构造

(a) 单层过滤器管井；(b) 双层过滤器管井

井口一般用黏土或水泥等不透水材料封闭。封闭深度根据水文地质条件确定，通常不少于 3m。

管井的抽水设备根据井的出水量、静水位和动水位的高度以及井的具体构造尺寸（如井深、井径）等因素决定。常用的抽水设备有深井泵、深井潜水泵和卧式水泵等。井室的形式除了受气候和水源地卫生等条件的影响之外，还在很大程度上取决于所选抽水设备的种类。几种常见的井室结构如下：

（1）深井泵房

深井泵由泵体、装有传动轴的扬水管、泵座和电动机组成。泵体和扬水管安装在管井内，泵座和电动机安装在井室内，即深井泵房里面。深井泵房可以建成地面式、地下式或半地下式。地面式深井泵房（图 12-3（a））的维护管理、防水、防潮、采光和通风等方面的条件均优于地下式泵房。大水量的深井泵房通常都采用地面式。地下式深井泵站（图 12-3（b））可建在绿化带内，便于城镇、厂区规划，其防寒条件较好，井室内一般无需采暖，尤其适用于北方寒冷地区。

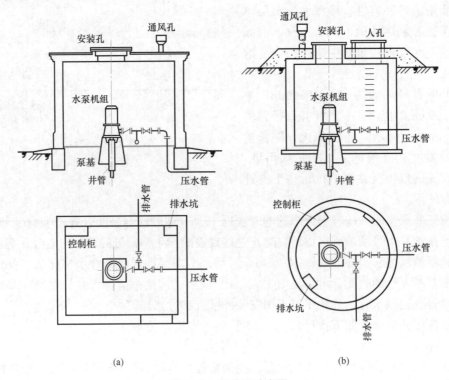

(a)　　　　　　　　　　　　(b)

图 12-3　深井泵站布置

(a) 地面式深井泵站；(b) 地下式深井泵站

（2）深井潜水泵房

深井潜水泵由潜水电动机（包括电缆）、潜水泵和扬水管组成。电动机和水泵浸没在管井动水位以下。电通过附在扬水管上的防水电缆输送给电动机。为了防止水中的砂粒进入电机，在水泵的进水段设有防砂机构。泵房相当于一个安装有水泵控制设备的阀门室（图12-4）。若室内没有采用电动阀门等特殊装置，泵房里往往无需考虑通风设施。深井潜水泵具有结构简单、使用方便、质量轻、运转平稳和没有噪声等优点。一般小水量的管井常采用深井潜水泵房的井室形式。

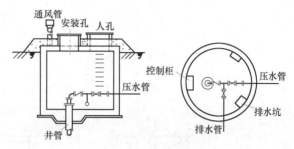

图 12-4　地下式潜水泵站

（3）卧式水泵房

采用卧式水泵的管井井室可以与泵房分建或合建。前一种情况的井室形式类似于阀门井；后一种情况的井室形式即为一般的卧式泵站，其构造可按一般泵站的要求进行设计。由于水泵吸水高度的限制，卧式水泵房一般用于地下水动水位较高的情况下，并且大多设计成地下式泵房。

（4）其他形式的井室

对于地下水的水位很接近或超出地面的管井，可采用自流或虹吸方式取水。这种取水方式无需在井口安装抽水装置，亦无需经常维护，故其井室大多建成地下式，结构与一般的阀门井类似。

有些管井采用空气扬水装置抽水，其井室一般与泵站分建。在井室内设有气水分离器，出水通常直接流入清水池。这种井室的形式和构造与一般的深井泵站大体相同。

2. 井壁管

设置井壁管的目的在于加固井壁、隔离水质不良的或水压较低的含水层。井壁管应具有足够的强度，能够承受地层和人工填充物的侧压力，弯曲变形小，内壁平滑圆整，有利于抽水设备的安装和管井的清洗维修。井壁管可以采用钢管、铸铁管、钢筋混凝土管、石棉水泥管和塑料管等管材。一般情况下钢管所适用的井深范围不受限制，但应随着井深的增加相应增大所用的管壁厚度；铸铁管一般适用于井深小于250m的范围。这两种管道均可用管箍、丝扣或法兰的连接方式。使用钢筋混凝土井壁管的井深一般不得大于150m，这种管材通常采用在管端预埋钢板圈焊接连接的方式。井壁管的直径应按照抽水装置的类型和吸水管的大小尺寸等因素确定。当抽水装置采用深井泵或潜水泵的时候，井壁管端内径应大于水泵井下部分的最大外径100mm。

井壁管的构造与施工方法和地层岩石的稳定程度有关，通常采用两种型式：

（1）分段钻进安装的井壁管构造

分三段钻进安装井壁管的过程如图12-5所示。第一段钻孔采用孔径 d_1，钻进到 h_1 的深度，然后放入井壁管段1，该段井壁管也称为导向管或井口管，用以在钻进时控制管井的垂直度，并防止井口坍塌。接着将钻孔直径减小到 d_2，继续钻进 h_2 的深度，并放入井壁管段2。再将钻孔直径减小到 d_3，钻进到设计深度，放入井壁管段3和过滤器4，如

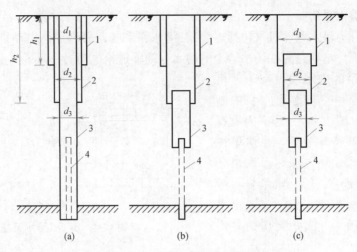

图 12-5　分段钻进时井壁管的构造

图 12-5（a）所示。然后将管段 3 拔起，露出过滤器，并切去管段 3 上端的多余部分，如图 12-5（b）所示。最后将管段 2 上端切短形成井壁管的多节构造，如图 12-5（c）所示。上下各节井壁管段之间有 3～5m 左右的重叠，重叠处的环形孔隙用水泥封填。每段井壁管的长度由钻机能力和地层情况决定，一般为几十米到百米左右，可长达几百米。相邻两段井壁管的口径差 50mm 左右。这种井壁管安装方式可以采用更多的段数，适用于深度很大的管井。

（2）单段钻进安装的井壁管构造

井深不大的时候，井壁管一般都不进行分段安装，而采用一次钻进的方法。当井孔地层较稳定的时候，可在钻进时注入泥浆或清水（分别称为泥浆护壁钻进和清水护壁钻进），利用其对井壁的静压力稳定井孔的结构。钻到设计深度以后，取出钻杆和钻头，将井壁管一次下入井内，再安装过滤器，并进行黏土封闭；当井孔地层不稳定时，一般随着钻进过程同时下保护套管，防止井孔坍塌。钻到设计深度以后，把井管一次下入套管之内，安装过滤器。最后拔出套管进行黏土封闭。这种方法称为套管护壁钻进，形成的管井构造如图 12-2 所示。

3. 过滤器

过滤器是管井用以收集地下水和支持含水层的渗透结构，它安装在含水层中，是管井的重要组成部分。过滤器的构造、材质和施工质量对管井的单位产水量、水质和工作年限有很大的影响，其设计选择十分重要。对过滤器的基本要求是应有足够的强度和抗腐蚀性，滤水性能良好，并且能保持人工滤层（填砾）和含水层的渗透稳定性。

过滤器的类型很多，常用的种类列举如下：

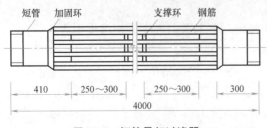

图 12-6　钢筋骨架过滤器

（1）钢筋骨架过滤器（图 12-6）

钢筋骨架过滤器是分节的。每节过滤器长 3～4m，由位于两端的短管、焊在短管周围的多条纵向钢筋（直径 16mm、平行间距 30～40mm）以及支撑环（纵向间距 250～300mm）焊接而成。钢筋骨架过滤器一般只用于不稳定的裂隙岩、砂岩或砾岩含水层。主要作为其他形式过滤器如缠丝过滤器和包网过滤器的支撑骨架。这种过滤器用料较省，容易加工，透水性能好，但是抗压强度和抗腐蚀能力较差，不宜用于深度大于200m的管井和侵蚀性较强的含水层。

（2）圆孔和条孔过滤器

这种过滤器是在金属或非金属管的管壁上开设许多圆形或条形孔口而成，可采用钢、铸铁、钢筋混凝土和塑料等各种管材。

圆孔和条孔过滤器可用于砾石、卵石、砂岩、砾岩和裂隙含水层，也常用作其他形式过滤器的支撑骨架。

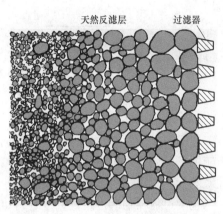

过滤器的圆孔直径或条孔宽度与和其接触的含水层粒径有关。如果孔眼的尺寸合适，洗井时含水层内的细小颗粒便能通过孔眼而被冲走，而含水地层中留在过滤器周围的粗颗粒就能构成透水性良好的"天然反滤层"，如图12-7所示。这种反滤层对于保持含水层的渗透稳定性、提高过滤器的透水性、改善管井的工作性能（如扩大实际的集水面积、降低水头损失等）、提高管井的单位产水量、延长管井使用年限都起着很大的作用。表12-1列举了没有填砾的过滤器的圆孔直径或条孔宽度。管壁上开设的圆孔或条孔的间距由所采用管材的允许孔隙率决定。各种管材的允许孔隙

图12-7　过滤器周围的天然反滤层

率如下：钢管$30\% \sim 35\%$，铸铁管$18\% \sim 25\%$，钢筋混凝土管$10\% \sim 15\%$，塑料管10%。

塑料管材加工的过滤器具有抗蚀性强、质量轻和加工方便等优点。例如直径200mm的硬质聚丙烯和聚乙烯过滤器的质量仅为同样口径钢制过滤器的15%，并且还能一次注压成形。

（3）缠丝过滤器（图12-8）

缠丝过滤器适用于粗砂、砾石和卵石含水层，是将圆孔、条孔过滤器或钢筋骨架过滤器为支撑骨架，在外面绕以"缠丝"构成。缠丝材料一般采用直径$2\sim3mm$的镀锌铁丝。

在腐蚀性较强的地下水中宜用不锈钢丝或强度较高、抗蚀性较好的非金属丝，如尼龙丝和增强塑料丝等。缠丝缠绕的间距一般根据含水层的颗粒组成，参照表12-1确定。

过滤器的进水孔眼直径或宽度　　　　　　　　　　　　　　表12-1

过滤器名称	进水孔眼的直径或宽度 d	
	岩层不均匀系数 $\left(\dfrac{d_{60}}{d_{10}} < 2\right)$	岩层不均匀系数 $\left(\dfrac{d_{60}}{d_{10}} > 2\right)$
圆孔过滤器	$(2.5\sim3.0)d_{50}$	$(3.0\sim4.0)d_{50}$
条孔和缠丝过滤器	$(1.25\sim1.5)d_{50}$	$(1.5\sim2.0)d_{50}$
包网过滤器	$(1.5\sim2.0)d_{50}$	$(2.0\sim2.5)d_{50}$

注：1. d_{60}、d_{50}、d_{10}分别指岩层颗粒中按重量计算有60%、50%、10%粒径小于这一粒径；

2. 较细砂层取小值，较粗砂层取大值。

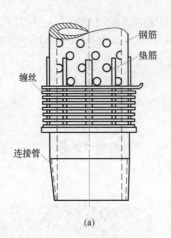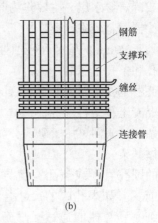

图 12-8　缠丝过滤器

(a) 钢管骨架缠丝过滤器；(b) 钢筋骨架缠丝过滤器

（4）包网过滤器（图 12-9）

包网过滤器由支撑骨架外包滤网构成。滤网常用直径 0.2～1.0mm 的黄铜丝编织。由于铜丝细网容易被电化学反应产物堵塞，滤网材料亦有采用不锈钢丝网或尼龙网。滤网孔眼的大小可根据含水层的颗粒组成，参照表 12-1 确定。

包网过滤器与缠丝过滤器一样，也适用于粗砂、砾石、卵石等类型的含水层。由于包网过滤器的滤水阻力大，易被细砂堵塞，容易腐蚀，目前已逐渐被缠丝过滤器所取代。

（5）填砾过滤器

填砾过滤器是以上述的各种过滤器为支撑骨架，在周围填上与含水层颗粒组成有一定级配关系的过渡砾石层构成。工程中应用比较广泛的是在缠丝过滤器的外面围填砾石而组成的缠丝填砾过滤器，其过滤器缠丝的间距须小于砾石的粒径。

在过滤器周围的天然反滤层结构，是含水层中的粗颗粒形成的。由于地层的颗粒组成不同，并不是所有的含水层都能形成滤水效果良好的天然反滤层的。在过滤器周围加上人工围填的砾石层，就形成了一个人造的过滤层结构，称为人工反滤层，参见图 12-10。

填砾过滤器可适用于各种砂质含水层和砾石、卵石含水层，其支撑骨架上的进水孔尺寸常做成等于过滤器壁上所填砾石的平均粒径大小。

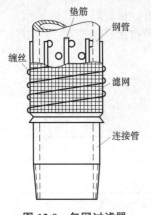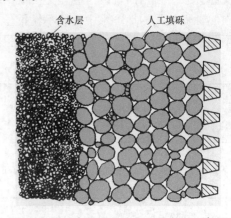

图 12-9　包网过滤器　　　　　图 12-10　过滤器周围的人工反滤层（填砾）

一般填砾粒径和含水层粒径的比值应为

$$\frac{D_{50}}{d_{50}}=6\sim8 \qquad (12\text{-}1)$$

式中　D_{50}——填砾中粒径小于 D_{50} 的砂和砾石占总质量的 50%；

　　　d_{50}——含水层中粒径小于 d_{50} 的颗粒占总质量的 50%。

如果填砾粒径和含水层粒径的比值符合上述的范围，填砾层就能拦住含水层中的骨架颗粒，使含水层的结构保持稳定。而含水层中细小的非骨架颗粒则随着水流排走，使之具有较好的渗水能力。

实验观察表明，当填砾粒径满足式（12-1）的级配范围，且填砾厚度达到填砾粒径的 $3\sim4$ 倍的时候，即能保持含水层的稳定。考虑到井孔圆度、井孔倾斜度以及过滤器与井孔中心的同心度等因素的误差，工程上常采用较大的填砾厚度。在砾石、卵石和粗砂含水层中的填砾厚度一般为 $75\sim150\mathrm{mm}$，要根据含水层的特征、填砾层数和施工条件等确定。增加填砾层厚度实际上就扩大了含水层与填砾层外表的接触面，即进水断面，从而能降低进水流速，改善含水层的渗透稳定性，同时减少进水水头损失，有利于提高井的单位产水量。因此当施工条件许可的时候，加大填砾层的厚度对改善管井的工作条件十分有利。

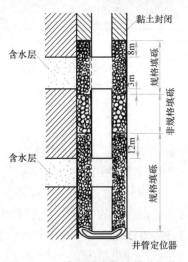

图 12-11　填砾过滤器的管井构造

填砾层在管井运行中有可能出现下沉现象。因此填砾层的上端应超出过滤器顶端约 $8\sim10\mathrm{m}$，如图 12-11 所示。

填砾过滤器中的滤管上的缠丝或包网在运行中往往会产生化学腐蚀或沉积现象，使管井出现严重漏砂或堵塞，最终导致管井报废。近年来人们改进了过滤器材质、过滤器构造和反滤层结构，取消容易腐蚀和积垢的缠丝和包网，直接用圆孔或条形孔的穿孔管做支撑骨架，采用多层不同粒径的填砾或混合粒径的填砾组成人工反滤层等措施，效果良好。

（6）砾石水泥过滤器

砾石水泥过滤器又称无砂混凝土过滤器，用水泥浆胶结砾石制造。在砾石水泥胶结体中，砾石间的空隙仅有一部分被水泥填充，故有一定的透水性。砾石水泥过滤器成品的孔隙率与采用的砾石粒径、水灰比、灰石比有关，一般可达 20%。

砾石水泥过滤器取材容易、制造方便、价格低廉。但是这种过滤器机械强度较低、质量大，在细粉砂或含铁量高的含水层中容易堵塞，故应用有所限制。如在这种过滤器的周围加填一定规格的砾石，可提高其使用效果。

4. 沉淀管

沉淀管接在过滤器的下面，用来沉淀进入井内的细小沙粒和地下水中析出的沉淀物。沉淀管长度根据井深和含水层出砂的可能性而定，一般为 $2\sim10\mathrm{m}$（井深小于 $20\mathrm{m}$ 时沉淀管长度取 $2\mathrm{m}$，井深大于 $90\mathrm{m}$ 时取 $10\mathrm{m}$）。如果采用空气扬水装置抽水，当管井深度不够的时候，也常加长沉淀管来提高空气扬水装置的效率。

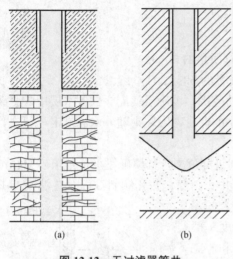

图 12-12 无过滤器管井
(a) 设于裂隙或岩溶地层中的管井;
(b) 设于砂质含水层中的管井

由于各地含水地层构造不同,实际还有许多其他形式的管井。例如在稳定的裂隙和岩溶基岩地层中取水时,一般可以不设过滤器,仅在上部覆盖层和基岩风化带设护口井壁管,如图 12-12(a)所示。这种管井水流阻力小,使用期限长,建造费用低。但在有强烈地震的地方建井仍需要设置坚固的井壁管和过滤器。在有坚硬覆盖层的砂质承压含水层中也可以采用无过滤器管井,如图 12-12(b)所示。这种管井出水量的大小会直接影响到含水层顶板的稳定性,因为出水量大的时候,会在抽水的地方形成漏斗,掏空顶板下的含水层。为此,可在抽水漏斗处回填一定粒径大小的砾石,以便防止漏斗的扩大,并支撑顶板。

12.2.2 管井施工

管井的施工建造一般包括钻凿井孔、井管安装、填砾石、管外封闭和洗井等过程,然后进行抽水试验。现分述如下。

1. 钻凿井孔

钻凿井孔的方法主要有冲击钻进和回转钻进。在地下水取水工程中,广泛采用这两种方法钻凿深度为 20m 以上的管井。深度小于 20m 的较浅的管井还可以采用挖掘、击入和水冲等方法施工。

(1) 冲击钻进

冲击钻进法是依靠钻头对地层的冲击作用来钻凿井孔的,这种钻井的方法为中国首创。数千年前,我国劳动人民就能利用竹弓的弹力、硬木桩和铁帽钻头开凿井孔。到了汉代,我国的冲击钻进技术已达到很高的水平,当时四川的天然气井和盐井就是用冲击钻进法开凿的,井深可达 120m。那时打井的速度较慢,往往需要数年甚至数十年才能完成一眼井。

现代的冲击钻进施工是采用冲击式钻机来完成的。冲击式钻机的种类较多,性能各异,其最大的开孔直径和最大凿井深度各不相同。因此,在采用冲击钻进凿井施工之前,必须根据地层情况、管井的孔径和深度以及施工地点的运输和动力条件选择适用的钻机。

一般而言,冲击钻进法的效率较低,速度较慢,但是所用的机具设备比较简单轻便,仍为常用的钻井施工方法之一。有关冲击钻进法所需机具和具体施工方法可参见有关文献资料。

(2) 回转钻进

回转钻进法是依靠旋转的钻头对地层的切削、挤压和研磨破碎作用来钻凿井孔的。根据钻进中泥浆流动的方式和钻头形式,回转钻进法又分为一般回转(正循环)钻进、反循环钻进和岩芯回转钻进。分述如下:

1) 一般回转(正循环)钻进

一般回转钻进的机具装置如图12-13所示。井孔内伸入空心的钻杆。空心钻杆上部段的断面制成方框形，长度约7m，该段钻杆穿过钻机的方孔转盘。这样当方孔转盘旋转的时候，便能带动钻杆和钻头一起旋转。空心钻杆下部段的断面制成圆筒形，随着钻井深度逐步加大，可用接箍把下部段的圆筒形钻杆逐节接长。钻杆的下端连接钻头，常用鱼尾旋转钻头。钻杆的上端连接提引水龙头。提引水龙头用滑轮和钢丝绳悬吊在钻井架上，钢丝绳连接钻机的绞车，以便控制钻杆的上下升降。提引水龙头与钻杆之间用轴承装置连接，保证钻杆能随转盘自由转动。泥浆泵通过胶管连接提引水龙头，供给泥浆。

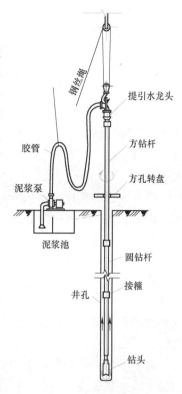

图12-13 一般回转钻进的机具装置示意

一般回转钻进的过程如下：钻机动力机械通过传动装置使方孔转盘旋转。旋转的转盘又带动钻杆转动，使钻头切削地层。当钻进一定的深度（等于钻杆上部那段方形钻杆的长度）以后，即提起钻杆，用接箍把圆筒断面的钻杆接长一段，然后继续钻进。如此重复上述步骤一直钻进到设计井深。在钻井的时候，为了清除井孔内的岩屑、保持井孔结构稳定以及冷却钻头，必须在泥浆池内调制一定浓度的泥浆，用泥浆泵抽取，通过胶管，经提引水龙头，沿钻杆内腔向下流动，喷射到钻头的工作面上。然后泥浆和岩屑混合在一起，沿着井孔与钻杆之间的环状空间上升到地面，返回泥浆池。泥浆在池内沉淀除去岩屑以后再被泥浆泵抽送到钻机提引水龙头。这种钻进方式称为（泥浆）正循环回转钻进。回转钻进法对松散岩层和基岩都能适用，钻进时岩屑能被连续地排除，所以其钻进的效率和进尺速度要比冲击钻进法高。

2）反循环回转钻进

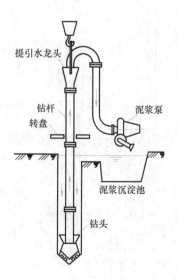

图12-14 反循环回转钻进原理

在正循环回转钻进凿井的过程中，往往会因井壁产生裂缝和坍塌，使循环泥浆漏失，或使井壁与钻杆之间的环状空间扩大，导致泥浆的上升流速降低而影响岩屑排除，降低进尺速度。反循环回转钻进是克服上述问题的一种解决方法。

反循环回转钻进的原理如图12-14所示，其泥浆的循环方向与正循环的方向相反。泥浆泵的吸水胶管与提引水龙头连接，工作面上的岩屑与泥浆由钻头吸入，在钻杆的内腔里上升，回流到泥浆沉淀池内。在泥浆池内经沉淀去除岩屑之后的泥浆沿着井壁与钻杆之间的环状空间向下流到井底。这样，挟带岩屑的泥浆在钻杆内的上升流速是不变的，能保证岩屑的排除，故进尺速度比正循环回转法快。但由于泥浆的反循环回流运动仅依赖于泥浆泵有限的真空抽吸作用，回流路程不能过长，因此这种方法的钻进深度有限，一般只达 100m 左右。

3）岩芯回转钻进

岩芯回转钻进法的设备和工作过程与一般回转钻进法基本相同，只是钻头不一样，用的是岩芯钻头。岩芯钻进只将沿着井壁的岩石粉碎，保留井孔中间部分即岩芯，因此钻进效率较高，还能将岩芯取出分析地层构造。岩芯回转法适用于钻凿坚硬的岩层。

由于石油和采矿工业的发展，钻井技术发展很快。一些新型高效能的钻井设备如多用钻机、全液压操纵钻机、柔杆钻机、高频冲击钻机和动力头钻机等，都已成功地应用于石油采矿等领域，某些新设备已经开始用于水井的钻凿。预计今后水井的钻凿技术将会有更大的发展。

凿井方法的选择对降低管井的造价、加快凿井进度和保证管井的质量都有很大的影响。因此在实际工作中应当结合具体情况，选择合适的凿井方法。

2. 井管安装、填砾、管外封闭

井孔钻进到预定深度以后，即可进行井管安装。安装井管之前，应根据钻凿井孔时取得的地层资料对管井构造设计进行核对和修正，如校核过滤器的长度和位置等。井管安装应在井孔凿成以后及时进行，特别对于无套管施工的井孔尤因如此，以免井孔坍塌。井管安装必须保证质量。如果井管偏斜或弯曲，都将影响填砾质量以及抽水设备的安装和正常运行。

除了采用一般的吊装下管方法安装井管以外，还有"浮板下管法"，适用于长度大和质量大的井管安装；以及"托盘下管法"，适用于不能承受拉力的非金属井管的安装。浮板下管法（图 12-15）是在井管中设置一块密闭的隔板（即浮板）挡水，使井管下沉时排水产生浮力，从而减轻吊装设备的负荷和因井管自重所产生的拉力。井管安装完成以后可用钻杆凿通浮板通水。托盘下管法（图 12-16）是用起重钢丝绳吊着一个混凝土或坚韧木材制成的托盘，使托盘支撑着整根井管，将其放入井孔内。当托盘吊到井底之后，拉走中心钢丝绳，抽出销钉，即可收回起重钢丝绳，让托盘留在井底。下管即告完成。

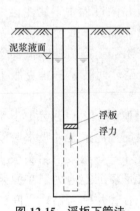

图 12-15　浮板下管法

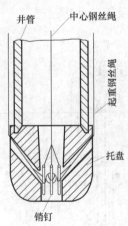

图 12-16　托盘下管法

填砾和管外封闭是紧接着下管之后的工序。填砾的规格、填砾方法、不良含水层的封闭和井口封闭等施工质量的优劣，都可能影响管井的产水量和出水水质。

填砾时，首先要保证所填砾石的质量。应采用坚实和圆滑的砾石，按照设计所要求的粒径筛选，还要进行冲洗，以便去除杂质和不合格的成分。

装填砾石的时候要随时测量砾石层面的高度，了解填入的砾料是否有堆砌堵塞现象。为了避免砾石堵塞和颗粒大小分层，砾石的装填应当均匀连续地进行。

一般采用黏土球进行井外封闭。黏土球采用湿度适宜的优质黏土制成，球径约 25mm 左右。要求在进行装填封闭时，黏土球不会破碎或化解。黏土球填到井口的时候，要进行夯实。

3. 洗井和抽水试验

在凿井的过程中，井壁上会形成一层泥浆壁，还会有泥浆和岩屑滞留在井周围的含水层中。洗井的目的是要去除井孔及周围含水层中的泥浆和井壁上的泥浆壁，并洗去井周围含水层中的一部分细小颗粒，使过滤器周围的含水层形成天然反滤层。因此洗井是影响管井产水能力的重要工序。

洗井必须在凿井、井管安装、填砾和管外封闭后立即进行，以防泥浆壁硬化给洗井带来困难。

在洗井之前应用抽筒清除井筒内的泥浆。

洗井的方法有活塞洗井、压缩空气洗井、联合洗井等多种方法，应根据施工状况、地层情况和设备条件选用。

活塞洗井法是将安装在钻杆上的带有活门的活塞在井壁管内上下拉动，使过滤器周围的水流往返冲动，以便破坏泥浆壁并洗去含水层中的残留泥浆和细小颗粒。活塞洗井效果好，洗井比较彻底。但须注意，在采用机械强度较差的非金属井管时，必须防止提拉活塞时损坏井管。为此可采用比较软的活塞，减慢提拉速度。

压缩空气洗井有多种方法，其中以喷嘴反冲洗井法的设备较简单，效率较高，故采用较广。喷嘴反冲洗井的装置是将一根空气管伸入井管内部，空气管悬吊在井架上，可以上下升降。空气管上端与空气压缩机连接，下端分出 3～4 支短管，短管上开有若干喷气小孔。压缩空气通过喷气孔、以很高的速度向井壁作涡旋形的喷射，借气水的混合冲力有效地破坏泥浆壁，并将泥浆和砂粒带出井口。通常在冲洗时，是自上而下或自下而上分段冲洗井壁的。本法一般不宜用于细粉砂类地层。

联合洗井是将压缩空气与活塞洗井法联用，或者将泥浆泵与活塞洗井法联用，都能达到较好的洗井效果。

洗井到泥浆壁被清除，井的出水变清、水中含砂量 1/50000 以下（适用于粗砂地层）～1/20000 以下（适用于中、细砂地层）的时候，就可以结束洗井工作。

抽水试验是管井建造的最后工序阶段。目的是测定井的出水量，了解出水量与水位降落值之间的函数关系，为选择和安装抽水设备提供依据。同时还采取水样进行分析，以评价井的水质。

在抽水试验前应测出静水位，抽水时应测定与出水量对应的动水位。抽水试验的最大出水量一般应达到或超过设计出水量。如果设备条件有限，也不应小于设计出水量的 75%。进行抽水试验的时候，一般要取 3 个不同的水位降落值，条件有限时至少取 2 个。每一组抽水量和水位降落值都应在保持一定的稳定延续时间之后测定。

在抽水试验过程中，除须认真观测和记录有关数据之外，还应在现场及时进行资料整理工作。例如绘制出水量与水位降落值的关系曲线、水位和出水量与时间关系曲线以及水位恢复曲线等，以便发现问题并及时处理。

12.2.3 管井的维修管理

1. 管井的验收

管井竣工之后，应由使用单位会同施工或设计单位根据设计图纸和验收规范共同验收，检验井深、井径、水位、水量、水质和有关施工文件。作为饮用水水源的管井应经当地卫生防疫部门的审查，水质检验合格以后方可投产使用。

在管井验收时，施工单位应提交下列资料：

（1）管井施工说明书

管井施工说明书是综合性施工技术文件。内容包括：管井所在位置的地质柱状图，其中说明岩层名称、岩层厚度和埋藏深度；管井的结构、过滤器结构和填砾规格；过滤器安装、填砾、封闭时的记录资料；井位坐标和井口的绝对标高；抽水试验记录表；井水水质的化学和细菌分析资料等。

（2）管井使用说明书

管井使用说明书的内容包括：管井的最大允许开采量；选用抽水设备的类型和规格；水井在使用中可能发生的问题以及使用维修方面的建议；为防止出水水质恶化和管井损坏所提出的有关维护方面的建议等。

（3）钻进采集的岩样

在钻进过程中采集的岩样须分别装在木盒内，并附有岩石名称、取样深度和对样品的详细描述。

上述资料是水井管理的重要依据。使用单位必须将这些资料作为管井的技术档案妥善保存，以便分析和研究管井运行中存在的问题。管理人员更换时，应进行详细的交接工作，使接替人员了解管井的使用历史和存在问题。

2. 管井的使用

管井运行合理与否将显著影响其使用年限。生产实践表明，有很多管井由于使用不当，出现产水量衰减或涌砂等问题，甚至导致早期报废。故在管井的使用中应采取下列措施：

（1）限制管井的抽水量

抽水设备的出水量应小于管井的出水能力。此外还应使管井过滤器外表面的进水流速低于其允许的进水流速。否则，有可能使出水含砂量增加，还可能破坏含水层的渗透稳定性。

（2）建立管井的使用卡制度

每口管井都应设有使用卡，使值班或巡视人员能逐日按时记录井的出水量、水位和出水压力，以及电动机的电流、电压和温度等数据，以便据此检查和研究产生异常现象的原因，及时处理。故管井应配备流量计和观测水位的装置。

（3）建立管井的操作维修制度

要严格执行必要的管井和机泵的操作规程及维修制度。例如深井泵在启动前应进行预润操作，运行中要及时加注机泵的润滑油等。此外，机泵要定期检修，水井要及时清理沉淀物，必要时还应进行洗井，以恢复其产水能力。

（4）注意管井停运期间的维护

季节性供水的管井在停运期间应定期抽水，防止因长期停用而使电动机受潮，或使井管加速腐蚀和沉积。对于采用地下式井室的管井或抽取高矿化度地下水的管井，要特别注意进行这种维护。

（5）注意管井周围的卫生防护

应当按照卫生防护的要求，在管井周围保持良好的卫生环境并进行绿化。

3. 管井出水量减少的原因和恢复或增加出水量的措施

（1）管井出水量减少的原因和恢复出水量的措施

管井在使用过程中往往会产生出水量减少现象，情况比较复杂。一般可从管井本身和水源这两方面去寻找原因。

1）属于管井的原因

除了抽水设备发生故障之外，属于管井的原因一般多为过滤器或其周围的填砾及含水层产生堵塞而引起的。主要有以下4种情况：

第一种情况是过滤器的进水孔尺寸选择不当、缠丝或滤网腐蚀破裂、井管接头不严或错位、井壁开裂等原因，导致砂粒或砾石大量涌入井内造成堵塞；

第二种情况是过滤器表面及其周围的填砾或含水层被细小的泥砂堵塞；

第三种情况是过滤器及其周围的填砾或含水层被腐蚀的胶结物或地下水中析出的盐类沉淀物堵塞；

第四种情况是过滤器及其周围的填砾或含水层因微生物的繁殖而造成填塞。

准备采取具体措施消除故障之前，应当掌握有关管井的构造、施工和运行资料、抽水试验数据和水质分析资料等，对造成堵塞的原因进行分析判断，再根据具体情况采取相应措施。目前在生产实践中已有采用井下彩色摄影或摄像等直接观测的方法，可以为了解管井内部的状况提供比较可靠的依据。

对于第一种情况的堵塞，应予更换过滤器或者修补封闭漏砂部位。用弹力套筒补井法对于修补井筒裂隙效果较好。这种方法是将2mm厚的钢板卷成长度为3～5m（视修补长度的需要）的开口圆筒（图12-17（a）），将圆筒卷紧（图12-17（b））安置在特制的紧固器上，送到井下需要修补的位置。松开紧固器，钢板圆筒即借着自身的弹力张开（图12-17（c）），紧撑在井管内壁上，达到封闭裂口的目的。

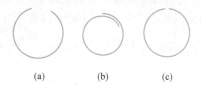

(a)　　　　(b)　　　　(c)

图 12-17　弹性套筒横断面

对于第二种情况的堵塞可用下列方法处理：

用安装在钻杆上的钢丝刷在过滤器内上下拉动，清除过滤器表面上的泥砂；采用活塞洗井或压缩空气洗井等。

第三种情况属于化学性堵塞。因为地下水中含有盐类，是天然的电解质，所以浸在地下水中的金属过滤器必然会产生不同程度的电化学腐蚀。不仅电位不同的金属之间会产生腐蚀（如镀锌铁丝与钢管之间、铜网与钢管或铸铁管之间等），即使是钢管或铸铁管本身，也会由于其材质不纯而构成微电池，产生电化学腐蚀反应。水中的溶解氧将使腐蚀加速。腐蚀产物会逐渐在管壁上聚集结垢，使过滤器堵塞。另外一种化学堵塞方式是因为地下水中常溶解有钙、镁等盐类，当管井抽水时，地下水的压力降低，会使溶于水中的气体（如二氧化碳或硫化氢等）析出，破坏水中的化学平衡，导致水里的盐类沉积于过滤器及其周围的含水层之中，形成不透水的胶结层。应对化学性堵塞，除了在设计管井时考虑相应的措施之外，可在维护中采用酸洗法来消除。常用浓度为18%～35%的工业盐酸作为清洗

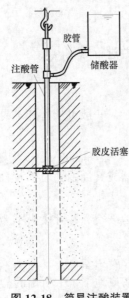

图 12-18 简易注酸装置

剂。为了防止酸液侵蚀过滤器和注酸设备,应在其中加入缓释剂(甲醛的水溶液)。常采用图 12-18 所示的简易装置注酸。管井酸洗完毕后应立即抽水,防止酸洗剂的扩散,以保证出水水质。

必须注意,全部注酸洗井程序要严格按照操作规程进行以策安全。

对于第四种情况,可以用氯化法或酸洗法缓解因细菌繁殖而产生的管井堵塞。

2)属于水源方面的原因

水源方面引起管井出水量减少的原因有:

地下水位区域性下降使管井出水量减少。区域性水位下降一般发生在长期超量开采地下水的地区。对于这种情况,除了在设计管井时要充分估计到地下水位可能降低的幅度,从而采取相应措施之外,还可以调整现有抽水设备的安装高度,必要时亦可能改建取水井,使之能适应新的水文地质条件。

井出水量减少还可能是含水层中地下水的流失。地下水流失可能是由于地震、矿坑开采或其他自然与人类活动的结果,导致地下水流到其他透水层、矿坑或别的地点。

(2)增加管井出水量的措施

1)真空井法

真空井法是将井管的全部或部分密闭,在管井抽水时使之处于负压条件下进水,实质上是增加水位降落值以达到增加出水量的目的。由于抽水的设备不同,真空井有多种形式。图 12-19 所示为适用于卧式泵的真空井,图 12-20 所示为深井潜水泵真空井的一种形式。

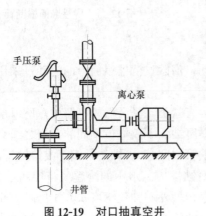

图 12-19 对口抽真空井

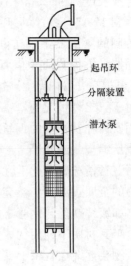

图 12-20 深井潜水泵真空井

2)爆破法

在坚硬的岩溶含水层中取水时,常因地层的孔隙、裂隙或溶洞发育不全而影响地下水的流动,从而影响水井的出水量。往往在同一个含水层中,各井的出水量可能相差很大。

这种情况下，采用井中爆破法处理常能增强含水层的透水性。

爆破法通常是将炸药和雷管封置在专用的爆破器内，用钢丝绳悬吊到井中预定位置，通电起爆。当含水层很厚的时候，可以自下而上分段进行爆破。爆破的岩石和碎片用抽筒或压缩空气清理出井外。

在坚硬岩层中爆破时，爆破区会形成一定范围的破碎圈和振动圈，容易造成新的裂隙密集区域，从而沟通其他断裂区或岩溶富水带，增水效果显著。故在爆破前，必须对含水层岩性、厚度和裂隙溶洞发育程度等条件进行分析，拟定爆破计划。爆破法不是对所有类型的含水层都有效的。例如，在松软岩层中爆破时，在爆破的局部高温高压的作用下，含水层可能还会变得更为致密，裂隙可能会被黏土碎屑所填充，使地层透水性减弱，起到相反的效果。

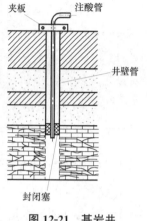

图 12-21　基岩井孔注酸方法示意

3）酸处理法

对于石灰岩地区的管井，可采用注酸的方法增大、沟通石灰岩的裂隙或溶洞，增加出水量。图 12-21 为基岩井孔注酸装置的示意图。用封闭塞在含水层的上端封闭注酸管，注酸以后即将压力为 980kPa 以上的压力水注入井内，使酸液渗入岩层裂隙中。注水时间为 2～3h 左右。酸处理以后，应及时去除水中析出的反应沉淀物，以免井孔及其周围的含水层发生堵塞。

12.3　管井的设计与水力计算

12.3.1　管井的水力计算

管井水力计算的目的是在已知水文地质等参数条件下，通过计算确定管井在最大允许水位降落值时的可能出水量，或者在给定的井出水量和上述的地质参数条件下，计算确定管井的可能水位降落值。

可采用理论公式或经验公式进行管井水力计算。在工程实际中，根据水文地质初步勘察阶段的资料按理论公式进行计算，方法简便。但理论公式法的精确程度较差，通常只用于水源选择、供水方案的拟定或初步设计阶段。经验公式是建立在水文地质的详细勘察和现场抽水试验的资料基础上的，计算结果较接近实际情况。常用在施工图设计阶段，用以最后确定井的形式、构造、井的数量和井群布置方式。

1. 管井水力计算的理论公式

地下水的渗流情况十分复杂。例如，根据地下水的流态，可以分为稳定流与非稳定流、平面流与空间流、层流与紊流或混合流；根据水文地质条件，又可分为承压与无压、有无表面下渗或相邻含水层渗透、均质与非均质、各向同性与各向异性；根据井的构造，又可分完整井与非完整井等。因此管井计算的理论公式也多种多样，以下仅介绍几种基本的理论公式。

（1）稳定流情况下，井的水力计算

1）承压含水层完整井计算式（图 12-22）

$$Q=\frac{2\pi KmS_0}{\ln\dfrac{R}{r_0}}=\frac{2.73KmS_0}{\lg\dfrac{R}{r_0}}$$

(12-2)

2）无压含水层完整井计算式（图 12-23）

$$Q = \frac{\pi K(H^2 - h_0^2)}{\ln \dfrac{R}{r_0}} = \frac{1.37K(2HS_0 - S_0^2)}{\lg \dfrac{R}{r_0}} \tag{12-3}$$

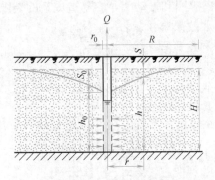

图 12-22 承压含水层完整井计算简图

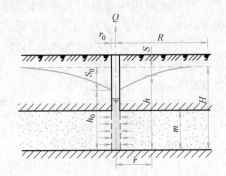

图 12-23 无压含水层完整井计算简图

在式（12-2）和式（12-3）中：

Q —— 为井的出水量，$\mathrm{m^3/d}$；

H，m —— 分别为无压和承压含水层的厚度，m；

h_0，S_0 —— 分别为对应于出水量 Q 时的井外壁的水位和水位降落值，m；

r_0 —— 为过滤器的半径，m；

K —— 为含水层的渗透系数，m/d；

R —— 为井的影响半径，m。

计算式中的 K、R、H 和 m 等值可根据水文地质勘察资料确定。准确地确定 K 值有很大的实际意义。通常由现场抽水试验确定的 K 值比较接近实际情况。无条件进行抽水试验时，可参照水文地质条件类似地区的平均数值或经验数据估算 K 值。表 12-2 给出了渗透系数的经验数值。R 值最好也应通过现场抽水试验和水文地质条件相似地区水井的长期观测资料来确定。无上述条件时，也可参照经验公式或经验数值进行估算。表 12-3 给出了 R 值的经验数值。实际上 R 是一个很复杂的参数，不仅取决于地层的透水性，还取决于含水层的补给条件。当补给不足时，R 是一个随时间变化的参数，此时地下水流向水井的运动已不是稳定流，而是非稳定流。

地层渗透系数 K 值   表 12-2

地层	地层颗粒		渗透系数 K（m/d）
	粒径（mm）	所占比例（%）	
粉砂	0.05～0.1	70 以下	1～5
细砂	0.1～0.25	＞70	5～10
中砂	0.25～0.5	＞50	10～25
粗砂	0.5～1.0	＞50	25～50
极粗的砂	1～2	＞50	50～100
砾石夹砂			75～150
带粗砂的砾石			100～200
漂砾石			200～500

地层	地层颗粒		影响半径 R(m)
	粒径(mm)	折占比例(%)	
粉砂	0.05～0.1	70 以下	25～50
细砂	0.1～0.25	>70	50～100
中砂	0.25～0.5	>50	100～300
粗砂	0.5～1.0	>50	300～400
极粗砂	1～2	>50	400～500
小砾石	2～3		500～600
中砾石	3～5		600～1500
粗砾石	5～10		1500～3000

上述承压和无压含水层完整井计算公式又称为裴布依（Dupuit，J.）公式。其形式比较简单，使用方便。该式推导的假设基础为：地下水处于稳定流、层流和均匀缓变流动状态；水位下降漏斗的进水边界是以 R 为半径的圆柱面；含水层为均质、各向同性且无限分布；隔水层的顶板与底板平行，并且水平铺展。完全符合这些理想条件的水井在自然界中很少。但在实践中近似于这些条件的情况还是大量存在的，因此裴布依公式仍有一定的实用价值。

3）有限厚度承压含水层非完整井计算式（图 12-24）

$$Q=\frac{2.73KmS_0}{\frac{1}{2\bar{h}}\left(2\lg\frac{4m}{r_0}-A\right)-\lg\frac{4m}{R}} \tag{12-4}$$

式中 $\bar{h}=\dfrac{l}{m}$——为过滤器插入含水层的相对深度；

      $A=f(\bar{h})$——函数值，由辅助图 12-25 确定；

         l——为过滤器长度，m；

其余符号同前。

上式由马斯克特（Muskat，M.）在裴布依稳定流理论公式的基础上，应用空间映射和势流叠加原理导出。

由图 12-25 可知：当 $\bar{h}=1$ 时，$A=0$，公式 12-4 即为完整井公式。当 $\bar{h}$ 很小即过滤器长度相对于含水层的厚度很小的时候，含水层底板对水井的影响势必减弱，此时采用公式（12-4）可能导致较大的误差。经验证明：当 $\dfrac{l}{r_0}>5$ 和 $\dfrac{r_0}{m}\leqslant 0.01$ 时，公式计算结果误差不

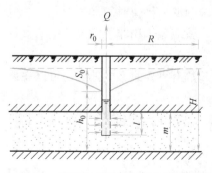

12-24 承压含水层非完整井计算简图

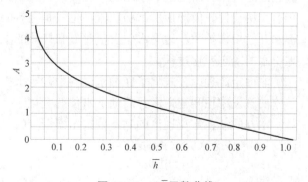

图 12-25 A-$\bar{h}$ 函数曲线

超过 10%，在工程应用上是可行的。

4）无限厚度承压含水层非完整井计算式：

$$Q=\frac{2.73KlS_0}{\lg\frac{1.32l}{r_0}}$$

(12-5)

上式由巴布希金（В. Д. Бабущкин）根据大量实验结果推出，适用于很厚的含水层，即 $\frac{l}{m}\leqslant 0.3$。当 $l>5r_0$ 时，公式的计算结果与实际较接近。

5）无压含水层非完整井计算式

在用渗流槽模型研究无压含水层非完整井（图 12-26）的水流特点时，发现过滤器上下两端的流线弯曲很大。从上端到过滤器中部，流线的弯曲程度逐渐变缓；而从过滤器中部到其下端，流线又向相反的方向弯曲。在过滤器中部的流线近似于平面的径向流动，该流动面近似重合于图 12-26 中的 I-I 水平面，因此可以通过 I-I 平面把整个渗流区分为上下两部分。若将 I-I 水平面近似地视为不透水层，则渗流区的上部分可以看作是无压含水层完整井，下部分可看作承压含水层非完整井。故无压含水层非完整井的出水量可以由这两种形式井的水量叠加而得，即将式

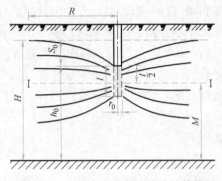

图 12-26　无压含水层非完整井计算简图

（12-3）和式（12-4）组合为：

$$Q=\pi KS_0\left(\frac{l+S_0}{\ln\frac{R}{r_0}}+\frac{2M}{\frac{1}{2\bar{h}}\left(2\ln\frac{4M}{r_0}-2.3A\right)-\ln\frac{4M}{R}}\right)$$

(12-6)

式中：$M=h_0-0.5l$；

$\bar{h}=\frac{0.5l}{M}$；

其余符号同前。

（2）非稳定流情况下，管井的水力计算

自然界中的地下水运动并不存在稳定流状态。然而当地下水的开采规模与其天然补给量相近的时候，由于地下水运动十分缓慢，可以近似视为稳定流，故稳定流理论计算公式仍有实用价值。但即使所谓稳定流，也只是在有限时间段内的一种暂时的平衡现象，当地下水开发规模扩大，地下水位发生明显和持续的下降时，就应该采用非稳定流理论来解释地下水的动态变化过程。

非稳定流理论公式除了在抽水试验中确定水文地质参数有重要意义之外，还可以在地下水的开发中预测建造水井后地下水位的变化。

水井的非稳定流理论的基本公式由泰斯（C. V. Theis）导出，其中包含了时间变量。

1）承压含水完整井的泰斯公式

$$S=\frac{Q}{4\pi T}W(u)$$

(12-7)

式中　　 Q ——为井的出水量，m^3/d；

$S=S(r，t)$ ——为当水井以恒定出水量 Q 抽水 t 时间后，在距离井中心为 r 处的点所观测到的水位降落值，m；

　　 T ——含水层导水系数，m^2/d。$T=Km$，其中 K 为渗透系数，m/d；m 为承压含水层厚度，m；

　　 u ——井函数自变量，由下式定义：

$$u=\frac{r^2}{4at} \tag{12-8}$$

其中：r 为观测点到井中心的距离，m；

　　　　 t 为抽水时间，d；

　　　　 $a=\dfrac{T}{\mu_s}$，μ_s 称为储水系数，也称作释水系数或弹性给水度，数值一般在 $10^{-3}\sim 10^{-5}$ 范围内；

　　 $W(u)$ 称为井函数，可用一个收敛级数表示：

$$W(u)=\int_u^{\infty}\frac{e^{-x}}{x}dx=-0.5772-\ln u+u-\sum_{n=1}^{\infty}(-1)^n\cdot\frac{u^n}{n\cdot n!} \tag{12-9}$$

　　 $W(u)$ 的数值可从井函数数值简表（表 12-4）查得。例如当 $u=0.07$ 时，可在表中第一行查到"7.0"那一列，在表中第一列查到"$\times 10^{-2}$"那一行，在行列相交处查到的"2.1508"即为 $W(0.07)$ 的数值。

函数 $W(u)$ 数值简表　　　　　　　　　　　　表 12-4

u	1.0	2.0	3.0	4.0	5.0	6.0	7.0	8.0	9.0
$\times 1$	0.2194	0.0489	0.01305	0.003779	0.001148	0.0003601	0.0001155	0.00003767	0.00001245
$\times 10^{-1}$	1.8229	1.2227	0.9057	0.7024	0.5598	0.4544	0.3738	0.3106	0.2602
$\times 10^{-2}$	4.0379	3.3547	2.9591	2.6813	2.4678	2.2953	2.1508	2.0269	1.9187
$\times 10^{-3}$	6.3315	5.6394	5.2349	4.9482	4.7261	4.5448	4.3916	4.2591	4.1423
$\times 10^{-4}$	8.6332	7.9462	7.5348	7.2472	4.0242	6.8420	6.6879	6.5545	6.4368
$\times 10^{-5}$	10.9357	10.2426	9.8371	9.5495	9.3263	9.1440	8.9899	8.8563	8.7385
$\times 10^{-6}$	13.2383	12.5451	12.1397	11.852	11.6289	11.4465	11.2924	11.1589	11.0411
$\times 10^{-7}$	15.5409	14.8477	14.4423	14.1546	13.9314	13.7491	13.5950	13.4614	13.3437
$\times 10^{-8}$	17.8435	17.1503	16.7449	16.4572	16.2340	16.0517	15.8976	15.7640	15.6462
$\times 10^{-9}$	20.1460	19.4529	19.0474	18.7598	18.5366	18.3543	18.2001	18.0666	17.9438
$\times 10^{-10}$	22.4486	21.7555	21.3500	21.0623	20.8392	20.6569	20.5027	20.3692	20.2514
$\times 10^{-11}$	24.7512	24.0581	23.6526	23.3649	23.1418	22.9595	22.8053	22.6718	22.5540
$\times 10^{-12}$	27.0538	26.3607	25.9552	25.6675	25.4444	25.2620	25.1079	24.9744	24.8566
$\times 10^{-13}$	29.3564	28.6632	28.2578	27.9701	27.7470	27.5646	27.4105	27.2769	27.1592
$\times 10^{-14}$	31.6590	30.9658	30.5604	30.2727	30.0495	29.8672	29.7131	29.5795	29.4618
$\times 10^{-15}$	33.9616	33.2684	32.8629	32.5753	32.3521	32.1698	32.0156	31.8821	31.7643

　　由式（12-7）、式（12-8）和 $W(u)$ 数值表可以看出：当 u 值因 r 的增加而增大的时候，井函数 $W(u)$ 的数值将减小，故 S 值也随之减小；当 u 值因 t 的增加而减小的时候，$W(u)$ 的数值将增大，使 S 值也增大。因此在承压含水层完整井中以恒定的出水量抽水的时候，水位降落值将随着观测点到水井距离的增大而减小，并且随着时间的延续而增大；此外还可以看出，当 $t\to 0$ 亦即 $u\to\infty$ 的时候，$W(u)\to 0$，$S\to 0$，说明水井不抽水时水

位不会下降；而当 $r\to\infty$ 的时候，亦有 $W(u)\to0$，$S\to0$，说明含水层在水平方向上朝远方无限延伸的地方，水位的降落值也趋于零。这表明泰斯公式同时满足了初始条件和边界条件。

【例 12-1】 设有直径 $0.4m$ 的承压含水层完整井一口，以恒定的出水量 $56m^3/h$ 抽水。该井所在含水层的水文地质参数为：导水系数 $T=275m^2/d$，释水系数 $\mu_s=0.0055$。试用泰斯公式计算该井连续抽水 24h 和一年以后，在井壁、离井 100m 以及离井 1000m 处的各点的水位降落值。

【解】 由式 (12-7) 计算 $Q/(4\pi T)$ 值：

$$Q=56m^3/h=1344m^3/d, \ T=275m^2/d,$$
$$Q/(4\pi T)=1344/(4\times3.1416\times275)=0.3889$$

计算井函数自变量：

由式 (12-8)：$u=r^2/(4at)$，式中 $a=T/\mu_s=275/0.0055=5\times10^4 m^2/d$。

当 $t=24h=1d$ 时，$u=r^2/(4\times5\times10^4\times1)=5\times10^{-6}r^2$；

当 $t=1a=365d$ 时，$u=r^2/(4\times5\times10^4\times365)=1.37\times10^{-8}r^2$。

列表计算（见表 12-5）各点水位降落值：

各点水位降落值计算

表 12-5

$t(d)$	1			365		
$r(m)$	0.2(井壁处)	100	1000	0.2(井壁处)	100	1000
r^2	0.04	10^4	10^6	0.04	10^4	10^6
$a(m^2/d)$	5×10^4			5×10^4		
$u=r^2/4at$	2×10^{-7}	5×10^{-2}	5	5.5×10^{-10}	1.4×10^{-4}	1.4×10^{-2}
$W(u)$	14.8477	2.4678	0.001148	20.7439	8.2967	3.6915
$Q/4\pi T$	0.3889			0.3889		
$S(m)$	5.774	0.960	0.0004	8.067	3.227	1.435

当 u 值较小的时候，可以只取 $W(u)$ 的级数表达式的前两项来近似表达其数值：

$$W(u)\approx-0.5772-\ln u=\ln\frac{1}{u}-\ln1.78=\ln\frac{2.25at}{r^2}$$

代入式 (12-7) 得：

$$S=\frac{Q}{4\pi T}\ln\frac{2.25at}{r^2} \tag{12-10}$$

上式称雅柯比（C. E. Jacob）近似公式。该式形式比较简单，使用方便。当 $u\leqslant0.1$ 时，用雅柯比公式计算与精确计算的结果相比，误差小于 5%。

2）无压含水层完整井的泰斯公式

$$h^2=H^2-\frac{Q}{2\pi K}W(u) \tag{12-11}$$

式中　h——距离井中心 r 处的含水层的动水位高度，m；

　　　H——无压含水层的厚度，m；

Q、K、$W(u)$ 的意义同前，但此处井函数自变量 u 的定义变为

$$u=\frac{r^2}{4at} \tag{12-12}$$

其中：t 仍为抽水时间（d），而 $\bar{a}$ 为无压含水层的水位传导系数（m^2/d），定义为

144

$$\overline{a} = \frac{Kh}{\mu}$$

这里 μ 为无压含水层的给水度。

当 u 很小时，式（12-11）也可以简化成如下的近似公式：

$$h^2 = H^2 - \frac{Q}{2\pi K} \ln \frac{2.25at}{r^2}$$

(12-13)

式（12-11）和式（12-13）适用于 $S < 0.3H$ 或降落漏斗坡度小于 1/4 的条件下。泰斯公式是在承压条件下推导出来的。当承压含水层中的水头下降的时候，含水层中弹性储量的释放排水是瞬时发生的，但是对于无压含水层却不同，因地下水位下降而引起的储量释放排水有一个过程，存在着给水的延迟。不过这个延迟给水作用持续的时间很短，故泰斯公式仍能适用。

推导泰斯公式的基本假设为：含水层为均质、各向同性且向水平方向广阔分布伸展；含水层的导水系数 T（对于承压含水层，$T = Km$；对于无压含水层，$T = KH$）在所处的含水层中为常数；含水层的顶板和底板不透水等。完全符合这些理想条件的含水层在实际中并不存在。随着人们对地下水非稳定流动理论的研究工作不断深入，目前已出现了不少新的理论计算公式，如越流含水层公式、延迟给水无压含水层公式、非完整井公式等，可参见有关文献资料。

2. 采用经验公式进行管井水力计算

在工程实践中，常根据水源地或水文地质条件相似地区的抽水实验得到的"流量-水位降落曲线"（即 $Q\text{-}S$ 曲线）来计算井的出水量。这种计算方法的优点是不必考虑水井的边界条件，不用测定水文地质参数，还能综合有关井的各种复杂因素的影响，计算结果比较符合实际情况。

整理抽水试验数据，可以求得井的出水量 Q 和井内水位降落值 S 之间的经验关系式。根据这个经验公式，便能求出在某个一定的水位降落值时的井的出水量，或者根据已定的井出水量求出井中的水位降落值。

实践中常见的 $Q\text{-}S$ 曲线有下列几种形式：

（1）直线型。其函数形式为

$$Q = qS$$

(12-14)

上式形式与承压含水层的裘布依公式（12-2）相似。式中的 q 为待定系数，其物理意义是单位水位降落的井出水量。用最小二乘法可推得 q 的计算式为

$$q = \frac{\sum_{i=1}^{n} Q_i S_i}{\sum_{i=1}^{n} S_i^2}$$

(12-15)

式中 Q_i、S_i（$i = 1, 2, 3, \cdots\cdots$）分别为抽水试验获得的第 i 组井出水量和井内水位降落的数值，一共得到 n 对数据。

（2）抛物线型。其函数形式为

$$S = aQ + bQ^2$$

(12-16)

式中 a、b 为待定系数。为确定 a、b 的值，可将式（12-16）两边除以 Q 得：

$$\frac{S}{Q} = a + bQ$$

令 $\frac{S}{Q}$ 为变量 S'，则上式为 S' 关于 Q 的线性函数：

$$S' = a + bQ \tag{12-17}$$

设抽水试验一共获得了 n 对 $Q\text{-}S$（S 化为 S'）的数据，则用最小二乘法可求得 a 和 b 的计算式如下：

$$b = \frac{n\sum\limits_{i=1}^{n} Q_i S'_i - \sum\limits_{i=1}^{n} Q_i \sum\limits_{i=1}^{n} S'_i}{n\sum\limits_{i=1}^{n} Q_i^2 - \left(\sum\limits_{i=1}^{n} Q_i\right)^2} \tag{12-18}$$

$$a = \frac{\sum\limits_{i=1}^{n} S'_i - b\sum\limits_{i=1}^{n} Q_i}{n} \tag{12-19}$$

抛物线型的 $Q\text{-}S$ 曲线常见于补给条件好、含水层较厚、水量较大的地区。

（3）幂函数型。其函数形式为

$$Q = a\sqrt[b]{S} \tag{12-20}$$

式中 a、b 为待定系数。

为确定 a、b 的值，可将式（12-20）两边取常用对数得

$$\lg Q = \lg a + \frac{1}{b}\lg S \tag{12-21}$$

原式即转化为变量 $\lg Q$ 与 $\lg S$ 之间的线性函数关系。用最小二乘法可得

$$b = \frac{n\sum\limits_{i=1}^{n} (\lg S_i)^2 - \left(\sum\limits_{i=1}^{n} \lg S_i\right)^2}{n\sum\limits_{i=1}^{n} (\lg S_i \cdot \lg Q_i) - \left(\sum\limits_{i=1}^{n} \lg S_i\right)\left(\sum\limits_{i=1}^{n} \lg Q_i\right)} \tag{12-22}$$

$$\lg a = \frac{1}{n}\left(\sum\limits_{i=1}^{n} \lg Q_i - \frac{1}{b}\sum\limits_{i=1}^{n} \lg S_i\right) \tag{12-23}$$

式中 n 为抽水试验获得的 S_i 和 Q_i 测定数据的总对数。

幂函数型的 $Q\text{-}S$ 曲线常见于渗透性较好、厚度较大但补给条件较差的含水层。

（4）半对数型。其函数形式为

$$Q = a + b\lg S \tag{12-24}$$

式中 a、b 为待定系数。

显然水量 Q 和变量 $\lg S$ 之间为线性函数关系。可用最小二乘法求得 a 和 b 的计算公式如下：

$$b = \frac{n\sum\limits_{i=1}^{n} (Q_i \lg S_i) - \left(\sum\limits_{i=1}^{n} Q_i\right)\left(\sum\limits_{i=1}^{n} \lg S_i\right)}{n\sum\limits_{i=1}^{n} (\lg S_i)^2 - \left(\sum\limits_{i=1}^{n} \lg S_i\right)^2} \tag{12-25}$$

$$a = \frac{1}{n}\left(\sum\limits_{i=1}^{n} Q_i - b\sum\limits_{i=1}^{n} \lg S_i\right) \tag{12-26}$$

式中其余符号的意义同前。

半对数型 $Q\text{-}S$ 曲线常见于地下水补给较差的含水层。

以上四种曲线列于表 12-6 中。

井的出水量 Q 和水位降落值 S 曲线　　　　　表 12-6

	经验公式	Q-S 曲线	转化后的公式	转化后的曲线
直线型	$Q=qS$ （式(12-14)）	$Q=qS$ 图 12-27		
抛物线型	$S=aQ+bQ^2$ （式(12-16)）	$Q=f(S)$ 图 12-28	$S'=a+bQ$ $S'=S/Q$ （式(12-17)）	$S'=a+bQ$ 图 12-31
幂函数型	$Q=a\cdot\sqrt[b]{S}$ （式(12-20)）	$Q=a\cdot\sqrt[b]{S}$ 图 12-29	$\lg Q=\lg a+\dfrac{1}{b}\lg S$ （式(12-21)）	$\lg Q=\lg a+\dfrac{1}{b}\lg S$ 图 12-32
半对数型	$Q=a+b\lg S$ （式(12-24)）	$Q=a+b\lg S$ 图 12-30	$Q=a+b\lg S$ （式(12-24)）	$Q=a+b\lg S$ 图 12-33

确定经验公式形式的一般步骤如下：

首先进行抽水试验，取得不同的井出水量及其对应的井内水位降落观测数据至少 3 对以上，并以水位降落为横坐标、出水量为纵坐标绘制 Q-S 曲线；

如果绘出的 Q-S 曲线是直线，经验公式即为直线型；如果 Q-S 曲线是下凹的曲线，则可分别计算各对数据的 S/Q、$\lg Q$ 和 $\lg S$ 值，绘制其图像，判别经验公式的函数类型。如为抛物线型，S/Q 应和 Q 呈直线关系；如为幂函数型，$\lg Q$ 应与 $\lg S$ 成直线关系；如为半对数型，则 Q 应和 $\lg S$ 成直线关系。

判定经验公式的函数类型之后，便可采用最小二乘法或其他方法计算公式中的待定系数，确定经验公式的具体形式。

此外，亦可采用精度较差的图解法来确定经验公式。

【例 12-2】　在单井中进行 3 次抽水试验，试验数据为：$S_1=8.3$m，$Q_1=16$L/s；$S_2=12.7$m，$Q_2=22$L/s；$S_3=18.0$m，$Q_3=27$L/s。求水位降落值 $S_n=22$m 时井的出水量 Q_n。

【解】　首先作出 $Q=f(S)$ 的图形如图 12-34。由于 Q-S 的图像不是直线，必须进一步判别函数类型。故将抽水试验数据进行整理见表 12-7，根据表中的数据作出 S/Q-Q、$\lg Q$-$\lg S$ 和 Q-$\lg S$ 的图像，发现 Q 和 $\lg S$ 的数据存在线性函数关系（图12-35），故确定经验公式为半对数型函数，可采用式（12-25）算得 $b=32.74$，用式（12-26）算出

147

$a=-14.13$。因此，
$$Q_n = a + b\lg S_n = -14.13 + 32.74\lg 22 = 29.82 \text{L/s} = 2576 \text{m}^3/\text{d}$$

也可从图 12-35 图解求算 Q_n。根据 $\lg S_n = \lg 22 = 1.342$，在图中查得相应的出水量约为 29.82L/s。

抽水试验数据整理 表 12-7

抽水次数	S	Q	$S_0 = \dfrac{S}{Q}$	$\lg S$	$\lg Q$
第一次	8.3	16	0.518	0.920	1.204
第二次	12.7	22	0.578	1.104	1.342
第三次	18.0	27	0.667	1.256	1.431

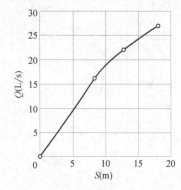

图 12-34 $Q=f(S)$ 图像

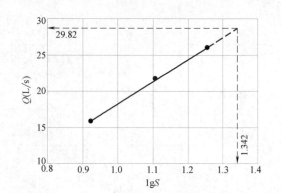

图 12-35 图解求算 Q_n

井的构造形式对抽水试验结果有较大的影响，所以试验井的构造应当尽量接近设计井，否则应进行适当修正。此外为了避免产生严重的计算误差，不允许利用水位降落很小的试验数据来计算很大水位降落时的出水量。一般设计井工作的水位降落值不能超过抽水试验中测定的最大水位降落值的 1.5～2.0 倍。

3. 井计算中的几个问题的讨论

（1）层状含水层中井的计算

实际工程中常见到由多层非均质的含水层叠加在一起构成的地层。对于这种多层含水层，通常将每个含水层视为在水平方向上均质地铺展，以一个厚度加权的平均渗透系数来代表各层不同渗透系数所起的综合作用。

1）层状的承压含水层

层状承压含水层的平均渗透系数按下式计算（参见图 12-36）：

$$K_0 = \frac{K_1 m_1 + K_2 m_2 + K_3 m_3 + \cdots\cdots}{m_1 + m_2 + m_3 + \cdots\cdots} \tag{12-27}$$

式中 K_0——层状承压含水层的平均渗透系数，m/d；

m_1，m_2，m_3——各含水层的厚度，m；

K_1，K_2，K_3——各含水层的渗透系数，m/d。

2）层状的无压含水层

层状无压含水层的平均渗透系数按下式计算（参见图 12-37）

$$K_0=\dfrac{K_1\left(\dfrac{h_1+h_0}{2}\right)+K_2h_2+K_3h_3+\cdots\cdots}{\dfrac{h_1+h_0}{2}+h_2+h_3+\cdots\cdots}$$ 　　　　　（12-28）

式中　　h_0——最上层的含水层中的井壁动水位高度，m；

h_1、h_2、h_3——各含水层的厚度，m；

其余符号同前。

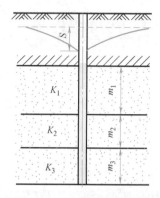

图 12-36　层状承压完整井

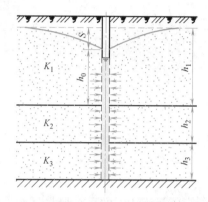

图 12-37　层状无压完整井

（2）过滤器的有效长度

稳定流完整井理论是在二维平面流的假设基础上推导得出的。根据这个假设，沿着管井过滤器的高度，过滤器进水的分布应该是均匀的。但是实际上，由于水进入过滤器后流到吸水管口的流线不均匀，沿程水头损失不同，导致过滤器周围含水层中的水流处于三维流动状态。即过滤器周围含水层中各点的水头，既是该点到井轴距离的函数，又是该点距离含水层底板高度的函数。这种三维流动使得过滤器在其高度方向上进水不均匀。其分布规律是距离吸水管管口越近的地方流量越大，如图 12-38 所示。实测结果表明，当井的出水量越大，过滤器越长，井径越小，含水层的透水性越好的时候，过滤器的进水分布就越不均匀。

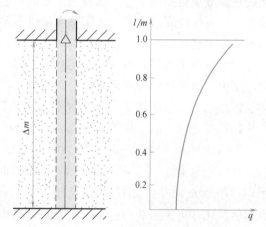

图 12-38　沿过滤器进水分布情况

由于过滤器进水的不均匀性，在较厚的含水层中抽水时，就会产生过滤器的有效长度问题。根据实测，在较厚的均质含水层中，当过滤器的长度增加到一定限度以后，出水量就不再有明显的增加。图 12-39 为承压含水层厚度为 34m 的管井抽水试验资料，井内水位降落 S_0 分别采用 1，2，3m。测定数据表明，当井的完整程度 l/m 处于 $0\sim0.6$ 范围内的时候，l/m 的数值对出水量有很大影响，当 l/m 大于 0.6 以后，出水量的增加显著减缓。例如当 S_0 为 3m 的时候，l/m 从 0 变到 0.6 将使出水量从 0 增加到完整井（$l/m=1$）出水量的 95%；而 l/m 从 0.6 再增加到 1，出水量仅有 5% 的增长。显然，如该井采用较短的过滤器，造成 $l/m=0.6$ 的非完整井，就既能减少投资，又可达到较高的出水量。因此在较厚的含水层中，合理确定过滤器的长度有很大意义。本例中 $l/m=0.6$ 的那一段长度可称为过滤器的有效长度。

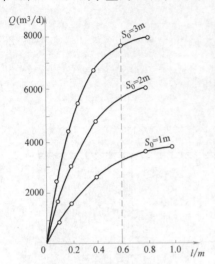

图 12-39　井水量与过滤器长度关系
实测资料（某试验场测定）

可以采用与实际条件相似的经验公式来计算过滤器的有效长度。在实际工程中，采用现场试验井进行分段填塞抽水试验，或者采用电测井法来确定过滤器有效长度，往往比较符合实际情况。

（3）井的最大出水量

从裘布依无压完整井公式（12-3）中可以看出，当 $S_0=H$ 时井的出水量应达到最大数值。但是 $S_0=H$ 时即 $h_0=0$，表示井壁上的过滤器过水断面积为 0，这是自相矛盾的。

造成这个矛盾的原因是因为在裘布依公式的推导中忽视了渗流速度的垂直分量（参见图 12-40），假设为平面流，将水力坡降 $i=\dfrac{\mathrm{d}Z}{\mathrm{d}l}=\sin\theta$ 以 $i=\dfrac{\mathrm{d}Z}{\mathrm{d}r}=\tan\theta$ 代替而产生的。当水位降落值不大，渗流速度的垂直分量很小，θ 的角度很小，$\tan\theta$ 和 $\sin\theta$ 数值相差不大的时候，根据现行的地下水计算精度要求，这样假设是允许的（例如当 $\theta<15°$ 时的误差小于 3.52%）。但是随着水位降落值的增大，渗流速度的垂直分量也相应增大，忽略垂直分量必然会造成较大的误差。所以裘布依无压完整井公式只有在水位降落值和含水层厚度相比不大的情况下才比较准确，不能用来进行最大出水量的理论估计。

对于承压含水层完整井，情况有所不同。当动水位没有降到含水层顶板之下的时候，含水层中水流的运动即为严格的平面流运动，不可能出现上述矛盾；但是当动水位降到含水层顶板之下、地下水从承压流动转为无压流动的时候，也会产生上述的问题。

（4）井径对井出水量的影响

按照稳定流的理论公式推理，井径对井出水量产生的影响甚小。例如当井径增大一倍时，井水量只增加 10%；增大 10 倍，仅增加 40% 左右。然而实际测定表明，在一定的范围内，井径 r_0 对井的出水量 Q 有较大的影响。图 12-41 为实测的 $Q\sim r_0$ 和理论公式计算数据的对比，可见实测的 $Q\sim r_0$ 曲线明显反映出井径对出水量的影响。由于理论公式假定地下水的流动为层流和平面流，忽略了过滤器附近的地下水流态变化的影响。而实际上随着井径的缩小，井周围的渗流速度变大，三维流动或紊流的影响程度加剧，水头损失也随之急剧增加。因此，实际观测到的出水量与井径的关系曲线必然会在较小的井径处显著偏离理论公式的计算结果。

一般井径与出水量之间的关系可用以下经验公式表示。

对于透水性较好的承压含水层如砾石、卵石和砂砾层等，可用直线型经验公式：

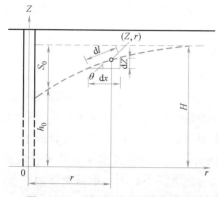

图 12-40　无压完整井计算的假设

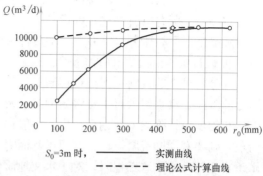

$S_0=3m$ 时，　——— 实测曲线

- - - - 理论公式计算曲线

图 12-41　井径与出水量关系曲线

$$Q_1/Q_2=r_1/r_2 \tag{12-29}$$

对于无压含水层可用抛物线型经验公式：

$$Q_2/Q_1=\sqrt{r_2}/\sqrt{r_1}-n \tag{12-30}$$

式中：Q_2、Q_1——大井和小井的出水量；

r_2、r_1——大井和小井的半径；

n——按照下式计算的系数：

$$n=0.021(r_2/r_1-1) \tag{12-31}$$

设计井和勘探井的井径不一致时，可用上式或其他经验方法进行修正。

（5）水跃值

当管井内的水位降落值很小的时候，井内外的水位是接近一致的。但是当管井运行的水位降落值较大时，井内外就会产生水位差，称为水跃值，以 ΔS 表示（参见图 12-42）：

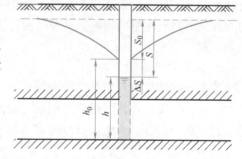

$$\Delta S=S-S_0=h_0-h \tag{12-32}$$

水流通过过滤器的水头损失是产生水跃值的主要原因。

图 12-42　管井的水跃值

通常管井理论计算公式中所称的井水位降落值指的是井外壁的水位降落。确定 ΔS 值，求出井内的水位降落，在管井的设计计算和水文地质参数计算中都有实用意义。通常 ΔS 值可用阿勃拉莫夫（С. К. Абрамов）经验公式计算：

$$\Delta S=\alpha\sqrt{\frac{QS}{KF}}\quad (m) \tag{12-33}$$

式中　Q——井出水量，m^3/d；

S——井内的水位降落值，m；

F——过滤器的表面积，m^2；

K——含水层渗透系数，m/d；

α——与过滤器构造有关的经验系数，对于完整井，包网和填砾过滤器的 $\alpha=0.15\sim0.25$；条孔和缠丝过滤器的 $\alpha=0.06\sim0.08$。

非完整井的 ΔS 值可按照井的不完整程度，将上式求得的数值增加 $28\%\sim50\%$。伸入含水层的过滤器长度与含水层的厚度之比越小，该较正值越大。

12.3.2 管井（管井群）的设计

一般情况下，管井（管井群）的设计大致可遵循下列步骤：

1. 设计资料的搜集和现场查勘

充分而可靠的资料是保证设计质量的先决条件。资料搜集的内容、范围和深度跟设计所处的阶段、供水对象对水量水质的要求及水源所处的条件有关。例如对水文地质资料而言，在初步设计阶段或规划设计中，一般初勘资料即能满足要求；而在技术设计或施工图阶段，则要有详勘资料。设计水源丰富而需水量小的工程，以及设计水文地质条件复杂、水源紧缺地区的取水工程时，对于水文地质资料要求的深度各不相同。通常对于地质条件复杂和水源紧缺地区，资料处理要慎重，必须进行详细的勘察和抽水试验，要有可靠的水文地质评价。

工程设计之前要进行现场查勘工作，了解核对现有水文地质、地形和地物等资料，初步选择井位和泵站位置，必要时提出进一步的水文地质勘察或地形测量等要求。

2. 管井初步设计

根据含水层的埋藏条件、厚度、岩性、水力状况，以及材料设备和施工条件，初步确定管井的形式和构造。同时，根据地下水位、流向、补给条件和地形地物情况，初步选择取水设备的形式，并考虑井群布置方案。

3. 设计计算

按照有关理论公式或经验公式确定单井的出水量和对应的水位降落值，在此基础上结合技术要求、材料设备和施工条件，确定取水设备的型式和容量。对于井群系统，应当考虑井群互阻对出水量的影响，必要时应进行井群互阻计算，确定管井的数目、井距和井群布置方案。

4. 管井构造设计

根据计算结果进行管井的构造设计，包括井室、井壁管、过滤器、沉淀管、填砾等构造的尺寸、材质和规格。最后还须对过滤器进行校核计算，检查过滤器周围含水层的渗透稳定性，防止漏砂。为此，过滤器表面的进水速度必须小于等于允许流速，即

$$v = \frac{Q}{F} = \frac{Q}{\pi D l} \leqslant v_f \qquad (12\text{-}34)$$

式中　v——进入过滤器表面的流速，m/d；

　　　Q——管井出水量，m^3/d；

　　　F——过滤器工作部分的表面积，m^2，有填砾层时，以填砾层外表面计；

　　　D——过滤器外径，m，有填砾层时，以填砾层外径计；

　　　l——过滤器工作部分的长度，m；

　　　v_f——允许流速，m/d，可用阿勃拉莫夫经验公式计算：

$$v_f = 65\sqrt[3]{K} \qquad (12\text{-}35)$$

其中　K——为含水层渗透系数，m/d。

5. 设置备用井

在考虑井数时须设置一定数量的备用井，至少要设一口。备用井的数量，按照当生产井数的 10%～20% 停运时，仍能满足设计供水量为准。

12.4 井群互阻计算及分段取水井组

12.4.1 井群系统

在规模较大的地下水取水工程中，常由很多取水井（管井或大口井）组成一个井群系统。按照取水方法和集水方式，井群系统可分自流井井群、虹吸式井群、卧式泵取水井群和深井泵取水井群等。

1. 自流井井群

当承压含水层的静水位高出地表时，可以用管道将水直接汇集到清水池和加压泵站，或直接送入给水管网。这种井群系统称为自流井井群。

2. 虹吸式井群（参见图 12-43）

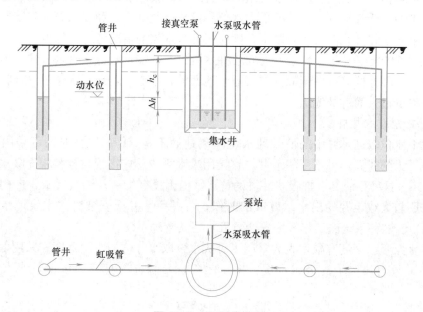

图 12-43 虹吸式井群

虹吸式井群是采用虹吸管将各水井的水汇入集水井，再由泵站送入清水池或管网。虹吸开始前要用真空泵抽出管内空气，然后启动水泵使集水井的水位下降。在管井和集水井的水位差 Δh 的作用下，井水便从虹吸管流入集水井。

虹吸管在工作时，管内处于负压状态。管外的空气可能会从管道接头不严的地方渗入，管内水中溶解的气体也可能析出，影响虹吸管的运行。为使虹吸管工作不会中断，减少因气泡积累产生的管道水头损失，需在施工时保证虹吸管道系统的气密性，运行中不断排除管道中的气体。设计时，为了降低虹吸管的真空度以减少水中气体的析出量，在可能条件下应增加虹吸管的埋深。虹吸管宜采用钢管管材。

为便于排除积气，虹吸管一般以不小于 1‰ 的坡度朝集水井方向上升敷设，管道沿程不应有起伏。虹吸管内的流速不能过低以致气泡积聚，也不能过高使水头损失增加，一般宜采用 0.5～0.7m/s。

虹吸管的真空吸水高度 h_c（参见图 12-43）可按下式确定：

$$h_c = h_s - \Delta h \tag{12-36}$$

式中　h_c——虹吸管的真空吸水高度，m；

h_s——允许真空高度，一般取 6～7m。

Δh——虹吸管的水头损失，m。

虹吸管一般采用真空泵排气，真空泵的排气量常用近似方法确定。一般每 m³ 地下水大约析出 25L 气体，每 1000m 的虹吸管每秒约渗入 1L 空气。

为便于检查虹吸管和排除故障，在管路上应设置一定数量的检查井，或将管道铺设在管沟中。

虹吸式井群的集水井具有调节水量、进行简单处理（如沉淀、消毒等）和检修管道等作用。集水井的平面尺寸应根据虹吸管和吸水管的数目、管径大小和安装要求来确定。若集水井与泵站合建，还应考虑水泵机组的布置要求。集水井的深度应根据虹吸管的水头损失、地下水的最低静水位、管井的最大水位降落值以及虹吸管和吸水管的安装要求等因素确定。如果集水井又兼作大口井取水，则应根据含水层的情况考虑其深度。

虹吸式井群无需在每个取水井处安装抽水设备，故造价较低，管理方便。但由于虹吸高度有限，这种井群只适用于静水位接近于地面的含水层。若地下水位过深，将使虹吸管和集水井深度过大而难于施工。

3. 卧式泵取水井群

当地下水位较高，井中的最低动水位距离地面不深（6～8m）时，可采用卧式泵取水。井距不大的时候，可不用集水井，直接用吸水管或总连接管与各井相连吸水（参见图 12-44（a））。这种系统具有虹吸式井群的特点，但因没有集水井调节水量，应用上有所局限。当井距较大或单井的出水量较大的时候，可在每个井上安装卧式水泵取水（参见图 12-44（b））。这种系统的工作较为安全可靠，但是管理不便。

由于水泵吸水高度有限，大大限制了卧式水泵取水井群的应用范围。采用射流泵和水泵联合装置可增加水泵的吸水深度。图 12-45（a）装置的有效出水量较小（一般小于

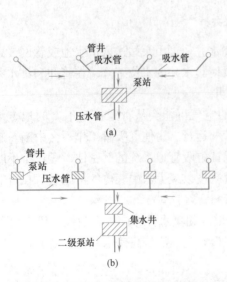

图 12-44　卧式泵取水的井群

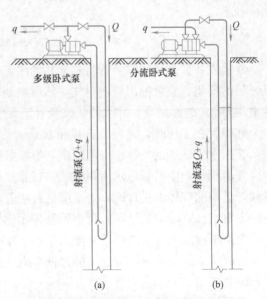

图 12-45　射流泵与卧式水泵联合装置

$15m^3/h$），效率较低；而图 12-45（b）的装置较为完善，该装置采用分流水泵，其中段输出压力较低的水井供水量 q，而射流泵所需的压力较高的工作流量 Q 则来自分流水泵的最后一级。

4. 深井泵取水的井群

当井的动水位低于地面 10～12m 时，一般不能用虹吸管或卧式泵取水，应采用深井泵或深井潜水泵。井群取水系统如图 12-46所示。

深井泵井群系统能抽取埋藏深度较大的地下水，应用广泛。当井的数量较多的时候，宜采用集中控制，以克服分散管理的缺点。

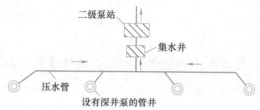

图 12-46 深井泵取水井群

井群种类和位置的选择以及井群布置方式对整个给水系统都有很大的影响。因此应从水文地质条件和当地的其他条件出发，按下列要求设计井群：

（1）取水点应设在城镇和工矿企业的上游；

（2）取水点应设于补给条件好、渗透性强、水质和卫生环境良好的地段；

（3）取水点应尽可能接近主要用水地区，井距要合理，力求降低取水和输水的电耗，以及取水井和输水管、连络管的造价；

（4）取水井排列应尽可能垂直于地下水的流向，以求充分利用含水层；

（5）考虑施工、运转管理和维护的方便；

（6）尽可能考虑防洪以及影响地下水的水量水质变化的各种因素。

12.4.2 井群的互阻影响计算

井群的互阻影响也称井群的干扰，有以下两种表现方式：在水位降落值不变的条件下，各井在共同工作时的出水量小于各井单独工作时的出水量；在出水量不变的条件下，各井在共同工作时的水位降落值大于各井单独工作时的水位降落值。

以上情况实质上是由于井群中各井抽水时相互影响，使各井的出水能力降低的结果。

井群的互阻影响程度和下列因素有关：井距；水井布置方式；含水层的岩性、厚度、储量和补给条件；井的出水量等。

井群互阻影响计算的目的是确定处于互相影响下的水井的井距，各井出水量和井数，为合理布置井群和进行技术经济比较提供依据。实践中对于规模较小的水源工程，如果井数较少，井距较大，则互阻影响程度很小，一般不作井群互阻影响计算。

井群互阻影响计算的方法可分为理论公式法和经验法。理论公式法不能完全概括各种复杂的影响因素，又不易确定公式要用到的水文地质参数，故计算结果准确性较差，使用上有一定的局限性。经验法是直接以现场试验井的抽水试验为依据进行计算，能综合概括各种影响因素，计算结果比较符合实际情况。因此除了一些简单情况可用理论公式法进行初步计算以外，一般多用经验法计算井群互阻。

1. 用理论公式计算井群互阻影响

由于井群的布置方式很多，水文地质情况不一，故井群互阻影响的计算公式有很多。

此处仅介绍以水位叠加原理为基础的理论公式。

（1）承压含水层完整井井群计算

设在均质承压含水层任意布置的 n 个完整井（图 12-47）进行干扰抽水，其出水量分别为 Q_1、Q_2、Q_3、$\cdots$、Q_n，各井的水位降落值并不相等。

以 1 号井为例，按照水位叠加原理，当它单独抽水的水量和它在井群抽水干扰下的出水量相同的时候，1 号井在干扰抽水时的水位降落值 S_1' 应等于它单独抽水时的水位降落值 S_1 与其他各井单独抽水在 1 号井中产生的水位降落值的总和，可以表达为：

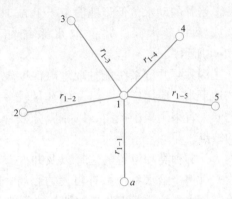

图 12-47　任意布置的井群系统

$$S_1'=S_1+t_{1-2}+t_{1-3}+\cdots+t_{1-n} \quad (12\text{-}37)$$

式中　　S_1'——在干扰抽水时 1 号井内的水位降落值；

S_1——1 号井在单独抽水时的水位降落值；

t_{1-2}、t_{1-3}、$\cdots$、t_{1-n}——2 号、3 号、$\cdots$、n 号井单独抽水时，在 1 号井内引起的水位降落值。

由式（12-2）和式（12-36）可写出下式：

$$S_1'=\frac{1}{2.73Km}\left(Q_1\cdot\lg\frac{R}{r_0}+Q_2\cdot\lg\frac{R}{r_{1-2}}+Q_3\cdot\lg\frac{R}{r_{1-3}}+\cdots+Q_n\lg\frac{R}{r_{1-n}}\right) \quad (12\text{-}38)$$

式中　Q_1、Q_2、Q_3、$\cdots$、Q_n——分别为 1 号、2 号、3 号、$\cdots$、n 号井的出水量；

r_{1-2}、r_{1-3}、$\cdots$、r_{1-n}——分别为 2 号，3 号，$\cdots$，n 号井至 1 号井的距离；

r_0、K、m、R 等符号的意义同前。

同理，对其他各井也可以写出类似式（12-38）的方程，一共可得到 n 个方程。只要给定了各井的设计水位降落值或出水量，就可以求出各井在互阻影响下的出水量或水位降落值。

（2）无压含水层完整井井群计算

无压含水层完整井组成的干扰井群，同样可以用水位叠加原理写出类似的方程式。仍以 1 号井为例，按照无压含水层完整井计算公式（12-3），以水位平方差代替水位降落值可写出下式：

$$H^2-h_1'^2=\frac{1}{1.37K}\left(Q_1\cdot\lg\frac{R}{r_0}+Q_2\cdot\lg\frac{R}{r_{1-2}}+Q_3\cdot\lg\frac{R}{r_{1-3}}+\cdots+Q_n\lg\frac{R}{r_{1-n}}\right) \quad (12\text{-}39)$$

式中　h_1'——为干扰抽水时 1 号井中的动水位；

其余符号意义同前。

同理，可以写出其他各井的方程。一共可写出 n 个方程。只要给出各井的设计动水位或出水量，就能求出各井在互阻影响条件下的出水量或井内水位。

2. 用经验法（水位削减法）计算井群互阻影响

经验法采用出水量减少系数 α 来概括井群互阻影响的各种因素。出水量减少系数可用下式定义：

$$\alpha = \frac{Q - Q'}{Q} \tag{12-40}$$

即有

$$Q' = (1 - \alpha)Q \tag{12-41}$$

式中　α——互阻影响时井的出水量减少系数；

　　　Q——无互阻影响时，井的出水量；

　　　Q'——有互阻影响时，在井中水位降落值（包括其他干扰井抽水造成的井内水位降）保持不变条件下的井出水量。

如果求得 α 值，便能根据单井抽水的出水量 Q，由式（12-41）计算处于互阻影响条件下的出水量 Q'。

下面分析两个 Q-S 呈直线关系的试验井之间的互阻影响，以便获得 α 的计算式。

设两井建于同一承压含水层中，彼此处于互阻影响范围之内。由图 12-48 可知，当 1 号井单独抽水稳定以后，其出水量为 Q_1，水位降落为 S_1。与此同时，在不抽水的 2 号井内可观察到因 1 号井抽水导致的水位降落值（又称水位削减值）t_2。同样，在 2 号井单独抽水时，也可测得 Q_2、S_2 和 t_1。

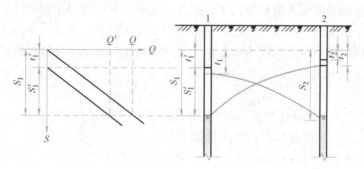

图 12-48　井群互阻影响计算示意图

如果两井同时抽水并仍保持各井的水位降落为 S_1 和 S_2，则由于两井互相影响，其出水量将分别从 Q_1 和 Q_2 减为 Q_1' 和 Q_2'，而在 1 号井和 2 号井中的水位削减值也相应降低到 t_1' 和 t_2'，其中 t_1' 是 2 号井抽水量为 Q_2' 时在 1 号井内产生的水位降落值，t_2' 是 1 号井抽水量为 Q_1' 时在 2 号井内产生的水位降落值。

如 Q-S 之间为直线关系，可写出：

$$Q_1 = q_1 S_1 \tag{12-42}$$

$$Q_1' = q_1 (S_1 - t_1') \tag{12-43}$$

将上两式代入式（12-40）得：

$$\alpha_1 = \frac{Q_1 - Q_1'}{Q_1} = \frac{q_1 S_1 - q_1 (S_1 - t_1')}{q_1 S_1} = \frac{t_1'}{S_1} \tag{12-44}$$

式中 t_1' 是两井在同时抽水的时候因 2 号井抽水而在 1 号井内产生的水位削减值。由于这时 1 号井也正在抽水，故 t_1' 实际上无法测得，该式不能直接应用。虽然理论上能够解出

t_1' 并将 α_1 写成一个关于 t_1、t_2、S_1 和 S_2 的表达式，但是形式比较复杂，应用不便。

另一方面，如设 1 号井单独抽水 Q_1 流量时的水位降落为 S_1，而两井同时抽水的时候 1 号井抽水量仍保持 Q_1 不变，则根据水位叠加原理可推得互阻抽水时 1 号井内的水位降落值应为 S_1+t_1。又根据 Q-S 之间的直线函数关系，可推得在两井同时抽水的时候，水位降落为 S_1 时的出水量 Q_1' 和水位降落为 S_1+t_1 时的出水量 Q_1 之间的比值满足：

$$\frac{Q_1'}{Q_1}=\frac{S_1}{S_1+t_1} \tag{12-45}$$

因此 1 号井的出水量减少系数可表达为

$$\alpha_1=1-\frac{Q_1'}{Q_1}=1-\frac{S_1}{S_1+t_1}=\frac{t_1}{S_1+t_1} \tag{12-46}$$

实际工程中，含水层的岩性、厚度和渗透系数在一定的范围之内往往是相同的，井群中各井的形式、构造和尺寸也基本相同，运行时的出水量和水位降落值亦常取相近的数值。在这种条件下可认为 $t_1 \approx t_2$，故上式又可改写为

$$\alpha_1 \approx \frac{t_2}{S_1+t_2} \tag{12-47}$$

据上式可知，当井群中各井的设计和运行参数相近、处于同一含水层且各井的抽水地区内的水文地质特性十分类似的时候，某个井的出水量减少系数可以采用它在单独抽水时本井的水位降落值和在邻井所产生的水位削减数据来计算，应用比较方便。

以上为两个试验井互阻抽水影响的分析。在实际工程中，如果设计井之间的距离与试验井的间距相同，便可以直接应用抽水试验所求得的出水量减少系数计算设计井在互阻运行时的抽水量。如对于 1 号设计井，可写出：

$$Q_{p1}'=(1-\alpha_0)Q_{p1} \tag{12-48}$$

式中　Q_{p1}、Q_{p1}'——1 号设计井处于互阻影响前、后的出水量；

　　　　α_0——试验井的平均出水量减少系数。

当 1 号、2 号两个设计井的间距 L_{1-2} 不等于两个试验井的间距 L_i 的时候，须对试验井的出水量减少系数 α_0 进行间距校正，再应用式（12-47）。适用于承压含水层完整井的校正公式如下：

$$\alpha_{1-2}=\alpha_0 \cdot \frac{\lg \dfrac{R}{L_{1-2}}}{\lg \dfrac{R}{L_i}} \tag{12-49}$$

式中　α_{1-2}——校正后 1 号设计井的出水量减少系数；

　　　　R——井的影响半径。

若互阻影响来自多个设计井，则对于某个设计井（例如 1 号井）而言，其互阻出水量可按下式计算：

$$Q_{p1}'=Q_{p1}(1-\sum \alpha_1) \tag{12-50}$$

式中　$\sum \alpha_1$——各设计井对 1 号井的出水量减少系数之和，即 $\sum \alpha_1=\alpha_{1-2}+\alpha_{1-3}+\cdots+\alpha_{1-n}$。

同理，可计算出其他各设计井的出水量。

对于出水量和水位降落值之间为非线性关系的取水井的互阻影响计算，其原理和方法

都和前述内容相同。由于 $Q—S$ 的关系为非线性，公式推导过程比较复杂。例如对于 $Q—S$ 关系为 $Q=a\sqrt[b]{S}$ 的幂函数型的水井，其出水量减少系数计算公式为：

$$\alpha_1=1-\sqrt[b]{1-\frac{t_1'}{S_1}}$$

$$\alpha_2=1-\sqrt[b]{1-\frac{t_2'}{S_2}}$$

(12-51)

式中：α_1、α_2、t_1'、t_2'、S_1 和 S_2 的意义同前。

【例 12-3】 拟在某地砂砾承压含水层中建造直径为 350mm 的管井 7 眼。管井间距 250m，直线排列，垂直于地下水流向布置如图 12-49 所示。已知管井的影响半径为 650m，并且已取得建在同一含水层内、间距 200m、井径为 350mm 的两眼试验井的单独的抽水试验资料，见表 12-8。求各设计井在水位降落值为 6m 共同抽水时的出水量。

图 12-49　直线排列的井群

抽水试验资料   表 12-8

试验井 1				试验井 2			
出水量 Q_1 (L/s)	水位下降值 S_1 (m)	单位出水量 q_1 $L/(s\cdot m)$	试验井 2 抽水时试验井 1 的水位削减值 t_1(m)	出水量 Q_2 (L/s)	水位下降值 S_2 (m)	单位出水量 q_2 $L/(s\cdot m))$	试验井 1 抽水时试验井 2 的水位削减值 t_2(m)
6.10	1.20	5.08	0.19	6.15	1.21	5.08	0.19
14.20	2.75	5.16	0.40	14.10	2.73	5.16	0.40
24.50	4.70	5.21	0.72	24.70	4.74	5.21	0.71

【解】 由抽水试验资料（表 12-8）可知试验井的 Q-S 关系为线性函数，故可采用式（12-47）计算试验井的出水量减少系数。

第一次抽水试验时，两试验井的出水量减少系数分别为：

$$\alpha_1=\frac{t_2}{S_1+t_2}=\frac{0.19}{1.2+0.19}=0.137$$

$$\alpha_2=\frac{t_1}{S_2+t_1}=\frac{0.19}{1.21+0.19}=0.136$$

同样，第二、第三次抽水试验时，两井的出水量减少系数分别为：

$$\alpha_1''=0.127,\ \alpha_2''=0.127$$

$$\alpha_1'''=0.130,\ \alpha_2'''=0.132$$

以上所得的出水量减少系数较为接近，为安全起见取其最大值 $\alpha_1=\alpha_2=\alpha_{200}=0.137$。

井距为 250m 和 500m 时的出水量减少系数按照式（12-49）修正：

$$\alpha_{250}=\alpha_{200}\cdot\frac{\lg\frac{R}{250}}{\lg\frac{R}{200}}=0.137\times\frac{\lg650-\lg250}{\lg650-\lg200}=0.109$$

$$\alpha_{500} = \alpha_{200} \cdot \frac{\lg \dfrac{R}{500}}{\lg \dfrac{R}{200}} = 0.137 \times \frac{\lg 650 - \lg 500}{\lg 650 - \lg 200} = 0.029$$

按照式（12-50）计算各井处于互阻影响下的出水量列于表 12-9。表中采用的 q 值为表 12-8 所列 q 值的平均值。

据表 12-9，井群在互阻影响下的总出水量为：

$$\sum Q' = 26.63 + 23.27 + 22.37 + 22.37 + 22.37 + 23.27 + 26.63 = 166.91 \text{L/s}$$

而不发生互阻影响时，井群的总出水量应为：

$$\sum Q = q \cdot S \cdot n = 5.15 \times 6 \times 7 = 216.30 \text{L/s}$$

互阻时井的出水量   表 12-9

井号	间距 L (m)	来自左侧的影响		来自右侧的影响		$\sum \alpha$	$1 - \sum \alpha$	q (L/(s·m))	$Q' = q_S(1 - \sum \alpha)$ (L/s)
		α_{250}	α_{500}	α_{250}	α_{500}				
1	750	0	0	0.109	0.029	0.138	0.862	5.15	26.63
2	500	0.109	0	0.109	0.029	0.247	0.753	5.15	23.27
3	250	0.109	0.029	0.109	0.029	0.276	0.724	5.15	22.37
4	0	0.109	0.029	0.109	0.029	0.276	0.724	5.15	22.37
5	250	0.109	0.029	0.109	0.029	0.276	0.724	5.15	22.37
6	500	0.109	0.029	0.109	0	0.247	0.753	5.15	23.27
7	750	0.109	0.029	0	0	0.138	0.862	5.15	26.63

故由于互阻影响，井群出水量共减少了：

$$\frac{\sum Q - \sum Q'}{\sum Q} \times 100\% = \frac{216.30 - 166.91}{216.30} \times 100\% = 22.83\%$$

上述各种理论公式或经验公式只是提供设计计算方法的依据，在工程设计中还要结合技术经济条件反复调整各种设计参数，如水位降落值、出水量、井数、井距和排列方式等，进行方案比较。此外上述计算方法均以地下水稳定流为基础，对于地下水储量不大、含水层透水性差、补给条件不好或取水量很大的地区，还应充分估计到地下水位的变化，必要时应按非稳定流情况考虑。

12.4.3 分段取水井组

1. 分段取水的概念

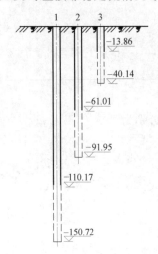

图 12-50 分段取水井组

在大厚度的含水层中和一定的水位降落值或出水量下，过滤器只是在其有效长度的范围内起作用，并且也只能影响一定厚度范围的含水层。受到抽水作用影响的含水层厚度区域称为含水层的有效带。在有效带范围以外的含水层中，地下水基本上不向水井流动。因此可以在有效带以外的含水层中另设过滤器，实行垂直分段开采地下水。这对于充分利用含水层有很大的意义。表 12-10 为某地 170m 大厚度砂砾含水层中分段取水井组的实测数据。该井组共有管井 3 眼，井距 3m，平面为三角形布置，垂直布置方式如图 12-50 所示。

该井组的抽水试验结果表明：三井同时抽水时的出水量仅比各井在没有互阻影响时的出水量之和少 17.6%（平均

值）。由此可见分段取水井组既不显著影响井的出水量，又能大大节省各井之间连接管道的投资，而且还有管理集中方便的特点。

抽水试验数据 表 12-10

抽水方式	单井抽水			同时抽水		
孔号	1	2	3	1	2	3
水位下降值(m)	3.98	4.06	5.31	3.98	4.06	5.31
出水量(L/s)	39.27	42.18	33.40	32.21	32.57	29.39
单位出水量(L/(s·m))	9.87	10.39	6.29	8.09	8.02	5.53
出水量减少系数				0.181	0.228	0.12

2. 分段取水井组的配置

一般情况下，对于厚度超过 40m 的透水性良好的含水层，经抽水试验和技术经济比较证明方案合理时，可采用分段取水井组取水。每口井的过滤器长度应为 20～25m，井距5～10m。为了减少竖向的互阻影响，两个相邻的过滤器应有一定的垂直向间距，一般为10～20m。

12.5 大口井、辐射井和复合井

12.5.1 大口井

1. 大口井的形式与构造

大口井与管井一样，也是一种垂直建造的取水井。因其井径较大而故名大口井。大口井是广泛用于开采浅层地下水的取水构筑物。大口井的直径一般为 5～8m，最大不宜超过10m。井深一般在 15m 以内。农村或小型给水系统有采用直径小于 5m 的大口井，城市或大型给水系统也有采用直径 8m 以上的大口井。由于施工条件限制，我国的大口井多用于开采埋深小于 12m、厚度为 5～20m 的含水层。大口井也有完整式和非完整式之分，如图12-51 所示。完整式大口井的进水区域贯穿整个含水层，仅以井壁进水，可用于颗粒较粗、厚度薄（5～8m）、埋深浅的含水层。由于井壁的进水孔容易堵塞而影响进水效果，故完整式大口井应用较少。非完整式大口井的进水部分没有贯穿整个含水层，其井壁和井底均可进水，进水范围较大，集水效果好。因此当含水层厚度大于 10m 的时候，应尽量

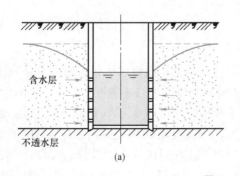
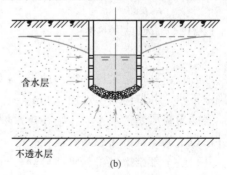

图 12-51 大口井

(a) 完整式；(b) 非完整式

造成非完整式。

大口井具有构造简单、取材容易、使用年限长、井容积能兼作调节水量作用等优点，在中小城镇、铁路和农村供水采用较多。但是一般大口井的深度较浅，对地下水位的变化适应性较差，故在采用时必须注意地下水位的变化趋势。

大口井主要由井筒、井口和进水部分组成，其一般构造如图 12-52 所示。分别介绍如下。

(1) 井筒 井筒通常用钢筋混凝土或砖石等材料建造，用来加固井壁，并隔离不良水质的含水层。

用沉井法施工的大口井，常在井筒的最下缘设有钢筋混凝土刃脚（参见图 12-56），用以在井筒下沉过程中切削土层以便下沉。为了减小摩擦力和防止井筒下沉中被障碍物破坏，刃脚的外缘应凸出井筒 5~10cm。砖石结构的沉井井筒也需要采用钢筋混凝土刃脚。一般刃脚的高度不小于 1.2m。

大口井的外形通常为圆筒形。圆筒形状的井筒容易确保垂直下沉，受力条件较好，节省材料，对周围的地层扰动较少，也有利于进水。一般不变径的直筒形井壁紧贴土层，下沉时摩擦力较大。目前深度较大的大口井常采用阶梯圆形井筒进行沉井施工。这种井筒除了具有圆井筒的优点之外，还因为其井壁外径由下至上减小，井壁是变断面的结构，故承受压力比较合理，又能在下沉时减小摩擦力。一般大口井外形参见图 12-53。

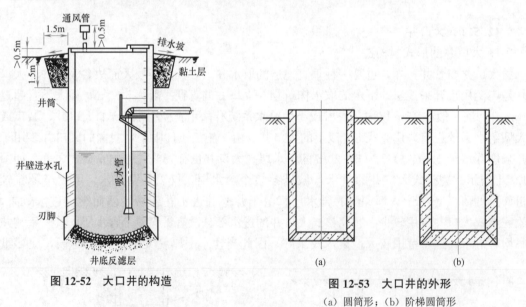

图 12-52 大口井的构造

图 12-53 大口井的外形
(a) 圆筒形；(b) 阶梯圆筒形

(2) 井口：井口是大口井露出地表的部分。为了避免地面污水从井口或沿着井壁侵入并污染地下水，井口应高出地面 0.5m 以上，还要在井口周边修建宽度为 1.5m 的排水坡。如果地表的覆盖层是透水土质，则在排水坡的下面还应填以厚度不小于 1.5m 的夯实黏土层。井口以上的结构可与泵站合建在一起，其工艺布置要求和一般泵站相同，如图 12-54 所示。井口的上部结构也可与泵站分建，只设带有人孔和通风管道的井盖，如图 12-52 所示。建在低洼地区与河滩上的大口井，为了防止洪水冲刷和人孔淹没，应采用密封的盖板，并使通风管口高于设计洪水位。

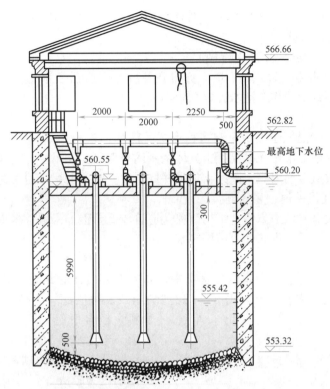

图 12-54 与泵站合建的大口井（单位：mm）

（3）进水部分 大口井的进水部分包括井壁进水孔、透水井壁和井底反滤层。

1）井壁进水孔

常用的进水孔分为水平孔和斜形孔两种，参见图 12-55。

水平孔的施工比较容易，应用较多。一般开 100～200mm 直径的圆孔或 100mm×150mm～ 200mm×250mm 的矩形孔，使之交错排列在井壁上，开孔率 15% 左右。为了保持含水层的稳定性，须在进水孔内装填一定级配的滤料，并在孔的进出口两侧设置不锈钢丝网，防止滤料漏失。一般水平孔内不易按照级配分层填装滤料，为此在施工时，可将预先装有级配滤料的铁丝笼填在进水孔内。

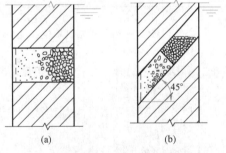

图 12-55 大口井井壁进水孔形式
（a）水平孔；（b）斜形孔

斜形孔的断面多为圆形，孔径为 100～200mm。孔的倾斜度不超过 45°，外侧设有格网。斜形孔中装的滤料比较稳定，容易装填和更换。

进水孔中的滤料一般分为两层填装，每层装填的厚度为半个井壁厚度。与含水层紧邻的那层滤料的粒径可按下式确定：

$$D=(6\sim8)d_i \tag{12-52}$$

式中 D——与含水层紧邻的填装的滤料的粒径；

d_i——含水层颗粒的计算粒径。细砂、粉砂的 $d_i=d_{40}$；中砂的 $d_i=d_{30}$；粗砂的

163

$d_i = d_{20}$。d_{40}、d_{30}和d_{20}分别表示含水层组成中粒径小于d_{40}、d_{30}和d_{20}的颗粒占总质量的40%、30%和20%。

相邻两层滤料的粒径比值一般为2～4。

当含水层的组成为砂砾或卵石时，亦可在井壁上开设孔径为25～50mm的圆形孔或井内大井外小的圆锥形孔作为进水孔，孔内不装滤料。

2）透水井壁

透水井壁用无砂混凝土制成，有多种形式。例如：采用50cm×50cm×20cm无砂混凝土砌块建成的井壁；采用无砂混凝土整体浇制的井壁等。如果井体较深，可在井壁中间的适当位置浇制数道钢筋混凝土圈梁，加强井壁强度。圈梁的梁高通常为0.1～0.2m，一般每隔1～2m高度设一道。

无砂混凝土大口井建造方便，结构简单，造价较低。但如果地下水中铁含量较多，或者含水层为细粉砂地层，则井壁容易堵塞。

3）井底反滤层

除了在大颗粒的含水层和裂隙含水层中，非完整大口井的井底一般都应该铺设反滤层。反滤层通常铺成锅底形状，由3～4层滤料组成。每层滤料的厚度为200～300mm，滤料颗粒自下而上逐渐变粗，如图12-56所示。当含水层为细砂或粉砂时，滤料的层数和厚度应适当增加。由于井壁刃脚处的渗水压力较大，容易涌砂，故在靠刃脚处的反滤层厚度应增加20%～30%。

井底反滤层的滤料级配通常与井壁进水孔相同，亦可参考有关资料设计。

因大口井的井壁进水方式容易堵塞失效，多数大口井主要依靠井底进水。因此井底反滤层的质量是大口井能否达到设计出水量的重要因素。如果反滤层铺设厚度不均匀，或者滤料不合规格，都有可能导

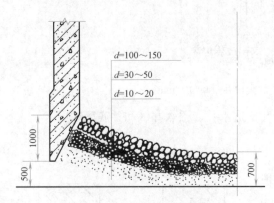

图12-56　井底反滤层（单位：mm）

致大口井堵塞或翻砂，使出水量下降。

2. 大口井的施工

大口井的施工方法有大开挖法和沉井法，分别介绍如下。

（1）大开挖施工

这种方法先开挖基槽，然后在基槽中进行井筒砌筑或浇筑，以及铺设反滤层等工作。大开挖施工的优点是可以直接采用当地的材料（如块石和砖等）建井，井底反滤层施工方便，而且可以在井壁外围填装反滤层，改善进水条件。但这种施工方法的土方量大，施工的排水费用高。一般情况下大开挖施工只适用于建造口径小（小于4m）、井深浅（小于9m）、或地质条件复杂，不宜采用沉井施工的大口井。

（2）沉井施工

这种方法是在井位处先开挖基坑，然后在基坑上浇筑带有刃脚的井筒。待井筒达到一定强度以后，即可在井筒内挖土，让井筒靠自重切土下沉。随着井内继续挖土，井筒不断下沉，直至设计标高。如果在下沉过程中因摩擦力增大，导致下沉困难时，可在井上施加荷载克服阻力。

井筒下沉方式有排水下沉和不排水下沉两种施工方式。

排水下沉是在井筒下沉过程中进行排水取土，因此井筒内部的空间在下沉过程中没有被淹没，便于施工操作。这种施工方式简单方便；可直接观察含水地层的变化，便于发现问题和及时排除障碍，容易于保持下沉的垂直度，也能保证反滤层的铺设质量。但是这种方法排水费用较高。此外对于细粉砂地层，采用普通的排水方法容易导致流砂事故，有时要采用设备较复杂的井点排水法进行排水。

不排水下沉即在井筒下沉过程中不进行施工排水，在淹水的条件下使用抓斗或水力机械等进行水下取土。因井筒内外不存在水位差，故可避免流砂现象的发生，特别适用于透水性好、水量丰富的含水层或细粉砂地层。但是这种方法不能及时发现井下的问题，排除故障比较困难，反滤层的施工质量不容易保证。因此必要时还需要有潜水员配合施工。

一般而言，沉井施工的优点较多。这种施工方式能节省排水费用，施工较安全，对含水层的扰动程度较轻，对周围的建筑物影响较小。因此在地质条件允许的时候，应尽可能采用沉井施工法。

3. 大口井的水力计算

（1）大口井出水量计算

大口井的出水量计算也有理论法和经验法之分，其经验计算公式与管井计算类似。以下仅介绍用理论公式计算大口井出水量的方法。

由于大口井有井壁进水、井底进水和井壁井底同时进水这三种进水方式，所以大口井的出水量计算不但因水文地质条件而异，还跟其进水方式有关。

1）从井壁进水的大口井计算公式

单从井壁进水的大口井，可按照管井的完整井出水量计算公式（12-2）和式（12-3）进行计算。

2）井底进水的大口井计算公式

对于无压含水层的大口井，当井底至含水层底板的距离大于或等于井的直径时，按巴布希金（Бабущкин. В. Д）公式计算（参见图 12-57）：

$$Q=\frac{2\pi KS_0 r}{\frac{\pi}{2}+\frac{r}{T}\left(1+1.185\lg\frac{R}{4H}\right)}$$

（12-53）

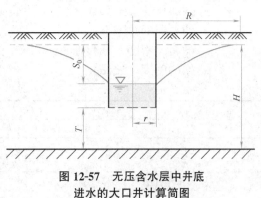

图 12-57　无压含水层中井底
进水的大口井计算简图

式中　Q——井的出水量，m^3/d；

　　　S_0——出水量为 Q 时井内的水位降落值，m；

　　　K——含水层渗透系数，m/d；

　　　R——影响半径，m；

　　　H——含水层厚度，m；

　　　T——井底到含水层底板的距离，m；

　　　r——井的半径，m。

承压含水层的大口井也可利用上式计算。

当含水层很厚（$T \geqslant 8r$）时，可用福尔希海默（Forchheimer, P.）公式计算：

$$Q=AKS_0r \tag{12-54}$$

式中　A——系数，当井底为平底时，$A=4$；当井底为球形时，$A=2\pi$；其余符号与上式相同。

3）井壁井底同时进水的大口井计算公式

井壁井底同时进水的大口井可用出水量叠加方法进行计算。对于无压含水层（见图12-58），井的出水量等于无压含水层井壁进水的大井口出水量和承压含水层井底进水的大口井出水量的总和：

$$Q=\pi KS_0\left(\frac{2h-S_0}{2.3\lg\frac{R}{r}}+\frac{2r}{\frac{\pi}{2}+\frac{r}{T}\left(1+1.185\lg\frac{R}{4H}\right)}\right) \tag{12-55}$$

式中各符号参见图12-58和前述。

（2）大口井渗透稳定性的校核

为保持滤料层和含水层在渗流工作时的稳定性，防止涌砂情况的发生，在确定大口井尺寸和进水部分构造并完成出水量计算之后，应校核大口井的进水流速。大口井在工作时，井壁和井底的进水流速都应小于允许流速。

井壁水平进水孔的允许流速和管井过滤器的允许流速相同。对于斜形孔和井底反滤层（重力滤料），允许流速按下式计算：

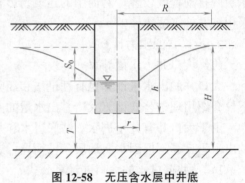

图12-58　无压含水层中井底井壁进水大口井计算简图

$$v_f=\alpha\beta K(1-p)\left(\frac{\rho_s}{\rho}-1\right) \tag{12-56}$$

式中　α——安全系数，在井壁进水斜孔处为0.5，在井底反滤层处为1；

　　　β——进水流向与垂线夹角φ有关的经验系数，见表12-11；

　　　K——滤料层的渗透系数（m/s）见表12-12；

　　　p——滤料层的孔隙率；

　　　ρ_s——滤料的密度，砂和砾石为2.65g/cm³；

　　　ρ——水的密度，1g/cm³。

系数 β 值　　　　　　　　　　　　　　　　　　　　　　表12-11

φ	0°	10°	20°	30°	40°	45°	60°
β	1	0.97	0.87	0.79	0.63	0.53	0.38

滤料层渗透系数　　　　　　　　　　　　　　　　　　　　表12-12

滤料粒径 d(mm)	0.5~1.0	1~2	2~3	3~5	5~7
K(m/s)	0.002	0.008	0.02	0.03	0.039

β 值亦可按下式计算：

$$\beta=1-\frac{\varphi}{107}+0.08\sin(4.5\varphi) \tag{12-57}$$

在计算井底进水时，$\beta=1$。

4. 大口井的设计要点

大口井及井群的设计步骤与管井类似，但还应注意以下问题。

（1）大口井位置的选择

大口井的位置应选在地下水补给丰富、含水层透水性良好、地下水埋藏较浅的地区。

取集河床地下水的大口井，除了要考虑这些水文地质条件之外，还应选在稳定的河漫滩地段或一级冲积台地上。所处的河段必须稳定，并且具有较好的水流条件，例如没有壅水的顺直河段。为了渗取水质较好的地下水，井位不能距水抹线太近，应保持 25m 以上的距离。

（2）适当增加井径

在考虑大口井的基本尺寸时，应注意井径对出水量的影响。由理论计算公式可知，出水量与井径之间存在线性函数关系。因此在施工条件允许的情况下，适当增加井径是提高水井出水量的途径之一。同理，在出水量不变的条件下，采用较大直径的大口井可以减小水位降落值，降低取水的电耗，还能降低大口井的进水流速，延长其使用期。

（3）地下水位影响

由于大口井的井深不大，所以地下水位的变化对井的出水量和抽水设备的正常运行有很大的影响。用大口井开采河床地下水时，因为河流的水位变幅较大，要特别注意这一情况。在计算井的出水量和确定水泵安装高度的时候，都应以枯水期的最低水位为基准，抽水试验也应在枯水期时进行为宜。除此之外，还应注意到地下水位区域性下降的可能性以及由此产生的影响。

（4）含水层堵塞

由于地表水体中的杂质较多，所以对于布置在岸边或河漫滩、依靠河水补给的大口井，应考虑到含水层堵塞引起出水量降低的趋势。这种情况在实际工程中是用"淤塞系数"予以估计的，目前暂采用与渗渠设计相同的淤塞系数值。

12.5.2 辐射井

1. 辐射井的形式

辐射井是由集水井和若干以辐射形式敷设的水平或倾斜的集水管（称辐射管）组成。按照集水井本身是否进水，辐射井可有两种形式：一种是把集水井造成井底进水的大口井的形式，使集水井底和辐射管同时取水；这种辐射井适用于厚度较大（约5～10m）的含水层，取水量较多，但由于大口井和辐射管的集水范围在高程上相近，互相干扰影响较大。

另一种是建造井底封闭的集水井，只用辐射管集水，如图 12-59 所示。这种辐射井适用于较薄的含水层（≤5m）。因为集水井是封底的，所以对于辐射管的施工和维修都比较方便。

按照补给的情况，辐射井可分为：集取地下水的辐射井（图 12-60

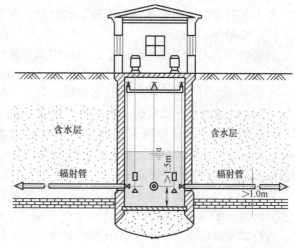

图 12-59　单层辐射管的辐射井

（a））、集取河流或其他地表水体渗透水的辐射井（图 12-60（b）、（c））、集取岸边地下水和河床地下水的辐射井（图 12-60（d））等。

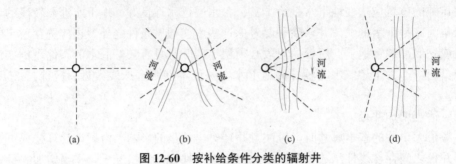

图 12-60　按补给条件分类的辐射井

按辐射管铺设方式，辐射井又可分为单层辐射管的辐射井（图 12-59）和多层辐射管的辐射井。

辐射井是一种适应性较强的取水构筑物。一般不能用大口井开采的厚度较薄的含水层，以及不能用渗渠开采的厚度薄埋深大的含水层，都可以用辐射井开采。此外，辐射井对开采位于咸水层上部的淡水透镜体，也较其他取水构筑物更为适宜。因为辐射井的进水面积大，所以它是一种高效能的地下水取水构筑物。其单井产水量位于各类地下水取水构筑物之首。高产辐射井的日产水量往往在 10 万 m^3 以上。

此外，辐射井还有管理较集中，占地省和便于卫生防护等优点。

不过应该指出，辐射井产水量的大小不仅取决于水文地质条件（含水层透水性和补给条件等）和其他自然条件，还在很大程度上取决于辐射管的施工技术水平和施工质量，而辐射管的施工难度相当高。

2. 辐射井的构造

（1）集水井

集水井的作用是汇集来自辐射管的水，安放抽水设备，并作为铺设辐射管的施工场所。不封底的集水井还兼有取水井的作用。根据这些功能要求，集水井的直径不应小于3m。我国多数辐射井常采用不封底的集水井，以便扩大井的产水量。但是不封底的集水井对辐射管的施工和维护都很不方便。

集水井通常都采用圆形钢筋混凝土的井筒，沉井施工。

（2）辐射管

辐射管可采用单层或多层配置，每层根据补给的情况，布置 4～8 根。最下层辐射管距离含水层的底板应不小于1m，以利进水；还应高出集水井井底 1.5m，以便采用顶管施工。为了减少辐射管之间的干扰，各层辐射管上下应有一定的距离。当辐射管的直径采用100～150mm 的时候，辐射管的层间距常采用 1～3m。

辐射管的直径和长度视水文地质环境和施工条件而定。辐射管的直径一般为 75～100mm，当地层补给条件好，含水层透水性强，施工条件许可的时候，宜采用大管径。辐射管的长度一般不到 30m。铺设在无压含水层中时，迎着地下水水流方向的辐射管宜长一些。

为利于集水和排砂，辐射管应设有一定的坡度，朝集水井方向倾斜。

辐射管一般采用厚壁钢管（壁厚 6～9mm）以便于直接顶管施工。当采用套管施工法时，也可采用薄壁钢管、铸铁管或其他非金属管材。辐射管的进水孔有条形孔和圆形孔两种，其孔径或条形缝的宽度应按照含水层的颗粒组成确定，参见表 12-1。布孔的孔隙率一般为 15%～20%。圆孔沿管轴方向交错排列；条形孔长度方向平行于管轴，也沿管轴方向交错开孔。为防止地表水沿着井外壁下渗进入集水井，除了在井口外围填黏土层封闭之外，建议在靠近井壁 2～3m 范围内的辐射管上不要开孔。

对于集水井封底的辐射井，其辐射管在井内的出口处应设阀门，便于施工、维修和控制取水量。

3. 辐射井的出水量计算

辐射井的出水量计算问题比较复杂。影响辐射井产水量的因素，除了水文地质和水文等自然条件之外，还有辐射井本身较复杂的工艺构造条件，如辐射管管径、管长、根数和布置方式等。现有的辐射井理论计算公式很多，但都有较大的局限性，计算结果常与实际情况有很大的出入，只能作为估算辐射井出水量的参考。

（1）承压含水层辐射井

承压含水层辐射井的出水量可按下式计算：

$$Q = \frac{2.73KmS_0}{\lg \frac{R}{r_a}} \tag{12-58}$$

式中　Q——辐射井出水量，m^3/d；

S_0——集水井外壁的水位降落值，m；

K——含水层渗透系数，m/d；

R——影响半径，m；

m——承压含水层厚，m；

r_a——等效大口井半径（m），按下式计算：

$$r_a = 0.25^{1/n} \cdot l \tag{12-59}$$

式中　l——辐射管长度，m；

n——辐射管的根数。

式（12-58）实质上是假设在辐射井取水的含水层中有一个半径为 r_a 的等效的大口井，其出水量与要计算的辐射井相等。这样就可以利用裘布依公式来计算辐射井的出水量。求算等效大口井半径有多种经验公式，式（12-59）只是许多经验公式中的一个。

（2）无压含水层辐射井（参见图 12-61）

无压含水层辐射井的出水量可按下式计算：

$$Q = q \cdot n \cdot \alpha \tag{12-60}$$

式中　n——辐射管根数；

α——辐射管之间的干扰系数，按下式计算：

$$\alpha = \frac{1.609}{n^{0.6864}} \tag{12-61}$$

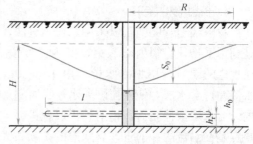

图 12-61　无压含水层中辐射井计算简图

q——单根辐射管的出水量，（m^3/d），按下式计算：

$$q = \frac{1.36K(H^2 - h_0^2)}{\lg \frac{R}{0.75l}} \tag{12-62}$$

当 $h_r > h_0$ 时，

$$q = \frac{1.36K(H^2 - h_0^2)}{\lg \dfrac{R}{0.25l}}$$

(12-63)

式中　h_0——井外壁动水位到含水层底板的距离，m；

　　　h_r——辐射管中心到含水层底板的距离，m；

　　　H——含水层厚度，m；

其余符号同前。

辐射井出水量计算公式中的 S_0 系指辐射井外壁的水位降落值，而井中测出的水位降值 S 还应计入辐射管本身的水头损失 h_w，如图 12-62 所示。即有

$$S_0 = S + h_w$$

(12-64)

辐射管的水头损失 h_w 包括辐射管的沿程阻力损失和辐射管水流出口流速水头损失：

$$h_w = \left(1 + \frac{\lambda}{\mu} \cdot \frac{l}{d}\right) \cdot \frac{v^2}{2g}$$

(12-65)

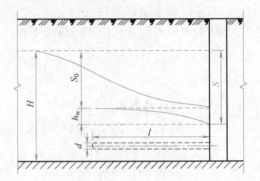

图 12-62　辐射管中水流水头损失

式中　v——辐射管内的水流平均速度，m/s；

　　　l——辐射管长度，m；

　　　g——重力加速度，m/s²；

　　　λ——穿孔管辐射管的沿程阻力系数，较未穿孔的管道高约 3～4 倍。例如直径 200mm 的穿孔管的 λ 值等于 0.08；

　　　μ——辐射管的进水量分布系数。参见图 12-63：当孔口进水较集中分布于管道始端（a 线）时，$\mu = 1 \sim 3$；当孔口进水较集中分布于管道的近井端（b 线）时，$\mu > 3$；当孔口进水沿管长均匀分布（c 线）的时候，$\mu = 3$。一般初步估算时可近似认为孔口沿管线均匀进水。

4. 辐射管的施工

我国辐射管的施工以采用水射顶进法较多。该法是利用千斤顶将辐射管从集水井内向外顶入含水层，在顶进的同时利用喷射水枪，用 15～30m/s 的高速水流冲射含水层，使砂粒随着水流沿着辐射管排入井内。含水层被冲松后，辐射管得以顶进。这种方法的缺点是在水流的冲射下，含水层的扰动很大，难以在

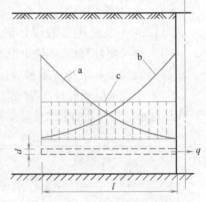

图 12-63　辐射管进水分布情况

辐射管周围形成透水性能良好的反滤层，因而会影响辐射管的出水量。

国外应用较广泛的兰尼（Ranney, L.）顶进法是一种较好的辐射管施工方法。这种方法的基本过程如图 12-64 所示：用油压千斤顶将带有顶管帽的厚壁钢质辐射管从集水井内向外顶入含水层。顶管帽上开有进水孔，它与安装在辐射管内的排砂管连接。在顶进过程中，含水层中的地下水在水压作用下，挟带着细颗粒的泥砂，从顶管帽上的孔眼进入排

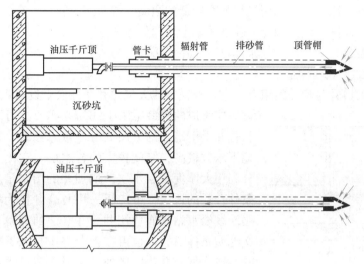

图 12-64　兰尼顶进施工法

砂管，流到集水井内。由于辐射管和排砂管在靠井壁处设有填料止水装置，所以地下水不能从辐射管上的孔眼流入井内，只能集中从顶管帽处的孔眼流进排砂管，因而会在顶进点产生较大的进水流速，排走含水层内的细颗粒，在顶管帽周围形成反滤层结构。随着辐射管不断地顶进含水层，顶管帽也在沿途不断地排走含水层中的细颗粒，当辐射管全被顶进含水层中的时候，整根管周围就都构成了透水性良好的天然反滤层（参见图 12-65）。

这种方法能顶进较长的辐射管（可达 40～80m）并形成透水性良好的反滤层结构，使辐射井的取水能力大大提高。

当含水层中缺乏骨架颗粒（如在中砂和细砂地层），不可能形成天然反滤层时，可以采用套管顶进施工法，在辐射管的周围进行人工填砾。图 12-66 为套管施工法的示意图。这种方法是在兰尼顶进法基础上改进的，它采用兰尼施工法将套管顶入含水层，然后在套管内安装辐射管，并利用送料小管和压力水将砂砾冲填在套管和辐射管之间的环形空间内，形成人工的填砂层。最后拔出套管构成具有人工填砾的辐射管。这种方法使用的辐射

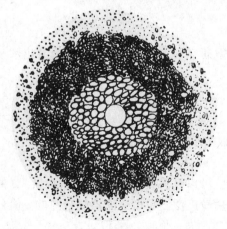

图 12-65　辐射管周围的天然反滤层

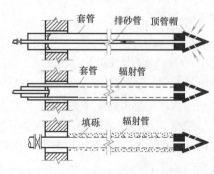

图 12-66　套管顶进施工法

管不作直接顶进之用，故能采用机械强度较低的金属管或非金属管材。在有侵蚀性地下水的地区，宜采用此法铺设抗蚀能力较强的非金属辐射管。

12.5.3 复合井

1. 复合井的形式与构造

复合井是大口井与管井的组合。它由非完整式大口井和在井底下设的一根至数根管井过滤器组成的（参见图 12-67），实质上可看作是大口井和管井上下结合的分层或分段取水系统。复合井适用于地下水位较高、厚度较大的含水层，它比大口井更能充分利用大厚度的含水层，增加井的出水量。在水文地质条件合适的地区，可广泛采用复合井作为城镇水源、铁路沿线给水站和农业用井。在已建的大口井中，如果水文地质条件适宜，也可在大口井中打入管井过滤器，将其改造为复合井，以增加产水量和改良水质。模型试验资料表明，当含水层透水性较差或含水层较厚即 $\frac{m}{r_0}=3\sim6$（m 为含水层厚度，r_0 为大口井半径）时，采用复合井能显著增加出水量。

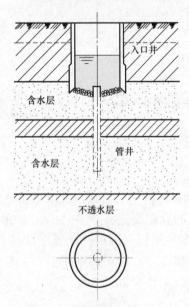

图 12-67　复合井

复合井中大口井部分的构造与前述相同。

增加复合井的过滤器直径能提高管井部分的出水量，但管井部分产水量增加会加大对大口井井底进水的干扰程度，因此复合井过滤器的直径不宜过大，一般以200~300mm 为宜。

含水层较厚的时候以采用非完整过滤器为宜，一般令 $l/m<0.75$（l 为过滤器长度，m 为含水层厚度）。由于复合井过滤器与大口井互相干扰，且过滤器下端的滤流强度较大，因此复合井的进水过滤器的有效长度应比一般管井稍大些。

适当增加过滤器的数量，可增加复合井的出水量。但从模型试验的资料来看，当过滤器的数目增至 3 个以上的时候，复合井的出水量增加甚少。因此，采用多过滤器的复合井的设计方案，应通过技术经济比较以后予以确定。

2. 复合井出水量的计算

虽然复合井应用很早，但对其产水量计算的课题研究甚少。通常在估算复合井出水量时可参考下式：

$$Q=\xi(Q_a+Q_l) \tag{12-66}$$

式中　Q——复合井的出水量；

　Q_a、Q_l——分别为同一情况下大口井和管井在单独抽水时的产水量；

　　　ξ——互相影响系数。

根据上式，只要求得不同条件下相应的 ξ 值，就可以计算确定复合井的出水量。ξ 值与过滤器的个数、完整程度和管径等因素有关。应用较广泛的单个过滤器复合井的 ξ 值公式介绍如下：

（1）承压和无压完整单过滤器复合井

$$\xi_{\mathrm{I}}=\cfrac{1}{1+\cfrac{\ln\cfrac{R}{r_0}}{\ln\cfrac{R}{r_0'}}} \tag{12-67}$$

式中 R——为影响半径；

r_0、r_0'——分别为大口井和管井的半径。

（2）承压非完整单过滤器复合井（参见图 12-68）

$$\xi_{\mathrm{II}}=\cfrac{1}{1+\cfrac{\ln\cfrac{R}{r_0}}{\cfrac{m}{2l}\left(2\ln\cfrac{4m}{r_0'}-A\right)-\ln\cfrac{4m}{R}}} \tag{12-68}$$

式中 m——含水层厚度；

l——过滤器长度；

A——为 l/m 的函数值 $f\left(\dfrac{l}{m}\right)$，由辅助图 12-25 确定；

其余符号同前式。

（3）无压非完整单过滤器复合井（参见图 12-69）

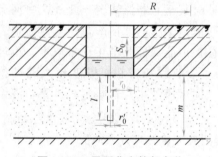

图 12-68 承压非完整复合井

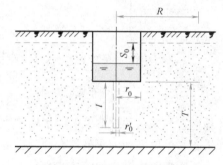

图 12-69 无压非完整复合井

$$\xi_{\mathrm{III}}=\cfrac{1}{1+\cfrac{\ln\cfrac{R}{r_0}}{\cfrac{T}{2l}\left(2\ln\cfrac{4T}{r_0'}-A\right)-\ln\cfrac{4T}{R}}} \tag{12-69}$$

式中 T——大口井底到含水层底板的距离；

其余符号同前式。

12.6 渗 渠

12.6.1 渗渠的形式

渗渠是水平铺设在含水层中的集水管（渠）。它可用于集取浅层地下水（图 12-70），也可铺设在河流、水库等地表水体之下或旁边，集取河床地下水或地表渗透水

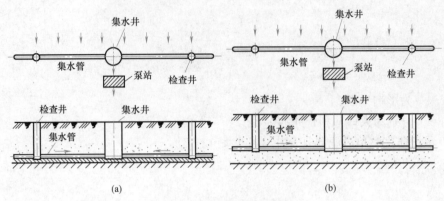

图 12-70　集取地下水的渗渠

(a) 完整式；(b) 非完整式

（图 12-71）。由于渗渠的集水管渠是水平铺设的，故称其为水平式地下水取水构筑物。

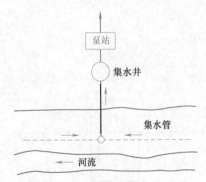

图 12-71　平行于河流布置的渗渠

渗渠的埋深一般为 4～7m，很少超过 10m。因此渗渠通常只适用于开采埋藏深度小于 2m，厚度小于 6m 的含水层。渗渠也有完整式（图 12-70（a））和非完整式（图 12-70（b））之分。

我国东北、西北的一些山区和山前区的河流径流变化很大，枯水期时甚至有断流情况。此外这些河流的河床稳定性也较差，冬季的冰情严重。若建造地表水取水构筑物，往往不能保证其全年正常取水。不过这类河流的河床多覆有颗粒较粗、厚度不大的冲积层，河床地下水（河床潜流水）蕴藏量较丰富。渗渠是最适宜开采这种地下水的取水构筑物。它能适应上述水文特点，实现全年取水。当然，如果含水层厚度和埋深条件允许，也可用大口井、辐射井或管井来开采河床的潜流水。

河床潜流水沿着河流方向缓慢流动，主要来自河水的直接渗入（图 12-71），基本上属于河流水，但又常受到汇入河岸的地下水的补给。因此这种经过地层渗滤、又和地下水混合的潜流水兼有地表水和地下水的特点，其浊度、色度和细菌数等指标均比河水低，而硬度和矿化度则较河水为高。采用渗渠集取河床潜流水作为饮用水的水源，往往是简化净水工艺和降低水处理费用的备选方案之一。

渗渠的缺点是，由于河床泥砂淤积和含水层或填砾层的淤塞，其产水量会逐渐衰减。情况严重的时候，常导致工程提早报废。

12.6.2　渗渠位置的选择和布置方式

1. 渗渠位置选择原则

渗渠位置的选择是渗渠设计中的一个复杂问题。在选择集取河床潜流水的渗渠的位置时，不仅要考虑水文地质条件，还要考虑河流的水文条件。一般原则如下：

（1）渗渠应选在河床冲积层较厚、地层颗粒较粗的河段，并应避开有不透水地层（如淤泥夹层等）的地区；

（2）渗渠应选在河流水力条件良好的河段。要避免设在有壅水的河道和弯曲河段的凸岸，以防泥砂沉积影响河床的渗透能力；也要避开冲刷强烈的河岸，防止增加护岸工程的费用。

（3）渗渠应设在河床稳定的河段。河床变迁和河道主流摆动不定都会影响渗渠的补给，导致出水量的降低。

2. 渗渠的布置方式

集取河床地下水的渗渠的布置方式一般分为以下几种情况：

（1）平行于河流布置（参见图 12-71）

当河床潜流水和岸边地下水均比较充沛、河床很稳定的时候，可采用平行于河流、沿着河漫滩布置的渗渠集取河床潜流水和岸边的地下水。采用这种方式布置的渗渠往往在枯水期间能获得地下水的补给，故有可能做到渗渠全年产水量均衡，渗渠的施工和检修也比较方便。

（2）垂直于河流布置（参见图 12-72）

当岸边地下水的补给较差、河流枯水期的流量很小、河道主流摆动不定、河床冲积层较薄的时候，可采取这种布置方式最大限度地截取潜流水。这种布置的施工和检修都比较困难，渗渠的出水量和水质受河流水位水质的影响，变化较大，还容易发生淤塞。

（3）平行和垂直组合布置（参见图 12-73）

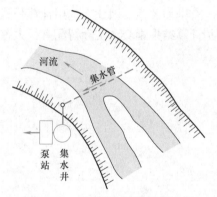

图 12-72 垂直于河流布置的渗渠

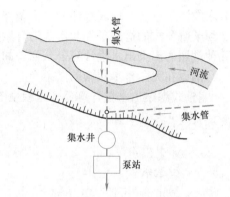

图 12-73 集取河床地下水或河流渗透水的渗渠

平行和垂直组合布置的渗渠能充分截取潜流水和岸边的地下水，产水量比较稳定。

布置集取地下水的渗渠时，应尽量使渗渠垂直于地下水的流向。

12.6.3 渗渠的构造

渗渠通常由水平集水管、集水井、检查井和泵站组成（参见图 12-70）。

集水管一般采用穿孔钢筋混凝土管。水量较小时可用穿孔混凝土管、陶土管或铸铁管。也可采用带缝隙的干砌块石或装配式钢筋混凝土暗渠集水。钢筋混凝土集水管的管径应根据水力计算确定，一般为 600～1000mm 左右。集水管的进水孔有圆孔和条形孔两种。圆孔孔径为 20～30mm，条形孔的宽度为 20mm，长度 60～100mm 左右。进水孔眼内大外小，交错排列在管渠上部 1/2～2/3 的部分。孔眼之间的净距离要满足结构强度要求，孔隙率一般不应超过 15%。

集水管外面需要铺设人工反滤层。铺设在河滩下和河床下的渗渠反滤层的构造分别如图 12-74（a）、（b）所示。反滤层的层数、厚度、滤料粒径计算方法与大口井的井底反滤层相同。各层滤料的厚度可取 200～300mm，最内层的滤料粒径应比进水孔略大。

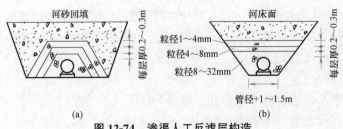

图 12-74 渗渠人工反滤层构造

（a）铺设在河滩下的渗渠；（b）铺设在河床下的渗渠

渗渠的渗流允许流速可参照管井的渗流允许流速确定。

为便于检修和清通，在集水管的端部、转角、变径处，以及每隔 50～150m 处均应设检查井。在洪水期间会被淹没的检查井井盖应予密封并用螺栓固定，防止洪水冲开井盖，涌入泥砂淤塞渗渠。

12.6.4 渗渠的水力计算

渗渠的设计计算包括渗渠出水量计算和水平集水管输水能力的计算。

1. 渗渠出水量计算

影响渗渠出水量的因素很多，除了跟水文地质条件和渗渠铺设方式有关之外，对于集取地表水的渗渠，还与地表水体的水文条件和水质状况有密切关系。因此在选用计算公式时，必须了解公式的适用条件和水源的自然状况。否则计算结果常会与实际情况有很大差异。几种常用的渗渠出水量计算公式列举如下：

（1）铺设在无压含水层中的渗渠

1）完整式渗渠出水量计算公式（参见图 12-75）

$$Q=\frac{KL(H^2-h_0^2)}{R} \tag{12-70}$$

式中　Q ——渗渠出水量，m^3/d；

　　　K ——渗透系数，m/d；

　　　R ——渗渠的影响带宽，m；

　　　L ——渗渠长度，m；

　　　H ——含水层厚度，m；

　　　h_0 ——渗渠集水管内水位距离含水层底板的高度，m。

2）非完整式渗渠出水量计算公式（参见图 12-71）

$$Q=\frac{KL(H^2-h_0^2)}{R}\cdot\sqrt{\frac{t+0.5r_0}{h_0}}\cdot\sqrt[4]{\frac{2h_0-t}{h_0}} \tag{12-71}$$

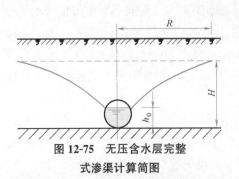

图 12-75　无压含水层完整式渗渠计算简图

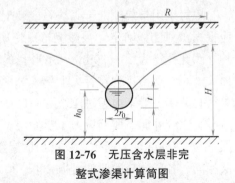

图 12-76　无压含水层非完整式渗渠计算简图

式中 t——渗渠水深，m；

r_0——渗渠集水管半径，m；

其余符号同前。

上式适用于渗渠集水管管底和含水层底板距离不大的情况。

（2）平行于河流并铺设在河滩下的渗渠

平行于河流并铺设在河滩下、同时集取岸边地下水和河床潜流水的完整式渗渠的出水量计算公式（参见图12-77）

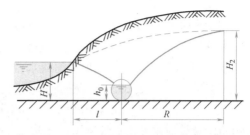

图 12-77　河滩下渗渠计算简图

$$Q=\frac{KL}{2l}(H_1^2-h_0^2)+\frac{KL}{2R}(H_2^2-h_0^2) \tag{12-72}$$

式中 H_1——河流水位到含水层底板的距离，m；

H_2——岸边地下水位到含水层底板的距离，m；

其余符号同前。

该式计算的是渗渠集取的河床下渗水和岸边地下水的水量之和。

（3）铺设在河床下的渗渠

铺设在河床下、集取河床潜流水的渗渠出水量计算公式

$$Q=\alpha \cdot L \cdot K \frac{H_Y-H_0}{A} \tag{12-73}$$

式中 α——淤塞系数，当河水浊度低时采用0.8；浊度很高时采用0.3；

H_Y——河流水位到渗渠集水管管顶的距离，m；

H_0——渗渠集水管内的剩余水头（m）。当集水管内为自由水面时 $H_0=0$。一般采用 $H_0=0.5\sim1.0$m。

A 为系数。对于非完整式渗渠（图12-78），A 值由下式计算：

$$A=0.37\lg\left[\tan\left(\frac{\pi}{8}\cdot\frac{4h-d}{T}\right)\cdot\cot\left(\frac{\pi}{8}\cdot\frac{d}{T}\right)\right] \tag{12-74}$$

对于完整式渗渠（图12-79），A 值由下式计算：

$$A=0.73\lg\left[\cot\left(\frac{\pi}{8}\cdot\frac{d}{T}\right)\right] \tag{12-75}$$

式中 T——含水层厚度，m；

h——河床底到集水管底的距离，m；

d——集水管的直径，m；

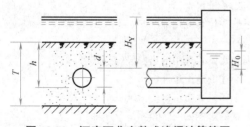

图 12-78　河床下非完整式渗渠计算简图

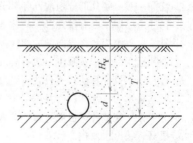

图 12-79　河床下完整式渗渠计算简图

其余符号同前。

2. 渗渠集水管的水力计算

渗渠集水管的水力计算包括确定管径、管内流速、水深和管底坡度等。

集水管的水力计算方法与重力流排水管相同。当管道长度较大时，应分段进行计算。由于渗渠的出水量与地下水位和河流水位有关，变化较大，所以在计算时应根据枯水期的水位校核集水管的最低流速，根据洪水期的水位校核集水管的管径。

集水管内的流速一般采用 0.5～0.8m/s；管底最小坡度不小于 0.2％；管内充满度采用 0.5。管渠的内径或矩形渠道的短边长不小于 600mm。

12.6.5 渗渠出水量的衰减及其防止措施

渗渠在运行中常存在不同程度的出水量衰减问题。渗渠的出水量衰减有渗渠本身和水源两方面的原因。

属于渗渠本身的原因主要是渗渠反滤层和周围的含水层受到地表水中泥砂杂质淤塞的结果。对于以渗取地表水为主的渗渠，这种淤塞现象普遍存在，而且比较严重，往往会使投产不久的渗渠的产水量大幅度下降。防止渗渠淤塞尚缺乏非常有效的措施。一般可从下列几方面予以防范：（1）选择合适的河段，合理布置渗渠；（2）控制取水量，降低水流的渗透速度；（3）保证反滤层的施工质量等。

属于水源的原因是渗渠所在地段河道的水文和水文地质状况发生了变化。例如：地下水位发生地区性下降；河流水量减少，水位降低，尤其在枯水期流量减少影响更为显著；

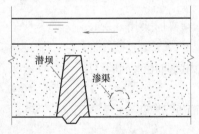

图 12-80 河床下的截流潜坝

河床变迁，河道主流摆离渗渠等。为防止此类问题的发生，在工程设计时应全面掌握有关的水文和水文地质资料，对开采区内的水资源状况有一个正确的评价，对河道的变迁趋势有足够的估计。以渗取地表水为主的渗渠，所开采的水量应纳入河流的综合利用规划之中。渗渠选址应处于合适的河段，有条件和在必要的时候，可进行一定的河道整治措施，稳定水源所在地的河床或改善河段的水力状况。例如，对于两岸为基岩或弱透水层的狭窄河道，若在渗渠所在的河床下游修建截水潜坝（见图 12-80），可取得较好的效果。

思考题与习题

1. 地下水取水构筑物有哪几种类型？简要叙述各类取水构筑物的适用条件。

2. 管井一般由哪几部分组成？各部分的功能是什么？

3. 管井过滤器主要有哪几种？简述各种过滤器的适用条件。

4. 凿井过程中为什么要向井内灌注泥浆？凿井完毕后为什么应立即洗井？

5. 管井运行中出水量减少一般有哪几种原因？如何解决？

6. 管井出水量计算的经验公式有哪几种？如何根据抽水试验选用恰当的经验公式？

7. 根据集水和取水方式，井群系统可分为哪几类？简述其适用条件。

8. 对于无压完整井，根据裘布依公式能否求得理论上的最大出水量？为什么？

9. 根据管井出水量理论计算公式，井径大小对出水量的影响如何？实际情况又如何？为什么？

10. 井群互阻的主要影响因素有哪些？采用经验方法作井群互阻计算时，这些影响因素如何反映出来?

11. 何谓分段取水?在什么情况下宜采用分段取水?

12. 大口井、辐射井和复合井各适用于何种情况?

13. 大口井的井底反滤层如何设计?如何防止井底涌砂现象?

14. 大口井进水方式有哪几种?出水量理论计算与管井有何异同?

15. 在什么情况下宜采用渗渠取水?由河流补给的渗渠,一般有哪几种布置方式?

16. 渗渠出水量衰减一般由哪些因素引起,如何防止?

17. 地下水取水构筑物类型多,出水量计算公式多,应重点掌握各公式的基本概念和应用条件,并找出公式中的某些共同之处。

18. 在单井中进行三次抽水试验,试验数据如下:

$$S_1 = 1.8m, \quad Q_1 = 40L/s;$$
$$S_2 = 3.2m, \quad Q_2 = 60L/s;$$
$$S_3 = 4.7m, \quad Q_3 = 75L/s。$$

试根据抽水试验结果,按经验公式计算水位降落值为 6.5m 时的管井出水量。

19. 1 口直径为 0.4m 的承压完整井以恒定流量 50m³/h 抽水。该井所在地层的水文地质参数为:导水系数 $T = 300m^2/d$,释水系数 $\mu_s = 0.005$。试用雅柯比公式计算该井连续抽水一年后,在井壁处和距井 500m 处的水位降落值。

20. 沿垂直地下水流动方向已建成 1 号和 2 号井,拟在 2 号井侧增建 3 号井如图 12-81 所示。井距均为 400m。

已知影响半径 $R = 700m$,抽水试验表明 Q-S 成直线关系,记录见表 12-13。

抽水试验数据记录

表 12-13

井号	出水量(L/s)	水位降落(m)	单位降深出水量 (L/(s·m))	单井出水影响另一 井的水位降落值(m)
1 号	10.2	3	3.4	0.4(即 t_2)
2 号	12.0	4	3.0	0.28(即 t_1)

求:(1)当 1 号和 2 号两井同时抽水时,水位降落 5m 时的总出水量;

(2)增设 3 号井后,其单位降深出水量为 1 号和 2 号井的平均值 3.2L/(s·m)。求降深为 5m 时,三井同时抽水的总出水量。

图 12-81 题 20 附图

第 13 章　地表水取水构筑物

地表水体的种类很多，水源水质各不相同，环境条件比较复杂。因此，地表水源的取水构筑物具有多种形式。本章将叙述各种地表水源的水体特征，介绍地表水取水构筑物的主要形式，并简述这些取水构筑物的选择、设计计算和施工管理。

13.1　地表水体特征与取水构筑物的关系

陆地上的水体主要由大气的降水和地下水补给，一般具有水量充沛和含盐量较低的特点。但是水体暴露，容易受到气候和环境条件的影响。所以地表水的混浊度通常较高，水温、水质和水文参数不稳定，水源常受到杂质和病原体的污染。许多地表水体里经常会出现大块的漂浮物和大量繁殖的水生生物，寒冷地区的水体也常受到冰冻，这都会影响到取水构筑物的设计和运行管理。此外，由于地面的取水条件往往比较复杂，地表水源的取水方式也有较多的变化。

13.1.1　各种水体特征概述

1. 平原江河

一般平原江河的流量较大而流速不大，河道的纵向坡度比较小。河流的水位变化比较缓慢，变幅不超过十几米。平原河流的河床底部常有泥砂淤积，河水挟带的泥砂大多悬浮在水中，比较细小。

2. 山区河流

山区河流的特点和平原河流正相反。一般这些河流流经地形复杂的山区地带，流量较小，而且季节性的变化很大。河道狭窄，河谷陡峻，水流湍急，水面的纵向落差大，沿程常有跌水。洪水期间，河流的水质、水量和水位变化很迅速，变幅也大。水质可由平时的清澈突然变浑，挟带大量的泥砂、植物叶茎等漂浮物，水量变化可达到几百倍，水位变化可达几十米。山区河流的河床主要由卵石、大块砾石和难以冲刷的岩石构成，大部分河水挟带的泥砂是沿着河床底部推移前进的，河水输送的泥砂颗粒很大，甚至能推送直径 1m 左右的石块。

3. 湖泊和水库

一般湖泊和水库里的水流比较平静，水质比较清澈。但是在大风大雨和气温骤冷的时候，湖泊水库里的水也会变浑。补给湖泊水库的水源可以是各种各样水质的河流、地下水或降雨径流等。由于补给水源的水质不同，而滞流不动的水的更新周期又比较长，所以不同湖泊水库的水质往往会不大一样，即使是在同一个湖或水库的不同地方，取到的水质也常常不同。温暖地区的湖泊水库里经常有众多的水生生物，其繁殖对水质有显著影响，也会在水底积累大量的淤泥。湖泊和水库的水位主要受补给水源的水量的控制，一般每天的变化不大，但是季节性的变化幅度却很大。这些水位变化直接关系到湖泊水库储存的水量，对取水的水质也有一定的影响。对水库而言，通常可通过控制调节保证枯水期的取水量。

4. 海洋

海边的水位变化受潮汐控制，很有规律，一个潮汐周期约为 24 小时 50 分钟。由于海洋的面积很大，风的吹程长，所以海岸边的风浪要比陆地上的水体大得多。风浪和潮汐都可能推动海底的泥砂，淤积在海边的取水构筑物。此外，海水里含有很多盐分，对管道设备的腐蚀性比较大，许多海生生物也常会在取水构筑物里面大量繁殖。在设计和管理海水取水构筑物的时候，要特别重视这些因素。

13.1.2 地表水取水工程设计资料

与地表水取水工程有关的设计资料有以下几种。

1. 水文资料

河流的水文资料主要包括：

（1）流量

历年的逐月平均流量；最大洪水流量、最小枯水流量及其持续时间；流冰期时的最大和最小流量；形成冰坝冰塞时的流量等。

（2）水位

历年的逐月平均水位；最高水位和最低水位；汛期水位的涨落速度；流冰期时的最高和最低水位；形成冰坝冰塞时的最高水位；施工期的最高水位及其持续时间；潮汐的影响变化等。

（3）流速

历年的逐月平均流速；汛期的最大流速；枯水期的最小流速；河床断面的流速分布；施工期的最大流速等。

上述流量、水位和流速的最高最低极限值通常以日平均值计算。

对面积较大的水体，要考虑水面波浪的特征。如：波浪的高度、波长以及相应的风向风速等资料。

对于水库，要掌握其水位和容积之间的关系，并且了解兴利水位、死库容水位、溢洪水位和洪峰的水位过程曲线等资料。

水体的水文参数对取水构筑物的设计施工非常重要。例如，河流的最小枯水流量和水库库容情况限制了取水规模；最低水位决定了构筑物的进水位置和取水形式；最高水位和波浪情况决定了取水构筑物的构造和建筑形式等。

2. 水质资料

水源的水质资料包括历年逐月的水质分析。水体的水质情况往往是影响取水构筑物选址的主要因素。

3. 水体的冰冻情况

寒冷地区的地表水体会周期性出现冰冻。对这些水体要调查以下资料：

流冰期的出现和持续时间；冰屑和冰块的数量大小以及在水体中的分布和运动规律；流冰期的水位变化情况；气温和水温变化情况等。如果冰冻覆盖水面的区域很大，则还要了解水面的封冻时间、封冻范围和持续期，以及封冻的水位和冰层厚度等情况。在特别寒冷的地区，还可能需要了解河流冰冻断流的情况。

水体的冰冻情况常会影响到取水构筑物的选址、设计形式和管理方式。

4. 水中的泥砂和漂浮物情况

水体漂浮物的种类、数量和分布；水中泥砂的含量、分布和输送情况；水体含砂量和漂浮物的变化规律；河道泥砂运动的变化规律等。

江河中的泥砂运动和漂浮物对取水构筑物的安全和取水水质有很大的影响，也会影响到取水构筑物的选址、设计形式和管理方式。

5. 河床资料和工程地质资料

河床资料和工程地质资料包括取水地区的地形、河道地形和河床断面资料；河岸冲刷淤积调查资料；取水构筑物拟选位置的工程地质调查和勘察资料等。这些资料将具体影响到取水构筑物的选址、设计形式和施工方案。

6. 影响水体发展和用途的其他相关资料

如水生生物调查；灌溉、航运、放筏、泄洪、发电、水产养殖等水体综合利用的情况；水体利用规划的发展情况；水体流域建设规划的情况等。这些资料会具体影响到取水构筑物的规模、选址和设计形式。

13.1.3 水文参数设计数值的推求方法

1. 水文参数值的几率特性

与取水构筑物设计有关的水文参数如流量、水位、流速等都属于随机变量，因此实际中观测到的这些参数，不同大小的数值出现的几率是不一样的，极端的数值发生的概率很小。为了按照水文参数的出现几率来确定其设计采用值，就一定要找出水文参数值和它的出现几率之间的关系。一般认为，我国大部分河流的水文参数大多遵循皮尔逊（K. Pearson）Ⅲ型分布。找到水文参数值和这些几率分布的关系以后，在设计取水构筑物的时候，就能根据水文参数的几率分布函数来获得其极端值发生的概率，合理地确定水文参数的设计数值。这样，既能考虑到取水构筑物的运行安全，又能兼顾到建造构筑物的经济性。

2. 取水工程设计的相关标准

我国有关设计规范规定：

采用地表水作为城市供水水源的时候，一般按照 90%～97% 的"年保证率"来确定水源的枯水流量。即在一年之内，水源应有 90%～97% 的流量大于所选用的枯水流量值；

一般按照 90%～99% 的保证率来确定取水构筑物的设计枯水位；按照 10～20 年一遇洪水的日平均水位来确定构筑物的最高运行水位；采用多年日平均值来确定平均水位；

江河取水构筑物的防洪标准不应低于城市的防洪标准，设计所采用的洪水的"重现期"不得少于 100 年。即设计的取水构筑物所能抗衡的洪水必须要达到这样的强度，使得每出现两次至少这么大的洪水的平均时间间隔不能少于 100 年。

水库取水构筑物的防洪标准应与水库大坝等主体建筑的防洪标准相同。

3. 水文参数设计数值的推求方法

常采用以下方法确定水文参数的设计数值：

（1）当有较多的水文参数实测数据（一般要求有 30 年以上观测数据）时，可将这些观测值作为该水文参数的一个统计样本，用概率统计方法推求在一定设计概率下的水文参数值。

一种方法是将观测值按大小顺序排列，计算出观测数据的"经验频率"，以这个经验频率近似地代表水文参数所服从的出现几率，求得经验频率的近似的函数图像，再用该图像的内插或外延来推求某个设计概率下的水文参数值。这种方法计算简单，但是精度较差。

另一种方法是在经验频率计算的基础上初步估计数据的统计参数，然后选定某个理论几率分布的函数型式（如皮尔逊Ⅲ型分布等），再调整统计参数的数值，用"适线法"使所选的理论几率分布函数和数据点尽量符合，最后确定几率分布函数的具体形式。这种方法计算较繁复，但是比较精确。

（2）当某项水文参数实测数据较少，但有较多的和这项水文参数密切相关的别种观测数据（水文参数或气象参数）时，可采用相关分析方法求出该水文参数和那些水文气象观测数据之间的经验函数关系，增补数据量，再采用上面的方法推求水文参数设计值。

（3）当本地的某项水文参数实测数据较少时，还可以借助能提供较多数据的水文"参证站"来和本地建立相关关系。采用这种方法时，所选的水文参证站必须满足以下的条件：

要求参证站的数据和本地的水文参数在成因上有密切的关系，存在着很强的相关关系；

参证站的观测年份和本地的观测年份要有一定范围的重叠（一般要求有 15～20 年以上的平行观测数据），以保证相关分析所要求的数据量；

参证站的数据量和时间覆盖范围必须充分的大，以便填补本地水文参数观测数据缺乏的年份。

一般所选参证站地区的自然地理环境必须和本地类似。例如同一条河流的上下游（中间没有大支流接入）的水文观测数据就有可能互为参证。如有条件，还可能建立多个参证站，分段拓展本地的数据系列。

一般而言，由于受局部小面积气候的影响，不宜将山区河流与附近地区的水文资料作相关的分析计算。

增补本地的数据量以后，再采用前面叙述的方法推求水文参数设计值。

（4）当本地区没有水文监测站，无法提供水文测定数据的时候，本地的水文参数只能采用河段上游和下游的参证站的数据间接推算。一般要采用多种方法计算，经过综合分析之后选取较为合理的数值。常用的推算方法有各种水文数据比拟法和地理插值法等，详见有关文献叙述。

由于环境条件复杂多变，在水文参数设计值的具体推求中还有很多特殊的处理方法和要注意的地方，可参考相关文献专著。

13.1.4 泥砂运动和河床演变

1. 水体中泥砂的运动形式

（1）悬移质和推移质

水体中的泥砂主要由岩石土壤的颗粒构成。雨雪对地表土壤的冲蚀和水流对河床的冲刷都能使土石颗粒释放到水中，降水也有可能把一部分大气中的沙尘带进水体。由于流体的紊动和黏滞力的作用，水流能够携带和推动泥砂朝着水流动的方向移动。泥砂在水体中的移动有两种形式：

一部分泥砂被紊流漩涡挟带，悬浮在流动的水中，跟着水流流动。这种泥砂一般由胶质物、黏土、粉砂和细砂组成，颗粒比较小，比较轻，称为"悬移质"或"悬砂"。一般悬移质占据了水流输送的泥砂的主要部分，对于平原的河流而言可占80%以上的质量比例。例如黄河下游段的悬移质就占了该处河道输砂质量的95%以上。

另外一部分泥砂的平均颗粒粒径较大，比较重，是在水流的作用下贴着河底滚动、滑行、跳跃或成层移动的。这部分泥砂一般由粉砂、细砂和较粗的砂砾组成，称为"推移质"或者"底砂"。推移质一般只占水流总输砂量的一小部分，但是在洪水期的山区河流中，推移质所占的比例就比较大，甚至能超过悬移质。组成河床底部的泥砂是静止不动的，称为"床砂"。

虽然就泥砂的平均粒径而言，悬移质最细，推移质较粗，床砂最粗，但是这三类泥砂粒径大小的分布都有互相重叠的区域，并没有严格的粒径界限。水流的速度对泥砂的运动形式起着关键的作用。某个粒径范围内的泥砂，在较高流速的水流作用下可能会以悬移质的方式运动，但当水流流速减缓以后，也可能会以推移质的方式运动。

（2）泥砂运动

悬移质在河道中的平均运动速度和水流速度基本相同，但是水中各粒泥砂的运动轨迹却是不规则的，有时接近水面，有时又贴近水底，浮沉的状态交替出现。水体里的悬移质经常是一部分在下沉的时候，另一部分正在上浮。

一般自水面向下，悬移质的数量和粒径都是逐渐增大的，接近河底的悬移质分布较多，泥砂的粒径也比较大。在河道的横断面上，悬移质的分布规律和具体的水体环流结构有关，比较复杂。通常，在河床断面的主流区域含砂量较多，弯曲河道的凸岸比凹岸区域含砂量多，沙洲浅滩区域的含砂量也比较多。

当水流速度增加到一定数值的时候，河床底原来静止不动的泥砂就会失去合力平衡而开始运动，从床砂变为推移质。这个临界的水流速度称为泥砂的"启动流速"。实验证明，泥砂的启动流速和砂粒之间的粘结力、泥砂的粒径和密度、水的密度和黏度等因素有关，常根据实测数据进行经验估计。在推移质中，颗粒较细的泥砂一般成片地运动，较大的砂砾常常单个移动或滚动。

当水流速度降低到某一数值的时候，原来以推移质形式运动的泥砂便会停止不动成为床砂。这个临界的水流速度称为"止动流速"，又称作"不淤流速"。显然，当泥砂的大小和性质不同，或水体流动的环境条件不同的时候，不淤流速的数值也是不一样的。

当泥砂以推移质形式运动的时候，如果水流速度再增加到某一数值，则那些原来以推移质方式运动的泥砂便能完全进入水中，转变成悬移质的运动形式。这个临界转换的水流速度称为"扬动流速"。

一般扬动流速的数值高于启动流速。而启动流速又高于不淤流速，约为不淤流速的1.2～1.4倍。

在河道里，推移质主要是以砂波的形式向下游移动的。在砂波的迎水面，水流速度逐渐增加，而在波峰的后面，因漩涡水流的产生，会使背水面的流速降低。所以砂波的迎水坡面会不断地受到冲刷，而被冲刷下来的泥砂在越过波峰以后，会在背水坡面淤积。构成整个砂波的泥砂都将先后经历这种冲刷和淤积的过程，周而复始，就形成了砂波向下游推移的综合效果，参见图13-1。影响砂波移动的因素很复杂，通常砂波的移动速度只能实测或采用经验公式估算。

天然河道中的砂波的大小很不一致。小砂波的波高约为 $1\sim2cm$，波长为几厘米到十几厘米；而大砂波的波高可达几米，波长约为几百米。

（3）河流的输砂能力

河流的总输砂量由两部分组成，即悬移质输砂量和推移质输砂量。因此某段河道的输砂能力也是由两部分构成的，分别称为水流的悬移质挟砂能力和河道的推移质挟砂能力。如果某河段水流中的实际含砂量（悬移质）超过了该河段水流的悬移质挟砂能力，

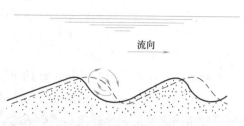

图 13-1　砂波的运动

那么这个河段水流中的一部分悬移质就会转变成推移质；而如果某河段上游输送来的推移质数量大于本河段的推移质挟砂能力，那么本河段中就会有一部分推移质转变成床砂，即河道产生了淤积。反过来，如果河水的实际悬移质含量低于水流的挟砂能力，河道的一部分推移质就会进入水流转变成悬移质；而当河段上游输送的推移质量低于本河段的推移质挟砂能力的时候，河道中的一部分床砂就会变成推移质，产生冲刷。概括说来，当某河段的输砂能力与该河段实际承运的泥砂量不相适应的时候，河道就会产生冲刷或淤积。

2. 河床演变

（1）河床演变的原因和影响因素

当河道产生冲刷或淤积的时候，河段的形状就会发生变化。这种变化的持续进行称为河床演变。河床演变会导致河道不稳定，影响濒水构筑物的工作和安全运行，亦会影响取水水质。

河床演变实际上是水流和河道通过泥砂运动相互作用的结果。河道制约着水的流动状态，水的流动状态和泥砂性质决定了河段的输砂能力，而输砂能力和河段实际运载的泥砂量之间的差别，又决定着河道的冲淤趋势，从而改变河道的形状，对河水的流动进行进一步的制约限制。

影响河床演变的主要因素有：

1）河水流量

在河床形状的约束下，河水的流量决定了河道里的流速分布以及水流结构，相应决定了河道各处水流的输砂能力和输砂方式，从而将影响河道中的各个区域的冲淤趋势。

2）泥砂流量和泥砂的性质

泥砂的粘结沉降性质和水流决定了河道所能运载的泥砂量，即河道水流的输砂能力。如果实际进入该河道的泥砂量与河道的输砂能力不匹配，该河段就会产生冲刷或淤积。

3）沿着河道流向上的水面比降或水面坡度

水面比降大，表示河流的水头损失较大，即河水与河床的机械摩擦能耗较多，冲刷比较厉害。反之，水面比降较小的河段则容易产生淤积。

4）河床土质及其分布情况

构成河床的土质，有可能是比较疏松的土壤，也可能是难以被冲刷的岩石，它们的结构分布方式也是影响河床演变趋向的主要因素之一。

（2）河床演变的类型

在自然界中，不产生冲刷淤积的河流是不存在的。因此，河床的形状总是在不断地进行变化，仅当这种变化比较缓慢的时候，河床才能近似地视为稳定。

从时间的角度上分析，河床演变方式可以区分为单调变形和反复变形两大类。单调变形指的是在一个较长的时间段中，某条河道一直在进行着冲刷，或者一直在淤积着，河床的变形是朝着某个方向（如河道变深或变浅）单调地变化的；而反复变形指的是在某个较长的时间段内，河道交替地受到冲刷和淤积，河床的变形方向随着时间交错地变化。例如，有些河床在汛期时受到冲刷，到枯水期的时候又可能会被泥砂淤积。

从空间的角度上分析，河床的演变方式还可以区分为纵向变形和横向变形两种。纵向变形一般是因为上游的来砂量和河道的输砂量不相匹配而引起的，表现为河床底部的冲刷加深或淤积抬高；横向变形一般是河道中的水流结构造成的，某些特殊的河水环流会导致河道横断面上的泥砂输送不平衡，从而使一侧的河岸受到冲刷，另一侧的河岸受到淤积，结果不但会使河床断面发生变化，还会使河道产生侧向的偏移。

天然河流进行河床演变的时候，纵向变形和横向变形一般是同时交织进行的。

（3）河道中的环流

环流是流动的水受到河床形状的约束之后产生的一种水流结构。在江河中最常见的是弯曲河段中的"横向环流"。横向环流产生的原因如下：

当水流进入弯曲的河道以后，受到河岸的制约，水流质点必须进行曲线运动。为此，河道凹岸一侧的水面会壅高，凸岸一侧的水面会降低，使河道过水断面上形成径向的水面比降 i_n。这个水面比降对河弯中的水流质点产生了一个重力的径向分力 G_n：

$$G_n = i_n mg \tag{13-1}$$

式中　i_n——河弯水面上某个点 P 的径向的水面比降，其平均数值可按下式估算：

$$i_n \approx \frac{v_a^2}{r_a g} \tag{13-2}$$

m——水流质点的质量；

g——重力加速度；

v_a——点 P 垂线上的平均流速；

r_a——河弯水流以平均线速度 v_a 在点 P 作曲线流动的曲率半径。

将式（13-2）代入（13-1）得

$$G_n = m \frac{v_a^2}{r_a} \tag{13-3}$$

G_n 的数值大小沿着垂直水深均匀分布，它给水流质点提供了曲线运动所需要的向心力。根据向心力公式可知，G_n 作用在质量为 m 的水流质点上所产生的向心加速度为 G_n/m。

若水流质点的实际的线速度为 v，则在向心加速度 G_n/m 的作用下，该水流质点作曲线运动的实际的曲率半径 r 为

$$r = \frac{v^2}{(G_n/m)} \tag{13-4}$$

将式（13-3）代入上式得

$$r = r_a \cdot \left(\frac{v}{v_a}\right)^2 \tag{13-5}$$

式（13-5）表明，河流弯道处水流质点运动的实际的曲率半径 r 跟该质点的实际的线速度 v 有关。

由于河床底部对水的流动有摩擦阻碍作用，所以河道中的流速沿水深的分布不是均匀的。一般河道的流速沿着水深逐渐降低，水面上的流速最大，大于河道的平均流速 v_a，而近河底处的流速又小于平均流速（参见图 13-2）。根据式（13-5）可知，当水流速度 v 大于 v_a 的时候，水流质点运动的曲率半径 r 大于 r_a，也就是河道近水面的水流将以较大半径的弧线流动，会斜跨过水面流向凹岸；另一方面，近河底处的水流速度 v 小于 v_a，底层水将以小于 r_a 的曲率半径流动，从凹岸流向凸岸（参见图 13-3）。这样，在河流弯道处的水就形成了一种螺旋流动的方式，可以看作是河水的"平行流动"和弯道处的一个"横向环流"的叠加。

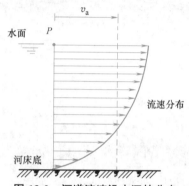

图 13-2 河道流速沿水深的分布

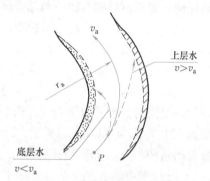

图 13-3 河弯水流的运动

由于河道表层水流所挟带的泥砂量要比底层水流挟带的砂量少，所以河弯的横向环流会在凹岸处造成水中含砂量不足、在凸岸造成水流泥砂过剩的情况，致使两岸水流的挟砂量和输砂能力都不平衡。结果是凹岸受到冲刷而形成陡峭的深槽，而凸岸则产生淤积，形成平缓的浅滩，参见图 13-4。

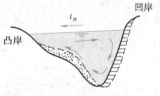

图 13-4 河弯断面的
冲刷和淤积

天然河床的形状非常复杂多样。受其影响，在天然河道中，除了旋转轴平行于河道流向的横向环流以外，还可能出现旋转轴基本水平、同时又垂直于河道流向的"横轴环流"，以及旋转轴基本垂直的"竖轴环流"。有的河段还能同时出现好几个转轴平行或相异的环流。这些水流结构还会随着河水流量的改变而发生变化，给河床造成了复杂多变的冲淤方式，从而影响河床演变和水中构筑物的建造。

（4）平原河道的基本类型

典型天然平原河道的类型有：

1）顺直微弯型河段

顺直微弯河道常见于河谷，其两岸土质紧密不易冲刷，而河底的土质却比较疏松，故河岸相对于河底而言不容易变形，河道断面接近矩形或抛物线形。这种河道河底的砂波在移动的时候，很容易被某一侧河岸阻碍，与岸边连在一起。结果会导致河水绕流并生成横向环流，使砂波周边淤积成"砂嘴"和边滩，其对岸河底则受到冲刷而形成河床深槽，整个河段呈现出边滩和深槽犬牙交错的形状，如图 13-5 所示。

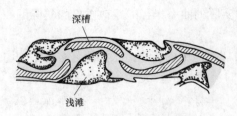

图 13-5　顺直微弯型河段

时候比河底容易变形，故河岸很不稳定，
后，由于横向环流会导致凹岸冲刷和凸
岸淤积，河道的弯曲度将进一步发展，
河道断面一般为不对称的倒三角形。河弯
发展到了一定程度，就会给河水的流动增
加阻碍。在洪汛期间，河水往往会冲出弯
道，以较短捷的方式连通河道，形成"河
套"。这个过程称为"裁弯取直"。河套形
成以后，原来河流弯道的两端会逐渐淤积
而变成"牛轭湖"，而取直以后的河道又
会发展出新的河弯，如图 13-6 所示。

　　3）分汊型河段

　　分汊型的河道大多是洪水切割边滩
或砂嘴、造成汊道以后形成的。河段呈
现出宽窄相间的莲藕形状，在宽浅的河
道中有一个或多个被汊道分划的江心砂
洲，整个河道断面一般为高低相间的马鞍形，

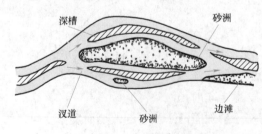

图 13-7　分汊型河段

由于边滩的上游迎水面会被冲刷，边滩的下
游侧又会受到泥砂淤积，所以边滩会逐渐向河道
下游移动，使深槽也随其向下游推移。结果原来
是边滩的位置可能会出现深槽，而原来是深槽的
地方也会出现边滩。

　　2）蜿蜒曲折型河段

　　蜿蜒曲折河道的两岸土质疏松，受到冲刷的
在不均匀的水流下极易形成河弯。形成河弯以

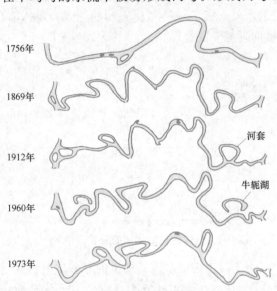

图 13-6　蜿蜒曲折型河段的变化（下荆江河道）

参见图 13-7。由于河水的冲淤作用，各条
汊道不是在逐步发展，就是在逐渐衰退之
中，其发展变化相互牵制，某条汊道的发
展有赖于其他汊道的衰退。分汊型河道江
心的砂洲也有可能逐渐地往下游推移。

　　4）游荡性河段

　　游荡性河道一般处于河岸和河床底都
容易被冲刷变形的平原地带，这种河段在
洪水时期水流湍急，输砂强度很大，但经
常会由于各种原因而使得河流的挟砂能力不稳定，导致河床形状变化迅速，河道主流摇摆
不定。游荡性河段的平面形状也常为宽窄相间，窄处河道有部分沙滩，水流虽较集中但仍
有一定幅度的摆动；宽处河道的河床很浅，密布着众多的沙滩（图 13-8）。这些沙滩与许
多条汊道交织在一起，变化移动迅速，致使汊道河床的稳定性极差。

13.1.5　水中漂浮物和冰冻

1. 植物源漂浮物

　　除了泥砂之外，对取水构筑物影响较大的漂浮物主要来自于植物，如木片、水草、青

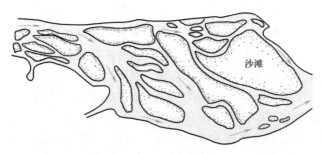

图 13-8　游荡性河段

苔、各种植物的根茎枝叶等。一般河流中的这类漂浮物在汛期的时候最多。我国的河流湖泊一般有 4 种汛期：因夏季暴雨导致的"伏汛"；因秋季的强降水产生的"秋汛"；寒冷地区由于部分河道冰冻阻塞、在春秋期间产生的"凌汛"；以及在春季由冰雪融化和降水引起的"春汛"（又称"桃汛"）。植物源的漂浮物在水面上和水底下都有分布，应对不当时，往往会妨碍取水构筑物的运行。

2. 水体的冰冻和融解过程

一般水体的冰冻和融解过程可分为以下三个阶段。

（1）结冰

当气温下降使水的温度降到零度以下时，水中开始结冰。这时如果水流速度缓慢，水面上就会很快形成冰盖，岸边先结冰，再向水面中心扩展；而如果水流速度较大，则冰盖就不容易形成，水中会产生絮状的冰屑。这些冰屑随着水流移动，一般在接近水面的地方聚集较多，形成浮冰，也会附在河床泥砂或沉积物上形成"底冰"。底冰浮起来之后，也和冰屑、浮冰一起流动，三者共同构成冬季的流冰。

（2）封冻

流冰会在水流缓慢的地方聚集而形成冰盖。在水体水面各处，冰盖的厚度是不均匀的。如果冰盖覆盖了大段河道两岸之间的水面，该段河道就被封冻。封冻后的冰盖还会随着气温的下降和低温的持续而继续加厚。如果封冻后的水体水位下降，还会造成水面上的冰盖发生塌陷。

（3）解冻

气温升高以后，岸边的冰盖先融化，通常伴有水体水位的上涨。中心水面上的冰盖将碎裂成冰块，随着河水流动。这种冰块称为春季流冰，体积很大，有较强的挤压冲击力，常造成下游河道的拥塞、导致洪水和水中构筑物的毁坏。

13.2　取水构筑物位置的选择

13.2.1　取水构筑物的选址原则

取水构筑物位置的选择直接影响供水水质和水量的安全性，对整个工程的投资、施工和运行管理具有非常重要的意义，对河床演变和河流综合利用也有一定的影响。在取水构筑物选址的时候，应遵循以下设计原则：

取水构筑物所选的位置应位于水质较好的地带，取水水质应符合有关规范标准的规定；

在一定的设计标准下保证取水量，并且避免洪水侵袭对构筑物的影响；

一般情况下，最大可取水量不宜超过该河段枯水流量的 15%～25%；

在建造水体条件复杂的大型取水构筑物时，以及当取水量占河道枯水流量比例很大的时候，应考虑进行水工模型试验，预测构筑物对水体的影响，提出应对处理措施，确定合理的取水地点、取水方式和构筑物的设计参数；

取水构筑物的进水口要保证有一定的水深（一般要求取水点的水深大于 2.5～3.0m）。要因地制宜选用合适的取水形式和设计数据；

取水构筑物选址的时候，应尽可能全面掌握水体的特性，综合考虑取水地段的水文、水质、地形地质、施工条件、环境、水体综合利用、水体整治规划和当地地区规划等情况；

取水位置尽量接近用水区域，所设定的取水量和取水点位置应得到有关部门的批准。

取水构筑物的选址应通过技术经济比较确定。

13.2.2 取水构筑物的具体选址要求

在具体选择取水构筑物的位置时，应考虑以下情况：

1. 水质条件

应当根据水体中泥砂、漂浮物、流冰和水生生物的分布运动规律，采取必要的措施回避和应对它们对取水构筑物的影响，选择合适的取水地点、取水深度和取水方式；取水的位置应避开河流的回水区和死水区，远离排污口和受污染的水域；对于沿海的水体，应考虑潮汐变化对取水水质的影响；对于冷却水源应根据水温选择合适的取水位置等。

2. 河段类型

取水位置应适应河道的自然演变规律，选择较稳定的河床和河岸，靠近河道主流，避免取水口淤积。因此可参考以下经验选址：

（1）对于顺直微弯型河段，应当在考虑到边滩下移的趋势之后，将取水点选在深槽稍下游处，常选在河漫滩较短、河道较窄的地方；

（2）对于弯曲的河道，一般宜避开水流对凹岸冲刷最强烈的区域（称为"顶冲点"），将取水点选在弯顶的稍下游处。对于充分发展的蜿蜒型河弯，要考虑到河道裁弯取直或水流切滩分汊所引起的后果；

（3）对于分汊河段，应将取水点选在比较稳定或行将发展的河汊。若设在分汊口前，则要注意汊道变迁的影响；

（4）对于山区河流的非冲积型河段，宜将取水口选在急流卡口上游的缓水区域，或选在水流比较稳定的深水湾内；

（5）在有支流汇入的顺直河段，取水点一般设在汇入口干流的上游河道；而在有水流分岔的河段，取水点应选在主流河道的深水段；

（6）设在湖泊和水库内的取水口应避开藻类集中的水域和水体的补给汇流口，选在靠近湖泊水库出流口的地方；

（7）一般不宜设置取水构筑物的地段包括：沙洲附近；河弯的凸岸；河道的分岔或汇流处；不同水体的汇流处；冲积型河谷收缩前的上游河道和河谷展宽后的下游河道；游荡性河段等。

3. 取水位置的地形和地质

取水构筑物一般临岸近水建造，故应尽量选择地质构造稳定、地基承载力高的区域，不宜设在有断层、流砂、滑坡、严重风化和岩溶的地层。

在地震或易崩塌的地区，不宜将取水构筑物造在不稳定的陡坡或山脚下。

4. 施工条件

取水口的位置应选在对施工有利的地方，考虑到施工方案的技术可操作性，满足交通运输、施工场地、动力供应和机具设备配置的要求，尽量减少施工土石方量和水下工程量。

5. 河流中的天然地物和人工构筑物对取水条件的影响

河道中的障碍物和构筑物可能会改变水流状态，造成各种环流，使河床产生沉积和冲刷，或者在河段中形成壅水或回流的水域。分别举例如下：

（1）桥墩：桥梁一般位于顺直河段的狭窄处。造在河道里的桥墩一方面会束狭河流的过水断面，使桥梁上游的水面壅高，导致流速降低，另一方面又会使桥墩处的水流速度增大。此外，在桥墩前常出现垂直于流向的水平横轴环流，桥墩后面又会出现竖轴环流，形成复杂的水流结构和冲淤现象。一般在桥墩上游容易产生淤积，河床趋于抬高，寒天易出现冰坝，桥孔容易拦截漂浮物；桥墩附近及下游稍近桥墩的河床经常受到冲刷；而在桥的下游，在水流不再受到桥墩影响、开始恢复成原来河道流速的地方，桥附近冲刷下来的泥砂又会开始沉积，出现一个"回淤区"。取水构筑物应避开河道上的这些地段，设在桥墩上下游的一定范围之外。

（2）丁坝：丁坝是用来整治河道的一种水工建筑。它能调拨河道主流的流向，使建有丁坝的一岸产生淤积，又使丁坝的对岸一侧发生冲刷（图 13-9）。在丁坝附近设取水口时，可以设在丁坝的对岸。如果要将取水构筑物设在与丁坝同侧的岸边，就不宜设在丁坝下游，而应设在丁坝上游浅滩之前的一定距离以外。

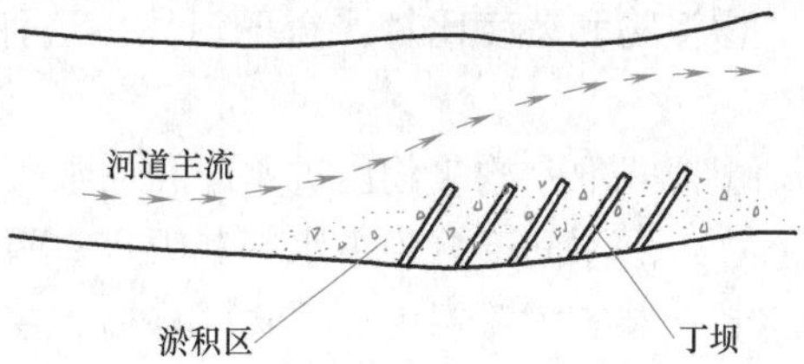

（3）码头：从河岸边突出的码头建筑会产生和丁坝类似的水力作用。河水在码头附近的流速较慢，容易产生淤积。码头附近卫生条件较差，常有污水排出。进出码头的船只也容易和取水构筑物发生碰撞。所以，准备在码头附近建造的取水口应设置在码头的淤积范围、污染范围和航运影响范围之外，并应取得相关部门的批准。

图 13-9 丁坝系统

（4）拦河闸坝：拦河坝上游的水位会壅高，流速降低，容易淤积泥砂而抬高河床。由于一般的拦河坝常与水库同时建造，而水库内的生态环境与库外不同，所以水库泄水的水质通常不同于原河道。因此，拦河坝下游河道的水位、水量和水质都会受到坝闸运行调节的影响。在开闸泄洪或冲砂的时候，下游的部分河道还会产生冲刷，水中泥砂会增多。取水构筑物的位置应设在这些发生冲淤的地区之外。

（5）类似于桥墩、丁坝和拦河坝的构筑物或地物：如潜坝、水下施工后残留的围堰、从岸边突出到河道中的石矶或土堆等。甚至取水构筑物和取水管道本身也可能干扰河道中的水流，在相当大的范围内造成淤积或冲刷。遇到这些构筑物或地物的时候，可参考其类似物的影响来确定取水口的位置。

6. 有关周边环境和水体综合利用的影响

例如，建造取水构筑物必须符合水体利用和整治规划的要求，不应影响水体的灌溉、航运、排洪、养殖、发电、生态等各方面的功能。

13.3 取水构筑物的基本形式

为了适应各种复杂的水流环境和取水条件，地表水源的取水构筑物有很多种类。在设计取水构筑物的时候，应根据供水要求，结合水体条件和施工能力，通过技术经济比较确定取水构筑物的工程设计方案。

按照取水构筑物主要结构体的定位特点，可将地表水取水构筑物分成固定式和移动式两类形式。

13.3.1 固定式取水构筑物

固定式取水构筑物的主体结构一般为钢筋混凝土。土建工程通常按远期水量规模设计，一次建成。设备管道可按照水量的发展和运行需求分期安装。固定式取水构筑物的主体结构稳固，管理较简单，对于大小规模的水量都能适用。但这种取水构筑物施工时的水下工程量较多，土建投资往往很大。

固定式取水构筑物的形式较多。根据其基本构造的特点，可以从中粗略地划分出"岸边式"和"河床式"两类，并将其余形式的构筑物单独归为一类。

1. 岸边式取水构筑物

岸边式取水构筑物适用于水位变幅不太大、岸坡较陡、主流近岸的水体，可用于泥砂、漂浮物和冰凌比较严重的河段。这种构筑物取水比较安全可靠，对河水流动的影响较少。

岸边式取水构筑物由进水间和取水泵房两部分组成。进水间设在岸边，一部分被水体所包围。进水间又分为进水室和吸水室两部分。在进水室的壁上开有连通水体的进水孔，进水孔上装有拦截粗大漂浮物的格栅。在进水室和吸水室连通的地方装有格网，用来拦截水中细小的漂浮物。吸水室里的水经由水泵抽送到水处理厂或用户。

（1）合建式取水构筑物

如果岸边地质条件较好又便于施工，进水间和取水泵房可以连体建在一起，称合建式取水构筑物。

合建式取水的进水间底部可建得和取水泵房的底板齐平，使水泵能自灌启动（参见图

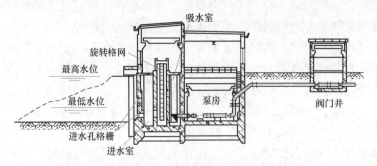

图 13-10　岸边合建式取水（进水间和泵房底部齐平）

192

13-10）。这种设计的水泵房往往比较深，泵房的管理、检修和通风条件欠佳。在地基条件非常好的时候，为了利用水泵的吸水高度来减少泵房埋深，合建式取水构筑物的取水泵房底板可以建得比进水间底部高一些（参见图 13-11）。这种设计的造价较低，有利于施工，但是构筑物结构比较复杂，泵房内需要配置真空引水设备。

对于比较深的合建式泵房，为了减少泵房的平面面积，降低泵房造价，可以采用立式水泵，将电动机设在泵房的上层（参见图 13-12）。不过立式水泵的安装和检修都比较复杂，立式轴流泵对吸水室的结构形状还有特殊的要求。

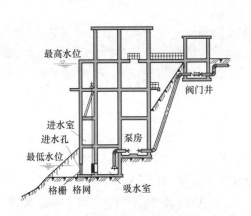

图 13-11　岸边合建式取水
（泵房底板高于进水间底部）

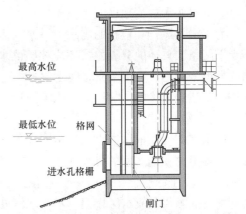

图 13-12　岸边合建式取水（采用立式水泵）

当条件合适的时候，还可以采用潜水泵或深井泵取水，直接将潜水泵或深井泵安装在吸水室内，在地面的泵房操作间内设配电和起重检修设备（参见图 13-13）。这种"湿式"泵房结构简单，造价较低，还能适应较大的水位变幅。

（2）分建式取水构筑物

如果岸边地质条件较差、水下施工能力有限，或者结构设计有困难，使进水间不宜和泵房合建的时候，可以采用进水间和泵房分开建造的方式。这种方式是将进水间设在岸边，另把取水泵房造在岸内地质条件较好的地方，两者之间设引桥或堤坝等形式的管理通道，称为分建式取水构筑物（参见图 13-14）。与合建式相比，分建式取水的结构比较简单，土建施工较容易。但是分建式的泵房需要设置较长的吸水管路，水泵启动时间较长，

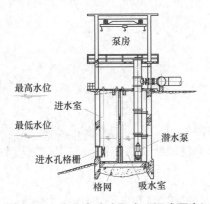

图 13-13　岸边合建式取水（湿式泵房）

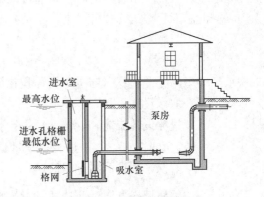

图 13-14　岸边分建式取水

吸水管容易发生故障，取水设施的管理操作也不大方便。

（3）进水间构造

进水间由进水室和吸水室组成。合建式取水的进水间与泵房一起设计，分建式的进水间为独立设计。进水间上部建有操作平台，平台上装有设备的起吊装置，格栅、格网和闸门的操作装置，冲洗操作装置和配电设备等。一般操作平台要求高出设计洪水位加上浪爬高值再加 0.5m 以上的高度。对于分建式的进水间，有时可以考虑建造投资稍低的半淹没式操作平台，它只适用于高水位历时不长、洪水中泥砂漂浮物不多的场合，因为在操作平台淹没的时候无法清理格网。

为了满足运行和检修的需求，进水间需要分隔成能独立工作的若干条水流通道，一般不少于两条。具体的分隔方式还应按照供水安全要求、检修要求、设备数量、取水量和格网的类型来确定。大水泵常按每台泵配备一个格网、用一条通道设计；小水泵则是数台泵共用一个或数个格网，共用一条水流通道。

1）进水室

进水室的尺寸根据进水孔、格网和进水闸板的布置，考虑水流条件，结合安装和检修的要求确定。在进水室的外壁上开有进水孔，从水体进水。进水孔的下缘应高出河床底0.5m 以上，上缘应低于设计最低水位 0.3m（若有冰盖，则应低于冰盖下缘 0.2m）。当水体水位变幅很大或水深较大、不同水深处的水质有明显的差异和波动的时候，可以设置多排可关闭的进水孔，分层排列，以便选取较好的水质。此时，最上层进水孔的上缘应低于洪水位 1.0m。进水孔的形状一般为矩形，宜尽量配合标准型号的格栅和进水闸板的尺寸。进水孔的面积大小和格栅面积相同，参见格栅面积计算公式（13-6）。

2）吸水室

吸水室的尺寸形状按照取水水泵吸水管的布置和安装检修要求设计，其长度一般和进水室相同。采用大型轴流泵或混流泵的吸水室，还应参照水泵吸水前池的设计进行建造。

3）进水间内的附属设施

① 格栅　进水孔上装有格栅。格栅的形状一般为矩形，由金属框架和金属栅条制成，用来拦截水中粗大的漂浮物。格栅可以固定在进水孔上，也可以做成活动的栅板安装在导轨或导槽上，以便起吊出水清洗、检修和更换。

为了方便清洗固定式的格栅，往往将格栅平面与水平面成 $70°\sim80°$ 夹角安装。当水中漂浮物较多、需要频繁清洗的时候，还可以考虑安装格栅除污机。

格栅的总面积按式（13-6）计算：

$$F_0 = \frac{Q}{v_0 K_1 K_2} \tag{13-6}$$

式中　F_0——格栅总面积（与进水孔面积相同），m^2；

Q——取水设计流量，m^3/s；

v_0——过栅设计流速，m/s。水中有冰絮的时候采用 $0.2\sim0.6m/s$，无冰絮时采用 $0.4\sim1.0m/s$。一般当取水量少、河水流速较低、水体泥砂和漂浮物较多的时候采用较低的过栅流速；

K_1——因格栅栅条厚度而造成的过水断面减少系数，可按式 $K_1 = \frac{b}{b+s}$ 估算。式中

194

b 为栅条间的净距，一般为 30～120mm。当取水量较大、水中漂浮物较多的时候，b 宜取较大的数值；s 为单根栅条在迎水方向上的投影面积，常为 10mm；

K_2——因污渣引起的格栅面积减少系数，一般采用 0.75；

格栅的水头损失一般按 0.05～0.1m 计算。

取水格栅有定型设计，参见给水排水国家标准图。平板格栅的结构如图 13-15 所示。

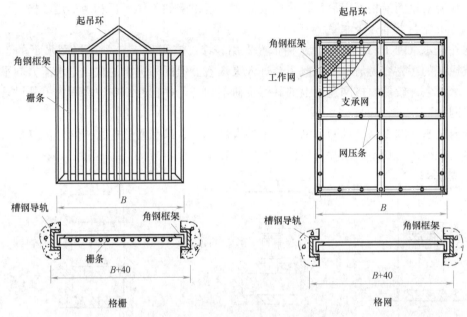

图 13-15 平板格栅和平板格网结构

② 格网　在进水室和吸水室连通的孔口装有金属框架和金属网制成的格网，用来拦截比较细小的漂浮物。常用的格网形式有两种：一种是矩形的"平板格网"，安装方式和活动式的格栅板相同；还有一种称为"旋转格网"，是把许多块窄条形的平格网铰接成环带，用电动机带动，依次循环就位，进行拦污和清洗。

平板格网构造简单，占据空间小，但是提换格网的时候会漏过一些污渣，起吊冲洗比较麻烦，一般用于漂浮物不多的中小型取水构筑物。

平板格网的总面积按式（13-7）计算：

$$F_1=\frac{Q}{\varepsilon v_1 K_1 K_2}\qquad(13\text{-}7)$$

式中　F_1——格网总面积，m^2；

Q——取水设计流量，m^3/s；

ε——水流通过网眼的收缩系数，常采用 0.64～0.80；

v_1——过网设计流速，m/s，一般采用 0.2～0.4m/s，不超过 0.5m/s；

K_1——因格网网丝结构造成的过水断面减少系数，可按式 $K_1=\dfrac{b^2}{(b+d)^2}$ 估算，式中 b 为网眼尺寸，b^2 一般为（5mm×5mm）～（10mm×10mm）；d 为网丝直径，常为 1～2mm；

195

K_2——因污渣引起的格网面积减少系数，一般采用 0.5。

平板格网的水头损失一般按 0.10～0.15m 计算。

取水用的格网有定型设计，参见给水排水国家标准图。平板格网的结构如图 13-15 所示。

旋转格网配有自动连续冲洗装置，操作方便，但造价较大，常用于取水量大、漂浮物多的场合。旋转格网的布置方式有三种：

直流进水（图 13-16（a））：这种布置方式的水流路径比较顺直，格网上的水流分布较均匀，水流通过两道格网以后，拦污比较彻底；但格网的工作面积利用不足，格网上没冲掉的污渣可能会被带入吸水室。

网外进水（图 13-16（b））：这种布置采用较多。它可以充分利用格网水下的工作面积，被拦截的污物容易清除，一般不会进入吸水室。但网外进水的缺点是水流方向平行于网面，水力条件较差，格网宽度上的截污负荷不均匀，并且还需在进水间内另外设置出一个"格网室"，占据空间较大一些。

网内进水（图 13-16（c））：网内进水的大部分特点都和网外进水相同。但其最大的缺点是格网拦截的污物不易清除，所以实际使用较少。

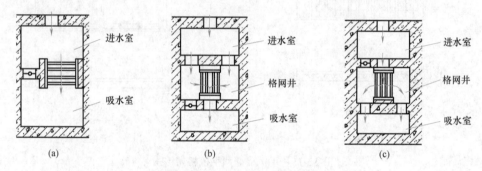

图 13-16 旋转格网的布置方式
(a) 直流进水；(b) 网外进水；(c) 网内进水

旋转格网为定型的产品设备。通常布置方式不同的格网，形式也略有差异。一般须按照取水设计流量计算所需的格网过水面积，参考实际条件选用设备，并根据旋转格网设备的数量和安装要求设计进水间和格网室。所需的旋转格网过水面积可按式（13-8）计算：

$$F_2 = \frac{Q}{\varepsilon v_2 K_1 K_2 K_3} \tag{13-8}$$

式中　F_2——单台旋转格网所需的过水面积（即格网在水面以下的工作面积），m^2；

　　　Q——单台旋转格网的设计流量，m^3/s；

　　　ε——意义及数值范围同式（13-7）；

　　　v_2——过网设计流速，m/s。一般采用 0.7～1.0m/s，不超过 1.0m/s 的上限；

　　　K_1——意义同式（13-7），但网眼尺寸 b^2 一般为（4mm×4mm）～（10mm×10mm），网丝直径 d 为 0.8～1mm；

　　　K_2——因污渣引起的格网面积减少系数，一般采用 0.75；

　　　K_3——因旋转格网结构框架造成的格网面积减少系数，一般采用 0.75。

当采用网外或网内的进水方式时，旋转格网布置在水面下的工作深度 H（参见图 13-17）可按式（13-9）计算：

$$H = \frac{F_2}{2B} - R \qquad (13-9)$$

式中　H——旋转格网布置在水面下的工作深度，m；

　　　F_2——单台旋转格网所需的过水面积，m，参见式（13-8）；

　　　R——旋转格网设备下部的回转半径，m；

　　　B——格网宽度，m。

当旋转格网采用直流进水方式时，可按式 $H = \frac{F_2}{B} - R$ 计算工作深度。

旋转格网的水头损失一般按 0.15～0.3m 计算。

③ 排泥设备　进水室和吸水室内常有泥砂沉积，必须在进水间分部停水检修时及时排除。常用的排泥设备有各种形式的潜水排砂泵或排污泵、射流泵、空气提升泵等。排泥的时候经常要用高压水冲动积泥，所以在进水间里还要设置使用高压水的穿孔冲洗管或冲洗喷嘴。

④ 水流控制启闭设备　为了控制取水水质和进行冲

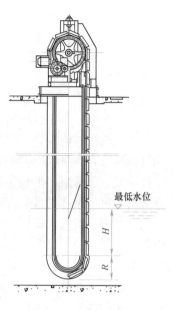

图 13-17　旋转格网在水面下的工作深度

洗检修，要在进水孔、格网口及各条水流通道隔墙的连通孔上设置必要的启闭设备。常采用各种平板式闸门或蝶阀，其工作状态一般为全开或全闭，不作流量调节。

⑤ 起吊设备　起吊设备设置在进水间的操作平台，在安装和检修格栅、格网、阀门和其他设备时使用。按照起吊的距离、质量和起重频繁程度的需求，可选用的起吊设备有卷扬机、手动或电动的单轨起重机、桥式起重机等。

⑥ 其他设施　如防止格栅堵塞的除冰和除草设施等。

（4）取水泵房

合建式取水的泵房与进水间一起设计，分建式的取水泵房为独立设计，设计要点如下。

1）选泵

一般按照近期的泵站设计流量设置工作泵 2～3 台，另设一台备用泵，水泵的型号尽量相同。远期的水量发展通过预留泵位、更换水泵叶轮或换泵来满足（为了降低土建造价，深度很大的泵房一般不预留泵位）。如果取水流量的季节性变化较大，可考虑调节水泵的转速或调节泵叶轮叶片的角度。也可以选用扬程相近而流量大小不同的水泵进行搭配。

水源水位变幅较大或远距离送水的泵房宜采用 Q-H 曲线比较陡峭的水泵。在泵站最高频率的供水流量下，工作泵应在高效区内运行。所选水泵还必须能满足可能出现的极端工况，例如能输出所需的最高流量和最大扬程，并且能在水源的设计最低水位下抽水。

浊度较大水源的取水泵房应采用低转速且耐磨性好的水泵。

采用某些型式的水泵会影响取水构筑物的总体设计。例如，在选用立式泵、立式轴流泵或潜水泵取水的时候，应当结合其特殊的运行安装条件，综合考虑整个取水构筑物的形式和布置。

分建式取水构筑物的泵房一般采用卧式离心泵或混流泵。

2）泵房设计布置

合建式的取水构筑物往往埋深较大。为了降低土建造价，必须尽量减少泵房的平面面积。常用的措施包括：选用立式水泵；将卧式泵进行双行布置（部分水泵需要反转）；将压水管上的各种阀门布置在泵房外专设的阀门井内；使用特制的管件连接管路；将附属设备、配电设备和检修场地设在不同高度的平台上，以便利用泵房的上部空间等。

构筑物在地下部分的平面形状可以造成圆形、矩形或者长圆形。圆形的结构抗压能力强，适用于较深的构筑物；矩形构筑物的空间利用率较高，便于布置较多的设备；长圆形的构筑物则兼有圆形和矩形的特点。

在深度较大的泵房里往往要设置一些特殊的附属设备。例如，泵房的起重操作可能要考虑二级起吊；泵房的散热要考虑机械通风；泵房内的垂直交通可能要设置电梯等。

取水泵房一般贴水或近水建造，所以如何防范水体的侵袭非常重要。一般要求如下：对于没有岸堤防护的泵房，其顶层入口平台的设计标高必须高出水体的设计洪水位加上浪高再加上 0.5m 的数值，必要时还应设置防止浪爬高的设施；干式泵房的外壁结构除了必须满足强度要求之外，还应当防止渗漏；整个取水构筑物或泵房必须定位稳固，能抗衡水体和地下水的浮力。当水体的水位变化幅度非常大的时候，取水泵房的整体建筑结构往往还要进行特殊的设计。如造成细高形状的"竖井式"泵房，采用"湿井式"泵房，或建造淹没在高水位之下的"淹没式"泵房等，可参考相关设计资料和经验。

（5）岸边式取水构筑物实例

1）实例 1

图 13-18 为南方某厂合建式岸边取水构筑物，取水规模为 $1.8m^3/s$。进水间底部低于泵房的底板，进水室和吸水室都造成斗底，以便减少积泥死角，便于清洗。进水间采用固定式格栅和活动式平板格网。泵房的平面形状为圆形，直径 13m，深 10m。泵房内安装 16SA-9A 型水泵 4 台，并设有真空泵引水系统，使水泵在低水位时仍能启动。出水管上的大部分阀门都安装在泵房内。设备采用环形轨道的电动葫芦起吊。

2）实例 2

图 13-19 为南方某厂合建式岸边取水构筑物，取水规模为 $9.2m^3/s$。构筑物平面尺寸为 20.5m×15.4m，深 16.8m。进水间的底部与泵房底板齐平。进水间采用固定式格栅和网外进水式的旋转格网。泵房内安装沅江 36-23 型立式离心泵 4 台，自灌式启动。水泵电动机采用专用风管机械抽风冷却。泵房设备采用电动桥式起重机起吊。出水管上的阀门安装在泵房外部。

2. 河床式取水构筑物

河床式取水构筑物适用于岸坡平缓、岸边无足够水深或岸边水质较差、水体主流距离岸边较远的情况。

河床式取水构筑物一般由取水头部、进水管、集水间（也称集水井）和取水泵房四部分组成。取水头部设在离岸边有一定距离的水体中，以便取得较好质量的水，同时也满足必要的取水深度。水通过构筑物外壁上的细孔或装有格栅的进水孔口流入取水头部，粗大的漂浮物被挡在取水头部外面。取水头部里的水通过进水管进入集水间，然后被取水泵抽送到水处理厂或用户。河床式取水的集水间的结构类似于岸边式构筑物的进水间，也分成进水室和吸水室两部分，一般都装有格网。和岸边式取水一样，取水泵房可以和集水间合

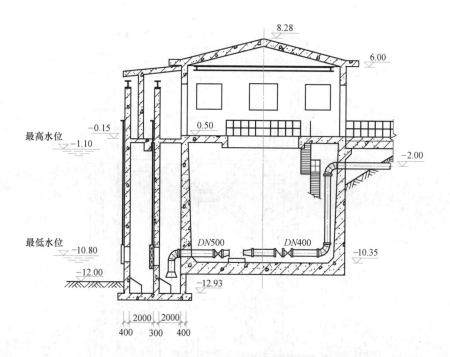

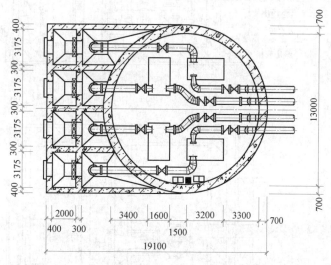

图 13-18　岸边合建式取水构筑物实例 1

建（参见图 13-20），也可以分建（参见图 13-21）。

当水位变幅较大而又要采用分建式集水间的时候，为了降低造价和减少对河水的干扰，有时集水间可设计成半淹没的形式。这种河床式集水间内往往没有格网，也不划分进水室和吸水室，一般只适用于漂浮物较少的水体。

（1）取水头部

1）构造形式

实际环境中的取水条件非常复杂，因此取水头部也相应出现了很多构造和变形。大致可分为以下几种形式。

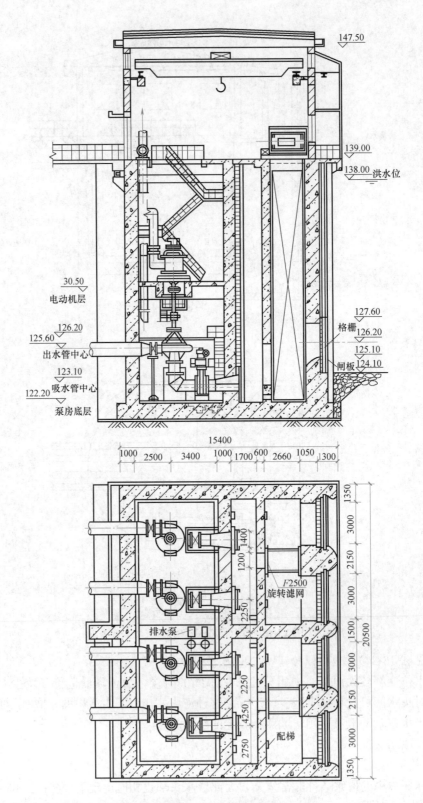

图 13-19 岸边合建式取水构筑物实例 2

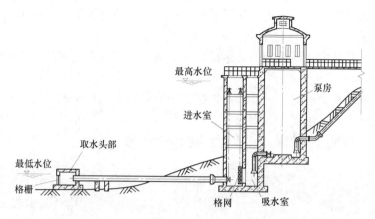

图 13-20 河床式取水（集水间和泵房合建）

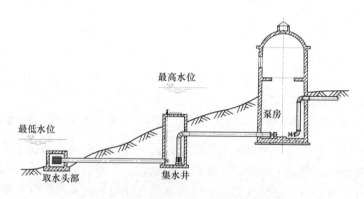

图 13-21 河床式取水（集水间和泵房分建）

① 喇叭管式 这种取水头部适用于中小水量取水。取水部分做成喇叭管的形状，以便降低进水流速和进口水头损失，通常每根进水管接一个喇叭管，但有些工程也有安装数个喇叭管的。在喇叭管的大口处（进口）装有格栅拦截粗大的漂浮物。喇叭管一般用桩架或支墩固定，其定位方式按具体取水条件而定：当泥砂和漂浮物较多时，将喇叭口顺着水流方向水平布置（图 13-22（a））；在纵向坡降较小的河道上，可令喇叭口与水流方向垂直（图 13-22（b））；当河道有足够的水深、水中漂浮物较少但河床推移质较多的时候，将喇叭口向上布置（图 13-22（c））；而在河道较浅、河床推移质较少但水中漂浮物较多的情况下，应将喇叭口向下布置（图 13-22（d））。

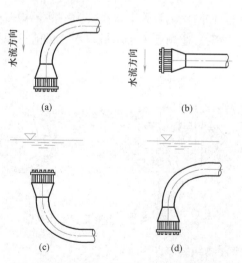

图 13-22 喇叭管式取水头部的安装形式

喇叭管式取水头部对水体的流动干扰较小，构造简单，施工容易，改造、更换和迁移都比较方便。

一般喇叭管式取水头部的进口都不太大，进口格栅的过栅流速容易偏高。为此，可放大水管进水口的面积并将水流方向反转，做成"蘑菇式"的取水头部（参见图13-23），它可以视为喇叭管取水头部的变形。这种取水头部一般用混凝土支墩垂直定位在水底，使其进水口朝下。

喇叭管式取水头部的另一种变形是把扩大的喇叭口定位在水底，使进水口朝着侧面方向，然后在其外部浇筑混凝土，做成具有特定形状的"墩式"取水头部（参见图13-24）。这种取水头部一般用于流速较大、河床地基较好的河道。

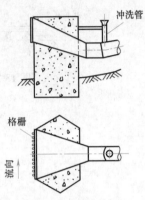

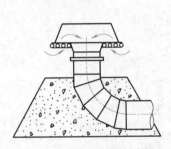

图13-23 蘑菇式取水头部　　　　　　图13-24 墩式取水头部

在向上的喇叭口外面套一个可以上下滑动的活动圆筒，圆筒顶部装上格栅，再用浮球连接这个活动圆筒，就制成了一个可以随着水位变化上下伸缩的喇叭管式取水头部，可以用于有一定水深、有相当的水位变幅、希望在水位变化时仍能取得较好水质的小型取水。

② 外罩式　这种取水头部是在每根进水管的端部安装一个外罩，用来扩大进水的面积。它们比喇叭管取水头部大一些，构造稍复杂，但更换改造仍属方便，也常用桩架或支墩固定，适用于中小水量取水。目前一般采用以下几种形式：

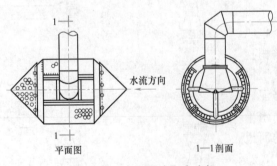

图13-25 鱼形罩式取水头部

"鱼形罩"式（参见图13-25）——鱼形罩是一个金属板制成的纺锤形圆筒，外壁上面遍布着进水小孔。位于鱼形罩上游的锥面以及圆罩靠上游侧三分之一的区域不开进水孔。进水孔的流速不宜大于0.1m/s，以免粘附漂浮物。安装时，要使圆筒轴线与水体流动的方向平行以减少水流阻力。这种取水头部外形圆滑，不容易被草类漂浮物纠缠。

"鱼鳞罩"式——鱼鳞罩取水头部的结构和特点基本与鱼形罩相同，只是将外壁上的小孔改做成条形的狭缝，通过狭缝进水。

"锯齿式"（参见图13-26）——是一个金属板制成的长方形外罩，两头或者一头做成类似扁锥形的样子，以便降低对水流的干扰。安装时，要使外罩的锥形端部指向河流上游。长方形外罩的表面上制有许多道特殊的平行凹槽，凹槽的竖壁上开有进水小孔。进水小孔的设计流速一般定在 0.05～0.4m/s 之间，与河水流速有关。这种取水头部也适用于草类漂浮物较多的水体。

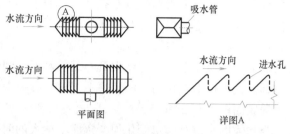

图 13-26　锯齿式取水头部

除此之外，有些外罩式取水头部里面还可以安装除砂装置。这种带有除砂功能的取水头部必须安装在有足够取水深度的地方，适用于含砂量较多、砂粒沉速较大和流速较快的河流。

③ 箱式　这种取水头部是在水底用钢筋混凝土建造一个箱体，外壁开有安装了格栅的进水孔和连接进水管的孔洞，内部一般用隔墙分成数格以便分部检修冲洗。箱体的顶部常开有检修孔，以便管理人员在低水位时进入。每个箱式取水头部可以连接多根进水管，包括远期发展所需的管道，故箱式取水头部的外壁常预留着远期进水管的管道接口。这种取水头部的体积较大，故对水体的流动有一定程度的干扰，但是取水比较安全可靠，一般用于大中型取水。

箱式取水头部的平面形状有很多种（参见图 13-27），应根据具体取水条件选择确定。

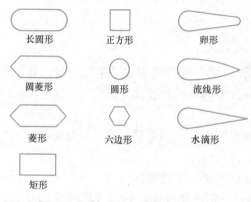

图 13-27　箱式取水头部的平面形状

一般应将箱体平面形状的长边长轴平行于河水流向，使箱体平面上的曲线端或比较尖削的分水端部迎着水流来向。在各种平面形状中，流线形、卵形和水滴形的箱体适合布置在水体流速较大的地方，它们对水流的阻力最少，但不易建造；平面为正多边形和圆形的箱体施工较方便，适用于流向多变或流速缓慢的水体，但这种箱体的周长偏短，可布置的管道不多，因此取水量受限，不能太大；长圆形、矩形、菱形和圆菱形平面的箱体适用于较大的水量。

有时在条件合适的时候，也可以把箱式的取水头部造成半淹没或非淹没的形式，成为"岛式"取水头部。这种取水头部对河道的水流和航运干扰较大，不过它的检修清洗比较方便，可以考虑用于河床地质较好、河道宽阔、河水流速不高和水位变幅不大的大型取水工程。

箱式取水头部的进水孔布置原则如下：水中漂浮物和冰凌较少、含砂量在水深方向上分布很不均匀的时候，可在箱顶开设进水孔；泥砂和漂浮物较少时可在箱体下游侧布置进水孔；对漂浮物和流冰较多的河流，进水孔宜设在箱体侧面，进水方向垂直于河水流向；一般不宜在箱体迎水面布置进水孔。侧面进水孔下缘距离河床底的高度一般要大于 0.5m，对水库或湖泊一般要大于 1.0m；进水孔上缘必须在设计最低水位或最低冰层下缘之下不小于 0.3m；箱体顶部的进水孔应高出河床底部 1.0m 以上，并低于设计最低水位或最低冰层下缘之下 1.0m。此外，进水孔的最小淹没深度还须考虑到风浪对低水位的波动影响。

各种河床式取水头部的进水孔格栅的计算方法和岸边式相同，可采用式（13-6）。但过栅设计流速应稍低些，在有冰絮的情况下取 0.1～0.3m/s，无冰絮时取 0.2～0.6m/s。

2）取水头部的布置

取水头部应设在河道主流中具有足够水深、河床稳定的地方。一般布置要求如下：取水头部的进水口下缘应高出河床底 1.0～1.5m，上缘低于最低水位以下 0.5～1.0m，或低于冰盖底面以下 0.2～0.5m。

当水体的水位有一定变化但变幅又不很大的时候，如果希望在水位变化时仍能取得较好水质，可以将外罩式或喇叭管式的取水头部吊装在浮筒下面，用软管（或摇臂管）与进水管连接，随着水位变化上下浮动取水。

设置取水头部时，应考虑在设计最低水位时航运、漂运木材等对构筑物的影响。取水头部的最小淹没深度应根据船舶的通行要求确定，并取得航运部门的同意，必要时应设置航标防护。

必须考虑设置取水头部以后在其周围产生的水流冲刷。应使取水头部的支墩、桩架或箱体基础埋在河床的冲刷深度之下，在周边河床可能冲刷的范围内采取适当的护底措施，如抛石保护等。

在有流冰的河道中，不宜采用桩架的方式支撑取水头部。

（2）进水管

1）进水管的形式

河床式取水进水管的形式主要有两种。

① 重力自流管渠　重力自流管可以水平铺设，但一般都敷设成一定的坡度，其坡向主要取决于冲洗管道时的水流方向。由于管道冲洗方向可设计成顺向或反向，故自流管的埋设既可顺坡也可逆坡。

自流管道的材料常采用钢管、铸铁管或钢筋混凝土管，而渠道一般采用钢筋混凝土浇制，也可以在岩石上开凿衬砌。

自流管在河床底应有一定的埋深。对于通航的河道，管道埋深应大于 0.8～1.5m；对于不通航的水体，埋深应大于 0.5m。管道敷设时必须定位稳固，并须考虑水流的冲刷影响和放空检修时的浮力作用。

② 虹吸管　虹吸进水管的供水安全性不如重力自流管，管理也比较麻烦，但这种形式在实际中仍经常采用。例如，由于取水头部的位置较低，为了减少土石开挖量和水下工程量，需要将大部分的进水管抬高；或者因为进水管受到岸边堤坝的障碍，又无法穿堤，必须翻过堤顶才能进入集水间等。虹吸管常用钢管焊接，一般朝进水流动方向逆坡敷设，在最高点设置抽气管。

如果水体的水位变化较大，也可以在不同的高度设置取水头部和进水管，以便适应水位的涨落，取得较好的水质。

2）进水管的设计

进水管的数量一般不少于两条。有一条因故停用时，其余管渠必须能满足事故设计流量（一般为最大设计流量的 70%～75%）的要求。

管渠的水力计算应按设计最低水位进行。各种工况下的管渠流速都不应使泥砂在管道内产生淤积，一般不宜低于 0.6m/s。

一般虹吸管道朝集水间上升的坡度不小于 0.003～0.005，总虹吸高度不超过 4～6m。在最不利的工况下，虹吸管两端的淹没水深均不得小于 1.0m，总虹吸高度不超过 7m。

3）进水管的冲洗方法

由于管理运行方面的原因，进水管中往往会沉积一部分泥砂，需要经常进行管道冲洗。一般采用下面两种冲洗方法。

① 顺向冲洗法　这种方法是在水源水位较高的时候关闭进水管出水端的阀门，将集水间的水位抽到最低，然后迅速开启阀门，利用较大的水位差冲洗管道；在有很多根进水管的时候，也可以关闭其余的管道，只使用那条准备冲洗的进水管供给全部水量，使该管道的流速增大而达到冲洗的目的。

顺向冲洗无需另设管道设备，比较简单，但冲洗效果欠佳。

② 反向冲洗法　这种方法是在水源水位较低的时候关闭进水管出水端的阀门，将集水间的水位充到最高，然后迅速开启阀门，利用较大的水位差冲洗管道。冲洗效果和顺向冲洗相仿；另外，也可以在进水管出水端连接压力冲洗水管，利用取水泵或专用的冲洗水泵进行冲洗。这种方法冲洗效果较好。

当进水管冲洗的时候，还可以在管内及格栅处通入压缩空气搅动积泥，提高冲洗效果。冲洗虹吸管的时候还可以利用虹吸高度，在水体低水位的时候破坏真空进行冲洗。

（3）集水间和取水泵房

集水间一般造在河岸线以内，不影响天然水体的流动。但如果取水条件合适，也可以把集水间建在岸边，和岸边式进水间的形式一样。这种集水间也能开进水孔取水，成为一种可以兼顾岸边和河床两种取水方式的构筑物。

集水间按照远期取水规模建造，故须预留远期进水管的管道接口。

河床式取水的集水间和取水泵房与岸边式取水构筑物结构相似，设计原则也相同，可参见相关内容。

（4）河床式取水构筑物实例

1）实例 1

图 13-28 所示为长江上游某厂分建式河床取水构筑物，取水规模为 10800m³/h。取水头部采用半埋在河床底部的箱式形式，进水孔设在取水头部侧面。两条自流管采用封闭式渠道的形式，断面为 1m×1m。集水间为矩形半淹没式，装有平板式活动格网，在低水位时进行检修清洗。泵房平面为圆形，直径 14m，深 17.4m。泵房内安装 28SA-10A 水泵 3 台，设有真空引水系统以便在低水位时启动水泵。出水管上的大部分阀门都安装在泵房内。泵房采用手动桥式起重机起吊设备，机械通风。

2）实例 2

图 13-29 所示为四川某厂河床式取水构筑物，其集水间和泵房在结构上没有联系，但两者距离很近，具有合建式构筑物的特点。构筑物的取水规模为 50000m³/h，采用类似墩式取水头部的形式取水。进水管采用两根直径 2000mm 的钢管，以虹吸管形式敷设。集水间为矩形，未设格网。泵房的平面形状为圆形，直径 17m，深 33m。泵房内安装 4 台沅江 48-20I 型立式离心泵，其中 2 台泵除了用电动机驱动之外，还配有水轮机，可以利用外来水源推动水轮机带动水泵，以节省动力能耗。泵房采用机械通风，用环形轨道的电动起重机起吊设备。为便于垂直交通，泵房内还设有工作电梯。

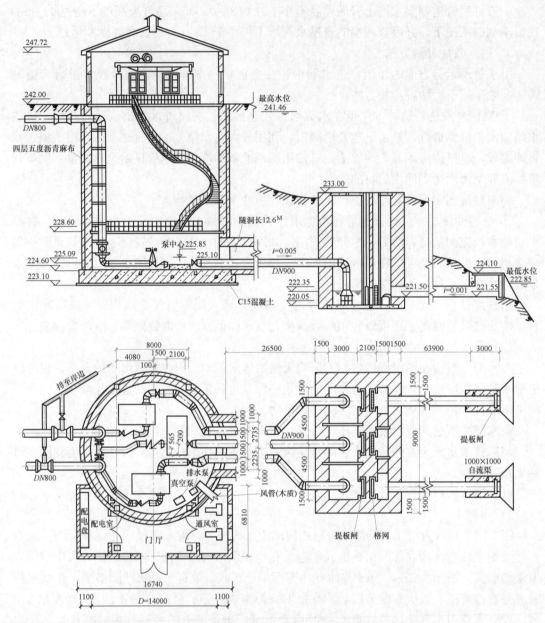

图 13-28　河床式取水构筑物实例 1（集水间和泵房分建）

3. 其他形式的取水构筑物

（1）直接吸水式取水构筑物（参见图 13-30）

直接吸水取水方式是把取水泵房建在岸边，不设进水间或集水间。每台水泵的吸水管接长，敷设在桩架或支墩上伸到水中，在吸水管端部安装各种形式的取水头部。这种取水比较简单，施工方便，造价较低，应用广泛。采用这种取水方式时，建造泵房处的岸坡不能太小，要有足够的地基承载力，所用的取水泵要具备较大的吸程，水泵的数量不宜设置太多。

直接吸水方式通常不适用于有冰冻期的水体。由于这种取水方式没有设置格网，因此

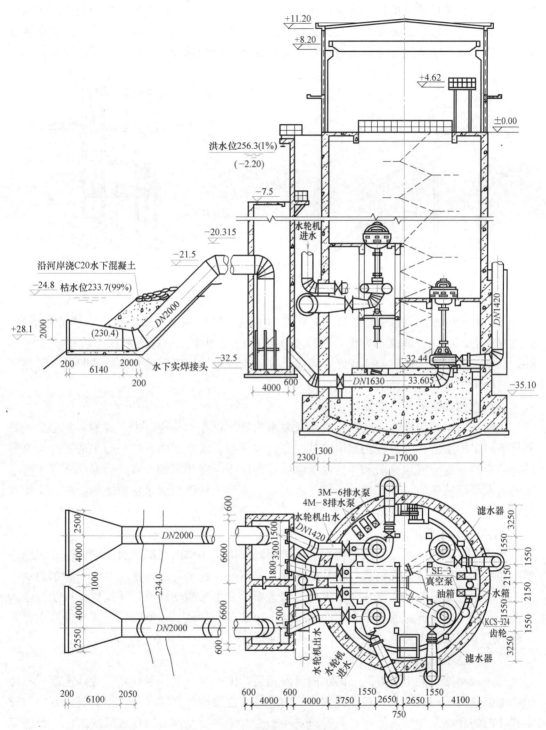

图 13-29　河床式取水构筑物实例 2

一般只用于水中漂浮物较少的中小水量取水工程。

（2）江心岛式取水构筑物（参见图 13-31）

江心岛式（又称桥墩式）取水是把进水间与泵房合建在远离岸边的水体中，形成一个

"岛"，要建造很长的引桥与岸上交通联系，运送物资。虽然这种构筑物取的是"河床水"，但其结构却与岸边合建式取水构筑物类似。由于江心岛式取水构筑物对水体的流动影响较大，故其平面形状的设计原则类似于取水头部的平面形状选择，一般常采用长圆形。

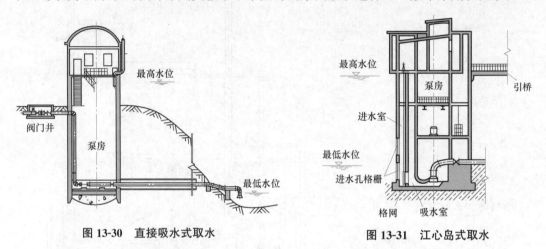

图 13-30　直接吸水式取水　　　　　　图 13-31　江心岛式取水

江心岛式取水的供水安全性较高，但它对河道的冲淤和航运影响很大，造价非常高，施工很复杂，运行管理也不方便，所以在实践中应用很少。只有当河床岸坡平缓水深不够，水体很大且河床地质条件较好，而岸上又由于各种原因不宜建构筑物的时候，某些大水量的取水工程才有可能考虑采用。

（3）斗槽式取水（参见图 13-32）

斗槽式取水是把岸边式或直接吸水式取水构筑物设在"斗槽"内形成的。斗槽是一种平行于河岸的水道，一般是在河岸的某一侧设置长坝，或在岸内开凿平行于河流的渠道来进行建造的。由于河水流动和斗槽内水位的综合作用，在斗槽的入口处会形成垂直于河水流向的水平横轴环流，导致进入斗槽的水流发生变化，从而对取水水质施加影响。斗槽式取水主要有以下三种基本形式。

1）顺流式斗槽取水

顺流式斗槽中的水流方向与河水的流向相同。由于斗槽的尾端是封闭的，因此流进斗槽的河水的动能会转变成位能，使斗槽内的水位壅高。这个高水位推动水流，和水面上流得快、河床底流得慢的河水在斗槽进口处相遇而形成水平横轴环流。环流的作用使得进入斗槽的水流主要是河流的表层水。因为表层水通常含泥砂较少，所以顺流式斗槽取水方式一般适用于泥砂较多而漂浮物和冰凌较少的河道。

2）逆流式斗槽取水

逆流式斗槽中的水流方向与河水的流向相反。由于河水的抽吸作用，导致逆流式斗槽内的水位要低于河道水位。在逆流式斗槽的进口处也会产生横轴环流，但其旋转方向与顺流式斗槽的环流正相反，使得进入逆流式斗槽的水流主要是靠近河床底部的水。因此逆流式斗槽取水方式一般适用于水面漂浮物和冰凌较多而泥砂较少的河道。

3）双流式斗槽取水

双流式斗槽的形式有两种。一种是相当于把一个顺流斗槽和一个逆流斗槽接在一起，以便适应河水水质的变化，变换使用顺流斗槽或逆流斗槽取水；另一种是把取水构筑物设在水道当中，在水道的两端建水闸。启闭水闸，便能在顺流斗槽取水和逆流斗槽取水两种方式之间切换，还可以利用河水冲洗斗槽中淤积的泥砂，故双流式斗槽适用于含砂量高且冰情严重的河段。

斗槽结构对水流的影响非常复杂，目前仅有一些近似的计算方法。在设计时，宜进行水工模型实验来确定有关参数。由于斗槽中的流速较小，容易淤积泥砂，所以经常需要利用河道水流冲淤，或采用机船疏浚。

斗槽取水的优点是去除河流中的泥砂、冰凌和漂浮物效果显著。但由于建造斗槽的土建工程量很大，所以这种取水方式的造价很高，实际中应用较少。在我国，一般只在北方地区泥砂很多的大型河流之中建造大规模取水工程的时候采用斗槽取水。

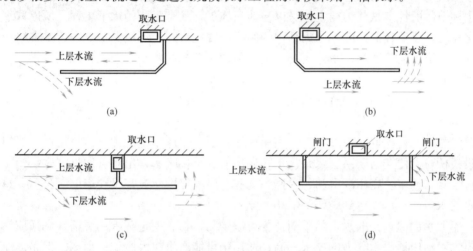

图 13-32　斗槽式取水

（a）顺流式斗槽；（b）逆流式斗槽；（c）双流式斗槽；（d）用闸门控制进水的双流式斗槽

（4）底栏栅式取水（参见图 13-33）

底栏栅式取水是把一条"引水廊道"（是一条一端封闭的渠道）敷设在河道内拦截取水的。引水廊道的长度方向垂直于河水流向，顶部敞开并装有进水格栅。通过格栅进入廊道的水再流入与引水廊道相连的集水间和取水泵房。为了抬高水位和防避河床推移质入侵引水廊道，一般需要同时在河道中建拦河坝或溢流坝。在引水廊道的出口处往往要建冲砂排泥设施。有时为了避免洪水破坏，还需要在底栏栅的上游建导流堤。

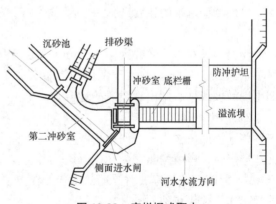

图 13-33　底栏栅式取水

底栏栅上的格栅栅条净距较小，常用 8～10mm，与河道砂砾组成有关。通过格栅的流量常采用孔口自由出流公式估计。为了防止泥砂在格栅上沉积，所设计的格栅的平面要略向下游倾斜，坡度约 0.1～0.2。引水廊道的断面常为矩形，但其底部的断面也可以采用半圆形或 V 形的形状。廊道底部沿水流方向要有 0.1～0.3 的坡度。廊道内的流速必须大于不淤流速，一般按照无压明渠流进行水力计算。

底栏栅式取水的水工构筑工程量较大，坝的上游常有泥砂淤积问题。这种取水方式一般用于河道较窄、水流集中但水深较浅、河床纵坡较大、大颗粒推移质较多、并且取水量也比较多的小型山区河流。其设计要点可参见有关设计手册。

13.3.2 移动式取水构筑物

移动式取水构筑物的主体结构大多采用钢材，设计规模通常只考虑近期供水量。这种取水方式一般适用于水源水位变幅很大、建造固定式取水构筑物有困难而供水要求又比较急迫的小型给水工程。

移动式取水通常采用直接吸水方式，不设格网，故不适用于漂浮杂物较多的水体。这种取水构筑物的优点是其结构主体可以在地面施工，没有复杂的水下工程，所以取水系统建设比较快，投资较低。此外，钢结构的回收处置也有利于环境保护。由于基本结构的原因，移动式取水构筑物的取水规模有一定的限制，系统的操作管理比较麻烦，供水的安全可靠性较差。

移动式取水构筑物主要有浮船式和缆车式两种形式。

1. 浮船式取水构筑物

浮船式取水是把取水泵安装在一座船形浮台上，船体用缆锚和支撑杆定位。船岸之间常架设栈桥，以便交通联系。水泵吸水管伸出船舷直接吸水，出水管通过"联络管"和岸上的输水管口连接。变压配电间、检修车间和仓库等辅助建筑都设在岸上。目前，单座浮船取水的水量已经可以达到 30 万 m^3/d 的规模。

浮船取水的优点是取水点的平面位置可以变动，具有一定范围的灵活性和适应性；取水构筑物对河床地质承载力的要求不高；适用于可能产生较大淤积的河床。但是浮船的体积较大，对水体的航运有一定影响；当水体水位变化的时候，船体锚固方式的调整比较复杂。此外，船体的维修养护工作量较大，船上的运行操作对水流和风浪也比较敏感。

（1）浮船取水的位置选择

1）水位和水深

浮船应设在水位变幅为 10～35m、水位变化速度不超过 2m/h 的地方。取水处的设计最小水深大于 1.5m，或大于两倍的浮船吃水深度。浮船不宜设在河底有突出礁石、洪水期出现漫坡或枯水期出现浅滩的地方。

2）河岸地形

要求浮船位置附近的河岸稳定，并具备合适的岸坡。一般当浮船与岸上输水管采用阶梯式连接时，岸坡倾角宜为 20°～30°；当连接方式采用摇臂式连接时，岸坡倾角一般宜大于 45°，此时较陡的岸坡对浮船的工作比较方便。为便于浮船定期检修，附近宜有较平坦的河岸作为检修场地。

3）河道条件

要求浮船所在的河道水流平稳，风浪较小，并便于锚固停泊。水中的大块漂浮物如浮冰、漂木等比较少，浮船所在的位置不影响航运。为此，浮船位置一般要选在缓冲刷的河岸，不宜选在河道的顶冲区、急流区、回流区、风浪区或分岔流道的汇合处。

（2）浮船与岸上输水管的连接

浮船上的水泵出水管与岸上输水管的连接常采用以下几种方式：

1）阶梯式连接（参见图13-34）

阶梯式连接方式是将输水管顺坡敷设在岸上，在输水管上设有多个连接浮船的接口，各接口之间相隔一定的距离。接口的直径通常不大于600mm，可采用斜三通或正三通管的形式，又称为"叉管"。水泵出水管通过联络管接在输水管的某个接口上送水，用更换接口的方式适应水位的涨落。输水管上相邻接口的垂直高差一般约1.5～2.0m，取决于岸坡倾角、水位变化速度、浮船连络管的长度、连接接头的转角大小，以及更换接口时所需的操作要求。由于水体在不同时期的水位涨落速度并不一样，因此宜根据实际情况，分别按照枯水、平水和洪水期间的水位变化速度设置数套接口的间距。

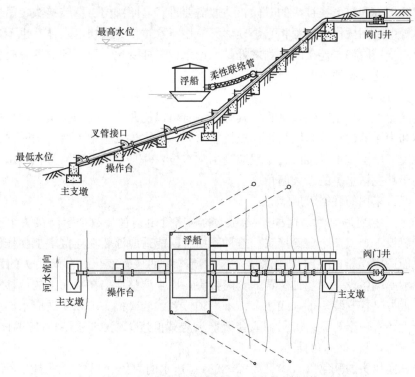

图13-34 浮船阶梯式连接（柔性联络管）

水位变幅较大的时候，可在输水斜管上每隔15～20m高差设一个止回阀。输水斜管的上端还应设置排气阀。

当水位发生变化，需要更换阶梯式连接的接口的时候，更换接口的那条输水管会暂时断水。为了保证取水系统不间断地供水，可在岸上建蓄水池，或者设置多座浮船和多根带接口的输水管。当输水管不止一条的时候，应将全部接口按其高程大小排序，按次序轮流布置在各条管道上，以便于浮船轮流定位供水。

浮船水泵连接岸上输水管的联络管可采用以下几种形式：

① 柔性联络管 一般由1～3节两端带有法兰接头的铠装橡胶软管组成，每节软管长约5～8m。橡胶软管连接方便，对方位偏移的适应性好。缺点是承压不高，管材容易老化，使用寿命较短。通常柔性联络管的管径不超过300mm，仅用于较小规模的取水。

② 刚性联络管 刚性联络管一般采用焊接钢管，其长度约6～12m，两端装有可以灵活对位的接头。钢制管道承压很高，使用寿命也较长。

联络管接头可以采用球形万向接头，使联络管与输水管形成铰接。在设计输水管接口的位置时，一般把球形万向接头的转角控制在 11°～22° 以内。这种联络管的送水规模往往不大，因为球形万向接头的制造工艺很复杂，造价较高，接头的质量也较大。一般常用球形万向接头的管径小于 350mm。

也可以采用制造工艺比较简单的"套筒接头"来代替球形万向接头。套筒接头是一种可以绕其轴心转动的接头，采用三个旋转轴相互垂直的套筒接头，便能适应输水管接口在任意方向上的连接。不过，这种三套筒接头的组合也不适用于输送很大的流量，因为水流推力会导致接头受力不均衡，容易漏水。

阶梯式连接方式在更换接头的时候，一般需要进行启闭阀门、拆装接头、吊装联络管和定位船体等一系列操作，过程相当烦琐，不能用于水位变化太快的水体，也不适用于很大的取水量。采用阶梯式连接的有利之处是无论水位怎样变化，浮船的位置总是距离岸边不远，管理交通比较方便。

2）摇臂式连接

这种连接也大多采用刚性联络管，其两端装有可以挠曲或旋转的接头，能适应较大的转角。船体和岸上的输水管与联络管构成铰接形式，在水位发生很大变化的时候也无需更换接口的位置。岸上输水管接口的位置应高出常水位，并且要使得联络管在洪水位时的最大仰角略小于其在枯水位的最大俯角。

实践中经常采用的联络管形式有：

① 套筒接头摇臂联络管　这种连接方式的联络管由钢管和数个套筒接头组成，一根联络管上一般设 5 个或 7 个套筒接头。这种联络管既能适应浮船在连接端上朝任何方向上的旋转，也能适应浮船在一定水位涨落范围内所产生的位置变化。套筒接头的设置一般为：浮船端和岸端各设一个竖轴位置的套筒接头，用来调整浮船在平面上的位移；这两个竖轴接头的上方又各安装一个（或两个）水平轴位置的套筒接头，以便适应水面涨落的变化；联络管上还有一个与联络管同轴的套筒接头与其他接头配合，用来适应船体的摆动。在联络管工作时，竖向转动的最大夹角不宜超过 70°。

设 5 个套筒接头的联络管（参见图 13-35）在送水的时候，联络管两端的套筒接头会受到很大的水流转弯的推力，使接头转动困难，容易磨损漏水。所以这种接头组合只用于水量较小，并且联络管质量不大的场合。常用条件为：水位变幅小于 12m，联络管管径小于 500mm，联络管长度小于 15m，水泵扬程低于 0.4MPa（约 40m）。

设有 7 个套筒接头的联络管（参见图 13-36）在工作的时候，安装在其两端的水平轴位置的套筒接头是对称的，能平衡水流的推力。因此这种接头组合转动灵活，工作寿命长，能在较大的水量下工作。常用条件为：水位变幅小于 18m，联络管管径小于 800mm，联络管长度小于 20m，水泵扬程低于 0.5MPa（约 50m）。

② 钢桁架联络管连接　这种连接方式是制造一个可以摇臂转动的钢桁架，把刚性联络管固定在上面，通常每个钢桁架上可以布置两根联络管。钢桁架的作用是支持联络管的重量，还可以用来架设动力通信电缆，也能作为工作人员和浮船的交通通道。一般常采用带法兰的铠装橡胶短管作为钢桁架联络管的接头。由于管道接头不需要承受联络管的质量，所以接头的工作寿命较长。采用这种连接方式时，一般要使联络管的岸上支墩的高程高出洪水位。

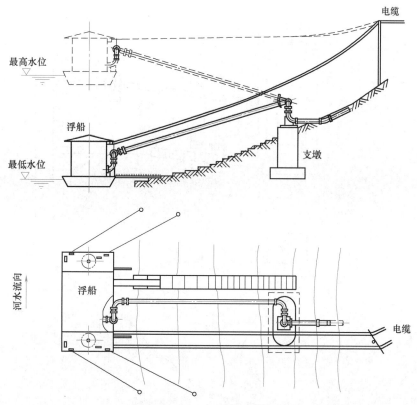

图 13-35　浮船摇臂式连接（刚性联络管设 5 个套筒接头）

钢桁架联络管连接方式的工作比较可靠，可用于较大的供水量，但是适应浮船的水平位移能力较差，结构比较复杂，投资较高。常用条件为：水位变幅小于 18m，钢桁架跨度小于 40m。

实践中还有一些各具特点的摇臂连接形式联络管。例如采用球形接头的摇臂联络管，带旋转支座的联络管，采用浮筒支承的钢管和橡胶软管的多段串联组合等等，可参见有关设计资料。

与阶梯式连接相比，摇臂式连接方式运行时无需停水转换接口，所以管理比较容易，供水安全性较高。但在高水位时，浮船距离岸边往往较远，交通联系不便，同时输水管接口也常被淹没于水下难于检修。

（3）浮船布置

1）船体一般要求

浮船的数量应按照供水安全要求确定，一般造两座以上。但当岸上设有调蓄水池、或系统允许间断供水，或者联络管采用摇臂式连接的时候，也可只设置一座浮船。浮船的供水规模必须按照供水安全所要求的取水量来确定。

船体一般采用钢材制造。根据具体条件，亦可使用钢丝网水泥制造或用钢筋混凝土浇制，甚至用木材制作。

浮船一般造成平底的浮台形式。平面为矩形，宽度为 5～8m 左右，长宽比约为（2：1）～（4：1），船头和船尾各长约 2～3m。浮船的断面为倒梯形或矩形，船体深度一般为

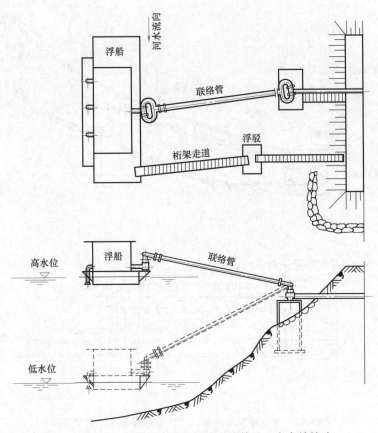

图 13-36　浮船摇臂式连接（刚性联络管设 7 个套筒接头）

1.2～2.0m，吃水深度宜为 0.6～1.0m。船体干舷按照国家对内河船舶制订的有关规范确定，一般采用 0.6～1.2m。船体的长度、宽度与船体深度的比例均须符合有关规范。

应当综合考虑浮船可能遇到的各种负载情况，如设备安装维修、供水运行、更换管道接口、船体移位操作、风浪和漂浮物的影响等因素，按照一般船舶的设计规定来满足船体的抗沉、平衡和稳定性要求，根据需要在浮船上设置水密隔舱、压载舱或平衡舱。要求浮船的稳心高度为 2～5m，在最不利的风浪和操作条件下，浮船倾斜的角度不大于 7°，而且此时的船体仍然能保证有 0.4～0.5m 以上的干舷。

2）船体定位

定位船体的方式有三种：一种是"岸边系留"，由岸上固定的系缆桩和缆绳构成，这种方式只承受拉力；第二种是"抛锚系留"，由钩在河床底的锚和锚链构成，这种方式也只承受拉力；第三种是采用刚性的支撑杆顶在船舷和河岸之间，这种方式一般只承受压力。实践中要根据河道的具体条件和浮船的工作要求布置系缆桩、抛锚点、支撑点和浮船上的系缆位置，综合采用这几种定位方式。例如对于河岸较陡、河水较深、河面较窄又航运繁忙的河段，浮船必须采用近岸停泊工作方式时，可采用船体四角岸边系留并结合船舷支撑河岸的方式；对于河面较宽、航运影响不大的河段，可采用岸边系留和抛锚结合的定位方式，便于水位变化时浮船的平面移位。一般而言，浮船定位的受力点宜尽量减少以便于管理，但如果河道水流湍急，则必须加强必要的定位手段。例如，当河水流速较大的时候，浮船上游方向的固定缆索不应少于3根。

3）取水泵布置

浮船取水泵的选型原则与固定式取水构筑物相同。

① 水泵在浮船上的竖向布置方式有以下两种（参见图13-37）。

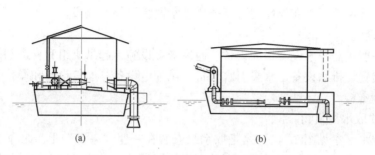

图13-37　水泵在浮船上的竖向布置方式
（a）上承式水泵布置；（b）下承式水泵布置

上承式水泵布置：这种布置是将水泵机组安装在浮船甲板上，机组一般采用水泵和电动机共用的整体式底座。这种安装方式的特点是水泵电动机通风条件较好，排水容易，维修管理较方便，能用于各种结构材料的船体。缺点是甲板上的空间较少，船体重心高，稳定性较差，振动也比较大。

下承式水泵布置：这种布置是将水泵机组安装在甲板下的船底骨架上。在实践中，常采用立式泵，把水泵安装在船舱底，而将立式电动机安装在甲板上。这种安装方式的优点是水泵吸程较低，船体稳定性好，振动小，甲板比较空敞。但是水泵的维修和排水都不方便。而且水泵的吸水管道必须穿过船身，导致船体结构复杂，仅适用于水泵数量较多、泵流量较大的钢制浮船。

② 机组的平面布置一般采用单行排列。对卧式泵而言，排列方式有两种（参见图13-38）。

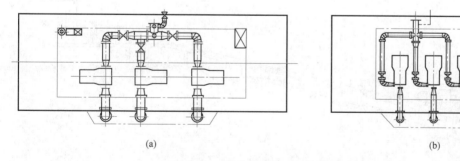

图13-38　水泵在浮船上的平面布置方式
（a）机组纵向布置；（b）机组横向布置

机组纵向布置：纵向布置是使各水泵电动机轴平行于浮船纵轴并连成一条直线。这种布置的管道比较顺直，水力条件较好，但需要较长的船体。纵向布置一般适用于大型水泵，布置的机组数量不宜过多，一般不超过3台。

机组横向布置：横向布置是将各水泵电动机轴垂直于浮船纵轴排列。这种布置的水力条件不如纵向布置，管理操作条件稍差。通常与横向布置配合的船体比较宽大，故稳定性较好。

4）吸水拦污设施

浮船取水的水泵一般采用直接吸水方式。流量较小的水泵常采用鱼形罩式吸水头部。对于大型水泵，可在吸水喇叭口上安装格栅罩，或在吸水管周围设置框架，安装可拆换清洗的滤网。此外，还可以在浮船周边悬挂拦截水面漂浮物的栅板。

5）其他设施

浮船上一般还需考虑设置锚固设备、通风降温设施、起吊机组和管道阀门的设备、起吊联络管的装置、排水设备、水泵引水设备、供配电设备、通信设备和操作管理室等，可参考相关设计资料。

2. 缆车式取水构筑物

缆车式取水（参见图13-39）是把取水泵安装在一座"泵车"上。泵车上面安装着水泵，在岸边吸取水体的表层水。泵车可被牵引机械带动，沿着岸坡上架设的轨道移动。由于轨道是顺坡敷设的，所以当泵车移动的时候，便能改变水泵吸水的位置标高，以便适应水位的变化。缆车取水采用水泵直接吸水，水泵的出水管通过联络管与坡道上铺设的输水管连接，连接方式通常采用阶梯式。坡道的上端布置牵引设施、配电室、检修车间和仓库等辅助建筑。

缆车取水的优点是取水构筑物对水体的航运影响不大；河水的流速和风浪对缆车的影响比较小；当水位变化的时候，移动缆车的操作要比定位浮船方便。但是泵车只能沿着轨道直线移动，位置调整没有浮船灵活。

由于牵引设备的限制，泵车上安装的水泵不多，阶梯式连接所适用的输水量又不大，因此就限制了缆车式取水的水量。目前单台泵车的最大取水量约为 10 万 m^3/d，尚不及浮船取水的最大规模。

一般认为缆车取水的投资和土建工程量要大于同规模的浮船取水。

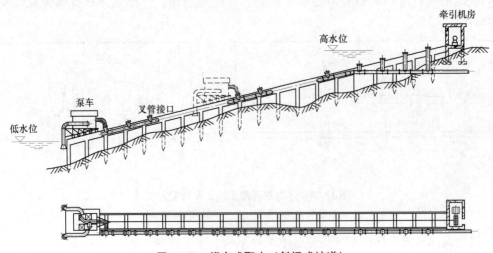

图 13-39 缆车式取水（斜桥式坡道）

（1）缆车取水的位置选择

缆车式取水构筑物位置的选择原则和固定式取水构筑物大致相同。为了满足直接吸水的要求，缆车坡道岸边的水深不应小于 1.2m。缆车取水对水位变幅和水位变化速度的要求则和浮船式取水相同。设置泵车的河岸必须稳定，地基承载力较高，岸坡的倾角处于10°～28°的范围。

（2）缆车与岸上输水管的连接

缆车与岸上的输水管一般使用阶梯式连接方式，可根据具体条件采用柔性或刚性联络管，和浮船使用的联络管类似。除此之外，还可以在数个转轴相互垂直的套筒接头（或球形万向接头）之间加几段短管或弯管，构成一种多节的刚性联络管，称为"曲臂式活动接头"。这种曲臂联络管能在一定范围内适应水位的变化，不需要频繁拆换接口，故能简化缆车的运行操作。使用这种多节联络管的时候，一般都需要在泵车前设置"首车"，用来支承联络管中间的可动管件。

一般每台泵车配备一根输水管。输水管上接口的直径通常不大于600mm。如果单根输水管太粗，可换成两根。通常输水管上相邻接口的垂直高差约为0.6～2.0m，取决于水位涨落速度、轨道坡度、水泵吸水高度和泵车规模。对于水位变化快的水体、较大的轨道坡度和大型泵车，常用2.0m或更大的高差；采用曲臂式联络管连接的输水管可采用2.0～4.0m的高差。宜根据不同时期的水位变化速度分别设置数套不同垂直高差的接口。

输水管道一般不和泵车的供电电缆布置在同一侧。

缆车输水管设计的其他考虑和浮船采用的阶梯式连接输水管类似。

（3）泵车布置

1）泵车一般要求

泵车的数量根据供水量大小和供水安全性确定。小型供水系统内设有调蓄水池或允许断水的时候，可采用一台泵车，当需要确保供水安全性的时候，可采用多台泵车。

泵车的结构主体一般采用钢材制造。车体平面面积约在12～40m²之间，形状为矩形，平面不宜过于狭长。车厢内净高在不设起吊设备时为3.0～3.5m，设有起吊设备时采用4.0～4.5m。

为了承受大口径的多节联络管的重量，可以考虑在泵车前端的出水侧设置首车。而当坡道比较平缓的时候，水泵吸水管必须放长以满足吸水口淹没深度的要求，这时可以考虑在泵车的吸水端设置"尾车"，以便支承吸水管。

2）取水泵布置

缆车取水泵的选型原则可参照固定式取水构筑物的泵房设计，但水泵的最大允许吸高必须大一些，宜大于4m。通常每台泵车上安装两台水泵，一用一备；或每车安装三台水泵，两用一备。水泵的布置方式常用以下几种：

① 机组轴线与车轨平行布置（参见图13-40、图13-41） 常用于安装两台水泵的中小型泵车。特点是交通方便，容易操作检修，泵车结构受力较好，但是管道转弯较多。

② 机组轴线与车轨垂直布置（参见图13-42、图13-43） 常用于安装两台水泵的大中型泵车。特点

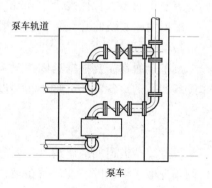

图13-40　机组轴线与车轨平行布置（水泵转向相同）

是空间利用率较高；布置的泵车平面近似正方形；泵车底部的纵向断面便于造成阶梯形结构，使车体比较适合斜设的轨道，降低重心。

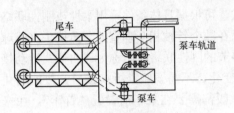

图 13-41　机组轴线与车轨平行布置
（水泵转向相反）

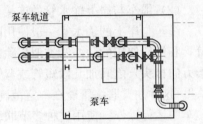

图 13-42　机组轴线与车轨垂直
布置（水泵转向相同）

③ 机组品字形布置（参见图 13-44）　一般用于安装三台水泵的泵车。通常使三台机组的轴线与车轨垂直，但也可布置成机组轴线与车轨平行。

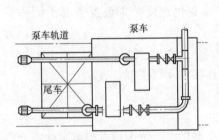

图 13-43　机组轴线与车轨垂直
布置（水泵转向相反）

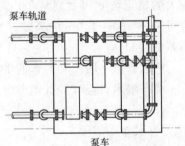

图 13-44　机组品字形布置

在设计泵车的时候，可根据需要选用旋转方向相反的水泵进行组合布置。这样往往能提高泵车空间的利用率，简化管道连接，减轻泵车的振动并提高其力学稳定性。

3）管路布置

采用"斜桥式"轨道的泵车，通常把吸水管布置在泵车两侧吸水；采用"斜坡式"轨道的泵车一般要设置尾车，将吸水管安装在尾车上。当轨道坡度较大的时候，小口径的吸水管可直接在车后挑出吸水；对于大口径的吸水管，则须在车上设置悬臂托架支持管道。

当泵车的出水管径大于 500mm 时，宜采用两条管道出水。

根据生产实践经验，泵车上一般可不设止回阀。

4）其他设施

泵车上通常需要根据具体情况考虑设置水泵引水设备、冲泥装置、起吊装置、动力操作设备和通信设备等，可参考相关设计资料。

（4）坡道

1）坡道布置

设置缆车坡道的河岸通常需要进行护岸加固等整治措施。在设计坡道时，往往使坡道的倾角近似于河岸的坡度，整条坡道一般选用同一个坡度数值。平面上坡道的走向一般垂直于河岸，但如果岸坡较陡，坡道的路线也可以不与岸边垂直，以取得合适的坡度。

在坡道上建的设施有泵车轨道、输水斜管及转换接口、电缆沟道、泵车安全挂钩座、防止牵引绳拖地摩擦的滚筒、操作平台和人行走道等。坡道的形式有以下两种：

① 斜坡式 这种形式是利用地形，将坡道直接造在河岸上，坡道面一般比岸坡高0.5m，以免淤积。斜坡式坡道的优点是施工工程量较少，拆换联络管和输水管的连接比较方便。不过，这种坡道的建造受到河岸地形和地质条件的制约，安装的泵车轨道高出河岸不多，仍容易积泥。

② 斜桥式 这种形式是在河岸上用钢筋混凝土框架支撑坡道，形成架空的倾斜桥体结构，其坡度可以不同于河岸坡度。斜桥式坡道的优点是坡道受河岸地形和地质条件的限制较少，可用于岸坡较陡或地基承载力较差的地方。由于斜桥式坡道的位置较高，故泵车轨道积泥较少，水泵吸水管还可直接在泵车两侧取水。但是斜桥式坡道的施工工程量较大，造价较高。此外，联络管和输水管的连接操作也很不方便。

根据实际河岸的地形地质情况，工程中常采用斜坡式和斜桥式坡道相互结合的形式。

2）泵车轨距

泵车轨距是根据泵车厢体的横向稳定性确定的，与车内水泵机组的布置有关。一般当水泵吸水管直径为300～500mm时，轨距取2.8～4.0m；当吸水管直径小于300mm时，轨距取1.5～2.5m。

3）坡道纵断面

① 坡道上端的高度

为了使泵车不被洪水淹没，坡道上端的最低高度应不小于一定设计标准（一般为百年一遇）的洪水位、浪高值、泵车操作层的地面与吸水管口的高差、与1.5m的安全超高四项之和。

② 坡道下端的高度

为了能保证缆车在最低水位时仍能取水，一般可按设计枯水位减去1.5m来估算坡道下端的最高位置。

③ 坡道的水下部分

为了减少坡道在水下部分的长度，可以在尾车上设置悬臂支托结构，远挑水泵的吸水管。另外，还可以在坡道下端采用悬臂梁挑出的钢筋混凝土结构，以简化水下坡道的施工。

(5) 其他缆车设备

缆车式取水构筑物还须配置以下设备：

1）牵引设备 如卷扬机、钢丝绳、各种滑轮等；

2）安全设备 如卷扬机制动装置、泵车制动装置、钢丝绳与泵车的连接装置、泵车行程控制装置、警示信号装置等；

此外，还有清淤装置和收放泵车电缆的装置等。可参考相关设计资料。

13.4 各种地面水体的取水方式

1. 平原江河取水

平原江河的上游河段往往流速较大，水位变幅很大且变化速度快。可采用竖井式泵房直接吸水、合建泵房的岸边式或合建泵房的河床式取水构筑物；中游河段一般流速较小，水位变幅较大但变化速度变慢，可根据具体取水条件选用岸边式、河床式或移动式取水构筑物；下游河段通常河谷平缓宽阔，流量和水位变幅较小，可选用直接吸水式、河床式或江心岛式取水构筑物。

2. 山区河流取水

当条件适合的时候，山区河流可采用带有除砂装置的取水头部取水。在取水量占枯水期径流量的比例比较大时，可采用底栏栅式取水。对于枯水期间流量很小、河床推移质不多、又没有通航放筏任务的小型河流，可采用潜坝、活动式低坝或固定式低坝等水工构筑物抬高河道水位。如果取水量大于枯水期径流量，必要的时候还可以修建小型水库调节河流水量。

3. 湖泊和水库取水

对于边滩宽阔、水深不大的湖泊，可采用河床式或江心岛式取水构筑物；当湖泊岸边的水深很大的时候，可采用湿井式泵房分层取水，也可用隧洞或引水明渠将源水导流到合建或分建式泵房。有时候也可以采用移动式取水构筑物。

当水库所淹没的河谷具有湖泊的形态及水文特征时，水库的取水形式与湖泊相似；而当所淹没的河谷较窄、具有河道的形态及水文特征时，水库的取水形式就与相应的河道类型相似。

根据具体条件，水库取水构筑物时有与水库建筑合建的情况，如构筑物与库坝合建，或在库坝内预埋自流管道等。

4. 海水取水

当海岸较陡且淤积不严重、海水含泥砂较少、高低潮位相差不大，同时在低潮位又能保证取水深度的时候，可采用直接吸水或岸边式取水方式，也可建造斗槽防止波浪和泥砂的影响。当海滩比较平缓、深水区距离岸边较远的时候，可用自流明渠引水至岸内水池，建造岸边式泵房，亦可以采用与河床式、江心岛式取水构筑物类似的方式取水。如果高低潮位相差较大，附近有可利用的洼地时，还可以建造小型水库蓄积潮水，把取水泵房建在远离海边的地方。

13.5　取水构筑物施工方法简介

确定取水构筑物的施工方法非常重要。在设计阶段，施工技术会影响构筑物的选型、结构和工艺布置；在建造实施阶段，施工技术会影响工程造价和工期；甚至在构筑物建成以后，所采用的施工技术还会对构筑物的运行效果施加影响。

构筑物地下部分的平面形状也会影响施工方法的选择。例如圆形平面的结构抗压力强，比较适合较深构筑物的沉井施工；矩形平面的构筑物常用于深度不大、可以排水开挖施工的大型构筑物等。

在实际建造取水构筑物的工程中，常须采用多种土建施工方法互相结合。分别列举如下：

1. 岸上排水开挖和水下开挖

岸上排水开挖一般用于敷设管道和坡道，修建管道井、明渠、集水间和泵房等。适用于土质比较坚实、地下水位不高、构筑物埋深不大、地下情况比较复杂的情况，这种方法的工程适应面较广，劳力成本和技术水平较低，但施工的土石方工程量较大。

水下开挖一般需要使用各种形式的挖泥船和吸泥机械，适用于松散的河床土质。通常用于挖掘自流管、取水头部等各种水底构筑物的基槽。

对于比较坚硬的岩层，可用爆破法粉碎岩石之后再进行岸上或水下开挖。

2. 围堰和筑岛

围堰法是在岸边建造一圈临时的堤坝即"围堰"，将施工区域和水体隔离后，再排水进行施工。常用的围堰种类有土袋围堰、土石围堰、草土材质围堰、钢板桩围堰和橡胶坝围堰等，一般用于建造位于岸边的取水泵房、进水间、取水头部和自流管等构筑物。通常围堰的施工劳力成本和技术水平都比较低，采用橡胶坝围堰还有拆装方便的优点。

筑岛法与围堰法相反，是在水体中填倒砂石构成人工岛或半岛，从而形成施工区域。构筑物建造在岛上，当结构主体施工完成以后便可挖去构筑物外填倒的砂石。筑岛法常与沉井施工联用，可以用来建造位于水边和河道中心处的取水构筑物。

一般非橡胶坝类型的围堰和筑岛施工的土石方工程量都比较大。施工完成以后，围堰和人工岛上多余的砂石必须拆除干净，否则会影响取水构筑物的运行。

3. 沉井施工

沉井施工是在地面上建造一座井筒形的结构，在筒内挖土。由于重力的作用，井筒将缓慢下沉，沉到设计高程之后便可停止挖土，进行结构封底。井筒结构可以分段制造，接续下沉。这种方法通常用于建造较深的泵房、进水间或集水间、江心岛式取水构筑物等，适用于土质松软、地下水位较高、构筑物较深、地下情况较简单的工程，对构筑物的平面形状也有一定的要求。沉井施工的土石方工程量较少，但是对施工技术水平有一定的要求。

4. 浮运下沉和浮吊

这种方法是预先在陆地上制造装配构筑物的主体部件，在水下挖掘安装基槽，然后用船只将密封后的构筑物部件浮运到设计位置，下沉定位并进行连接。浮运下沉法适用于流速较低的水体，常用来安装各种取水头部和自流管，施工过程较简单，无需大型的运输设备。

当有大型浮吊设备的时候，也可将构筑物部件浮吊到位进行连接安装，要比浮运下沉法更为简捷。

5. 水下岩塞爆破

这种方法是在岸边一侧朝水体所在的方向挖掘建造隧道，在快接近水体底部的地方预留一定厚度的岩层，称为"岩塞"，然后采用水下爆破的方法炸除岩塞形成取水入口。水下岩塞爆破法适用于较深的水体和密实的岩层，对施工技术水平要求较高，常用来建造大型的地下引水隧道。

6. 顶管

顶管施工相当于水平方向上的"分段沉井"，一般采用液压设备提供顶进压力。由于设备能力和管道材质的限制，顶进的管线不能过长。这种方法适用于土质松软、地下水位不高、顶进路线沿途情况比较简单的管道工程。顶管法对施工技术水平的要求较高，通常用来敷设中型的地下管道，可用于自流管施工。

7. 盾构施工

盾构施工是采用特殊设计的盾构掘进机械敷设地下的管道，适用于比较松软的土质。盾构法施工的管线长度没有限制，敷设管道的直径可大于顶管。盾构设备造价高，技术操作复杂，通常仅用于大口径的自流管施工。

8. 气压沉箱施工

这种方法是沉井施工法的改进。将沉井结构下部的切土和挖土空间隔离成一个气密的工作室，在工作室内挖土使沉井下沉。工作时，室内须通入压力略大于沉井外部水压的压缩空气，以便阻止水进入工作室。气压沉箱施工法适用于含有大块漂石、松软且透水性较强的土质，对技术水平要求非常高，施工费用巨大，有时用于大型江心岛式取水构筑物的施工。

思考题与习题

1. 我国地表水资源在分布上有何特点？其开发利用情况现状如何？目前我国水资源的主要问题是什么？

2. 如何根据水文观测数据来推求符合某个发生概率的水文参数？若直接观测记录的数据不足，有什么补救办法？

3. 总结地表水取水构筑物位置选择的基本要求。

4. 叙述设计地表水取水构筑物所需收集的设计资料，以及收集这些资料的目的和要求。

5. 叙述岸边式取水构筑物的适用条件、基本形式和构造组成。

6. 叙述河床式取水构筑物的适用条件、基本形式和构造组成。

7. 叙述浮船和缆车取水构筑物的适用条件、基本形式和构造组成。

8. 平原河流、山区河流、湖泊水库和海水水源各有什么特点？通常对应采用哪些类型的取水构筑物？

9. 调查研究取水构筑物的一般施工方法和施工过程。

10. 某岸边式取水构筑物的进水孔上装有固定式定型格栅，取水流量为 $50000\text{m}^3/\text{d}$。试估算进水孔的个数和尺寸大小。

11. 水源的最低水位为 28.50m。某规模为 $100000\text{m}^3/\text{d}$ 的河床式取水头部距离岸边集水间 200m，采用自流管进水。试计算自流管的管径和根数，并估计集水间内进水室的最低水位值。

（管道的水力坡度采用下列公式计算：

$$i = 0.00107 \frac{v^2}{d^{1.3}}$$

式中 v 为管道流速，单位为 m/s；d 为管径，单位为 m。）

附　　录

最高日居民生活用水定额 [L/(人·d)]　　　　　附表1 (a)

城市类型	超大城市	特大城市	Ⅰ型大城市	Ⅱ型大城市	中等城市	Ⅰ型小城市	Ⅱ型小城市
一区	180～320	160～300	140～280	130～260	120～240	110～220	100～200
二区	110～190	100～180	90～170	80～160	70～150	60～140	50～130
三区	—	—	—	80～150	70～140	60～130	50～120

最高日综合生活用水定额 [L/(人·d)]　　　　　附表1 (b)

城市类型	超大城市	特大城市	Ⅰ型大城市	Ⅱ型大城市	中等城市	Ⅰ型小城市	Ⅱ型小城市
一区	250～480	240～450	230～420	220～400	200～380	190～350	180～320
二区	200～300	170～280	160～270	150～260	130～240	120～230	110～220
三区	—	—	—	150～250	130～230	120～220	110～210

注：1. 超大城市指城区常住人口1000万及以上的城市；特大城市指城区常住人口500万以上1000万以下的城市；Ⅰ型大城市指城区常住人口300万以上500万以下的城市；Ⅱ型大城市指城区常住人口100万以上300万以下的城市；中等城市指城区常住人口50万以上100万以下的城市；Ⅰ型小城市指城区常住人口20万以上50万以下的城市；Ⅱ型小城市指城区常住人口20万以下的城市。以上包括本数，以下不包括本数。

2. 一区包括：湖北、湖南、江西、浙江、福建、广东、广西、海南、上海、江苏、安徽；二区包括：重庆、四川、贵州、云南、黑龙江、吉林、辽宁、北京、天津、河北、山西、河南、山东、宁夏、陕西、内蒙古河套以东和甘肃黄河以东的地区；三区包括：新疆、青海、西藏、内蒙古河套以西和甘肃黄河以西的地区。

3. 经济开发区和特区城市，根据用水实际情况，用水定额可酌情增加。

4. 当采用海水或污水再生水等作为冲厕用水时，用水定额相应减少。

工业企业内工作人员淋浴用水量　　　　　附表2

分级	车间卫生特征			用水量 L/(人·班)
	有毒物质	生产性粉尘	其他	
1级	易经皮肤吸收引起中毒的剧毒物质（如有机磷农药、三硝基甲苯、四乙基铅等）		处理传染性材料、动物原料（如皮、毛等）	60
2级	易经皮肤吸收或有恶臭的物质，或高毒物质（如丙烯腈、吡啶、苯酚等）	严重污染全身或对皮肤有刺激的粉尘（如炭黑、玻璃棉等）	高温作业、井下作业	60
3级	其他毒物	一般粉尘（如棉尘）	体力劳动强度Ⅲ级或Ⅳ级	40
4级	不接触有害物质或粉尘，不污染或轻度污染身体（如仪表、机械加工、金属冷加工等）			40

城镇同一时间内的火灾起数和一起火灾灭火设计流量　　　　附表 3

人数（万人）	同一时间内的火灾起数（起）	一起火灾灭火设计流量（L/s）
$N \leqslant 1.0$	1	15
$1.0 < N \leqslant 2.5$	1	20
$2.5 < N \leqslant 5.0$	1	30
$5.0 < N \leqslant 10.0$	2	35
$10.0 < N \leqslant 20.0$	2	45
$20.0 < N \leqslant 30.0$	2	60
$30.0 < N \leqslant 40.0$	2	75
$40.0 < N \leqslant 50.0$	2	75
$50.0 < N \leqslant 70.0$	3	90
$N > 70.0$	3	100

注：城镇的室外消防用水量包括居住区、工厂、仓库（含堆场、储罐）和民用建筑的室外消火栓用水量，当工厂、仓库和民用建筑的室外消火栓用量按附表 5 计算，其值与按本表计算不一致时，应取其较大值。

工厂、仓库和民用建筑同一时间内的火灾起数　　　　附表 4

名称	基地面积（hm²）	附有居住区人数（万人）	同一时间内的火灾起数	备注
工厂、仓库	≤100	≤1.5	1	按需水量最大的一座建筑物（或堆场）计算工厂、居住区各考虑一次
工厂、仓库	≤100	>1.5	2	按需水量最大的一座建筑物（或堆场）计算工厂、居住区各考虑一次
工厂、仓库	>100	不限	2	按需水量最大的两座建筑物（或堆场）计算
仓库、民用建筑	不限	不限	1	按需水量最大的一座建筑物（或堆场）计算

建筑物室外消火栓设计流量（L/s）　　　　附表 5

耐火等级	建筑物名称及类别			建筑体积（m³）					
				$V \leqslant 1500$	$1500 < V \leqslant 3000$	$3000 < V \leqslant 5000$	$5000 < V \leqslant 20000$	$20000 < V \leqslant 50000$	$V > 50000$
一、二级	工业建筑	厂房	甲、乙	15	20	25	25	30	35
			丙	15	20	25	25	30	40
			丁、戊	15	15	15	15	15	20
		仓库	甲、乙	15	15	25	25	—	—
			丙	15	15	25	25	35	45
			丁、戊	15	15	15	15	15	20
	民用建筑	住宅		15	15	15	15	15	15
		公共建筑	单层及多层	15	15	25	25	30	40
			高层	—	—	25	25	30	40
	地下建筑（包括地铁）、平战结合的人防工程			15	15	20	20	25	30

耐火等级	建筑物名称及类别		建筑体积（m³）					
			$V \leqslant 1500$	$1500 < V \leqslant 3000$	$3000 < V \leqslant 5000$	$5000 < V \leqslant 20000$	$20000 < V \leqslant 50000$	$V > 50000$
三级	工业建筑	乙、丙	15	20	30	40	45	—
		丁、戊	15			20	25	35
	单层及多层民用建筑		15		20	25	30	—
四级	丁、戊类工业建筑		15		20	25	—		
	单层及多层民用建筑		15		20	25	—		

注：1. 成组布置的建筑物应按消火栓设计流量较大的相邻两座建筑物的体积之和确定；

2. 火车站、码头和机场的中转库房，其室外消火栓设计流量应按相应耐火等级的丙类物品库房确定；

3. 国家级文物保护单位的重点砖木、木结构的建筑物室外消火栓设计流量，按三级耐火等级民用建筑物消火栓设计流量确定；

4. 当单座建筑的总建筑面积大于 500000m² 时，建筑物室外消火栓设计流量应按本表规定的最大值增加一倍。

主要参考文献

[1] 住房和城乡建设部. 室外给水设计标准（GB 50013—2018）[M]. 北京：中国计划出版社，2019.

[2] 周金全等. 地表水取水工程 [M]. 北京：化学工业出版社，2005.

[3] 严煦世，范瑾初等. 给水工程（第四版）[M]. 北京：中国建筑工业出版社，1999.

[4] 城乡建设环境保护部综合勘察院，山西省勘察院. 供水管井设计施工指南 [M]. 北京：中国建筑工业出版社，1984.

[5] 上海市政工程设计研究总院. 给水排水设计手册（第三版）第 3 册　城镇给水 [M]. 北京：中国建筑工业出版社，2017.

[6] 严煦世，刘遂庆等. 给水排水管网系统（第三版）[M]. 北京：中国建筑工业出版社，2014

[7] 严煦世，赵洪宾. 给水管网理论和计算 [M]. 北京：中国建筑工业出版社，1986.

[8] 何维华. 城市供水管网运行管理和改造 [M]. 北京：中国建筑工业出版社，2017.